# 岩土工程爆破技术

徐建军　著

北京

冶金工业出版社

2015

# 内 容 提 要

本书简要介绍了爆炸与炸药基本理论、爆破器材与起爆方法及工程爆破原理，辅以大量工程实例重点介绍了地下工程爆破、露天工程爆破以及拆除爆破的理论与技术、设计与施工，以及安全技术和测试技术。

本书可供工程爆破技术人员和从事工程爆破施工的相关专业人员参考。

**图书在版编目（CIP）数据**

岩土工程爆破技术/徐建军著 . —北京：冶金工业出版社，2015.7

ISBN 978-7-5024-6941-2

Ⅰ. ①岩… Ⅱ. ①徐… Ⅲ. ①岩土工程—爆破技术 Ⅳ. ①TU4

中国版本图书馆 CIP 数据核字（2015）第 151773 号

出 版 人 谭学余
地　　址 北京市东城区嵩祝院北巷 39 号 邮编 100009 电话 (010)64027926
网　　址 www.cnmip.com.cn 电子信箱 yjcbs@cnmip.com.cn
责任编辑 杨秋奎 美术编辑 吕欣童 版式设计 孙跃红
责任校对 石 静 责任印制 牛晓波
ISBN 978-7-5024-6941-2
冶金工业出版社出版发行；各地新华书店经销；三河市双峰印刷装订有限公司印刷
2015 年 7 月第 1 版，2015 年 7 月第 1 次印刷
787mm×1092mm 1/16；15.25 印张；364 千字；231 页
**55.00 元**

冶金工业出版社 投稿电话 (010)64027932 投稿信箱 tougao@cnmip.com.cn
冶金工业出版社营销中心 电话 (010)64044283 传真 (010)64027893
冶金书店 地址 北京市东四西大街 46 号(100010) 电话 (010)65289081(兼传真)
冶金工业出版社天猫旗舰店 yjgycbs.tmall.com
（本书如有印装质量问题，本社营销中心负责退换）

# 前　言

工程爆破是用炸药爆破矿岩或拆除建（构）筑物的一种工程施工手段。它在国民经济的许多领域，如矿山、交通、煤炭、化工、建材、石油勘探、水利水电等行业的土石方开挖和建筑物拆除工作中得到广泛应用。

随着国民经济建设的发展，我国对矿物原材料的需求日益增加，基础设施建设投资力度也剧增，西部地区的水电开发和大型土木工程项目建设更是如火如荼。爆破作为土石方开挖的常用手段得到了前所未有的应用，极大地促进了工程爆破事业的长足发展，在完成了一批重大工程和科研项目的同时，也提高了理论和技术水平，积累了丰富的经验。这些新技术、新成果的推广应用必将进一步推动工程爆破向新的领域和高度发展。

随着爆破技术的发展和爆破工程质量的提高，涉及的技术领域虽更为广泛，但炸药爆炸能的合理利用和有效控制仍是核心问题。几十年来，借助于计算机技术，结合现代新技术和新方法、新理论的发展，爆破理论研究向纵深和精细方向发展，但是关于爆破技术的研究的基本层面仍然主要集中在以下几个方面：矿岩物理力学性质与岩体结构特性对爆破的影响和爆破破碎特性，炸药在介质中的能量转换过程及分配规律，岩石参数与炸药参数的匹配关系，爆破方法与爆破参数，起爆顺序和合理间隔时间，爆破材料与工艺设备，以及安全技术等。

在一次工程爆破成功实施后，一位同事曾经问我，为什么我总是不假思索地指导工人钻孔、装药、连线、起爆，而且每次爆破效果都很好。实际上，每次工程爆破前我都会进行复杂的理论计算，再加上经过长期的工程实践，爆破理论和技术早已成竹在胸。只有熟悉掌握爆破理论，才能在爆破实施操作过程中得心应手、游刃有余。

本书是总结我在爆破行业几十年的工作经验之上，结合国内工程爆破发展现状编写而成的。本书系统地介绍了工程爆破的主要应用领域——地下工程爆破、露天工程爆破和拆除爆破的理论和技术。全书共分八章，主要阐述工程爆破的理论基础和工程爆破方法在各种工程条件下的应用，根据内容需要，书中列举了有代表性的工程实例，有助于读者加深对爆破工程理论的理解和应用。

在编写过程中，我参阅了许多专家学者发表的专著和论文，引用了其观点和方法，书中对于引用的观点和方法的理解未必精准，如有必要读者可参阅原文。引用的论著在书中未能一一列举，但都列在参考文献中，在此对文献作者深表谢意。同时，也向给予我无私帮助的家人表示感谢。

我虽然力求反映现代工程爆破技术的先进性和代表性，但因工程爆破范围广泛，理论精深，又有很强的实践性，限于水平，书中难免有遗漏和不妥之处，敬请读者批评指正。

徐建军

2015 年 3 月

# 目　录

# 1 绪 论

## 1.1 工业炸药和工程爆破的历史与现状

### 1.1.1 工业炸药的历史与现状

众所周知，黑火药是我国四大发明之一，曾经享誉全球，延续了数百年之久。17 世纪前，火药主要用于战争；欧洲产业革命之后，开始应用于矿石开采。1865 年，瑞典化学家 Nitro Nobel 发明以硝化甘油炸药为主要组分的 Dynamite 炸药，工业炸药进入了多品种时代。随后奥尔森（Olsson）和诺宾（Norrbein）于 1867 年发明了硝酸铵和各种燃料制成的混合炸药，奠定了硝铵类炸药和硝甘类炸药相互竞争发展的基础。

20 世纪 50 年代中期，工业炸药进入了以廉价硝酸铵为主体的硝铵类炸药新的发展阶段，其主要标志是铵梯炸药、铵油炸药和浆状炸药的出现，并在工业上得到迅速的发展与推广应用，而硝化甘油炸药的生产及使用量日趋减少。继浆状炸药后，在 70 年代，水胶炸药和乳化炸药相继出现，形成含水炸药体系，其中乳化炸药是最具有发展前途的工业炸药品种。

1957 年，我国长沙矿山研究院等单位研究了粉状铵油炸药，1963 年以后铵油炸药得到了全面推广，70 年代中期铵油炸药在我国冶金矿山使用量已占炸药总消耗量的 70% 左右。在推广铵油炸药的过程中，科技工作者根据流化造粒技术研制生产了吸油率高的多孔粒状硝酸铵，而且制造应用了多种气动装药设备，例如，YC-2 型铵油炸药装药车和 FZY-1 型风动装药器。其后又研制应用了铵沥蜡炸药和铵松蜡炸药。我国从 1959 年开始研制浆状炸药，60 年代中期开始在矿山爆破作业中获得应用。70 年代我国开始大量使用浆状炸药，配合浆状炸药装药车与可泵送浆状炸药满足了露天爆破作业的需求。70 年代后期我国开始研制乳化炸药，不仅生产岩石型和煤矿许用型乳化炸药，而且独创了粉状乳化炸药；不仅有了露天型乳化炸药混装车，而且利用水环减阻技术发展了地下小直径乳化炸药装药车。研制开发了多品种乳化炸药、粉状乳化炸药、多孔粒状铵油炸药计算机控制连续化生产线。

粉状铵梯炸药是我国应用时间最长、用量最多的炸药品种，它的优点是比硝甘炸药安全性好，原料来源广，组成简单，成本低，使用方便，爆炸威力适中，可用于硬与中硬岩石的露天和地下开挖爆破。缺点是硝酸铵易吸湿结块，降低炸药的爆炸性能，其敏化剂对人体的生理机能有严重影响，在炸药加工过程中，长期接触人员容易发生慢性中毒。2008年我国已停止使用铵梯炸药，为了产品更新换代，经过从事硝铵炸药研究的科技工作者的不懈努力，逐渐形成了几种无梯的改良铵油炸药如膨化硝酸铵（AN）炸药、改性硝酸铵炸药、粉状乳化炸药以及乳化炸药等。

新中国成立初期我国只能生产导火索、火雷管和瞬发电雷管，经过科技工作者的努力，很快就生产和应用了毫秒和秒延期电雷管。20 世纪 70 年代我国又研制成功塑料导爆管及其配套的非电毫秒雷管，并在工程爆破中获得广泛应用。80 年代中期我国根据电磁感应原理研制生产了磁电雷管，这种雷管在油、气井爆破作业中获得应用。近些年来，30 段等间隔（25ms）毫秒延期电雷管已研制成功投入使用，低能导爆索（3.0g/m、1.5g/m）、高能导爆索（34g/m 及其以上）、普通导爆索和安全导爆索已形成配套产品。油气井燃烧爆破、地震勘探爆破和许多特种爆破需用的爆破器材已形成产品系列。

2008 年我国正式停止了工业火雷管和工业导火索的生产，同时停止了工业火雷管爆破系统在实际工程爆破中的应用，在全国爆破工程现场推广应用导爆管雷管爆破系统和电雷管爆破系统。30 多年来，我国爆破器材取得了长足发展，其主要标志是：多孔粒状铵油炸药、含水浆状炸药、水胶炸药、乳化炸药等新型工业炸药的发明及露天炮孔装药机械化；1~30 段毫秒延时电雷管、塑料导爆管和毫秒延时非电雷管、电子雷管、低能导爆索和起爆药柱等新型起爆器材的出现。但与国外相比，除了部分产品达到或超过国际水平外，其余大部分都处在向国外产品学习、引进吸收和推广应用阶段，有待于进一步提高产品质量和精度，在工程实践中大力推广应用。

数码电子雷管是一种根据实际需要可任意设定延期时间并精确实现发火延期的新型电能起爆器材，具有使用安全可靠、延期时间精确度高、设定灵活等特点。目前我国的北方邦杰、京煤化工、山西壶化、久联集团、213 所等单位均推出了各自的电子雷管产品，并已在爆破工程中获得初步应用。可以说数码电子雷管为推进我国爆破器材行业的技术进步和促进工程爆破行业的技术进步提供了有效的装备和手段。

就工业炸药来说，目前主要用于各类矿山开采，煤矿、非金属矿、金属矿炸药需求量占比为 78.0%，其中煤矿开采用量最大，占炸药需求量的 29.4%；其次是非金属矿和金属矿山，占比分别为 24.9%、23.7%；用于铁路道路、水利水电等基础设施方面的炸药占比分别为 6.4%、2.4%。

据 2013 年统计资料，我国生产各类工业炸药 437.1 万吨，各种工业雷管 17.74 亿发，各种工业索类火工品 32.1 亿米。每年爆破工程行业产值 1300 亿~1500 亿元，已成为世界上工业炸药和爆破器材生产和使用的大国，并建立了比较完整的爆破器材生产、流通和使用体系，实现工业炸药、雷管的产品生产信息标识和对爆炸物品从生产、销售、储存、运输到使用的全过程动态跟踪管理，很多技术已经达到了世界先进水平，有些技术还处于领先地位。

### 1.1.2 工程爆破的历史与现状

从第一个五年计划开始，由于矿山铁道、水利水电工程等基础建设的迫切需要，我国研制出一批爆破工程设备和器材，逐步具备了独立从事大规模爆破设计和施工能力。例如，1956 年的我国甘肃省白银露天矿建设的剥离硐室爆破，其炸药用量达 15640t，爆破方量为 907.7 万立方米，这次大爆破为我国首次万吨级硐室大爆破，它的成功实施标志着我国在硐室爆破等大规模爆破领域达到了较高的技术水平。从此以后，硐室爆破在我国矿山、铁路、水利水电、公路等建设工程中获得了广泛应用。炸药用量小到几百公斤，大到几百吨，条形药室的容量可大到几千吨，甚至超过万吨。我国硐室爆破技术已处于世界领先地位，我国进行过三次万吨级硐室爆破，百次以上千吨级硐室爆破，千次以上百吨级硐室爆破。其中采用条形药包进行硐室爆破规模最大的一次是 1992 年底在广东珠海炮台山实施的 1.2 万吨炸药的移山填海爆破工程，一次爆破的总方量达 1085 万立方米，抛掷率达 51.8%。在总结实践经验的基础上，研制出独具特色的 D-K-R 硐室爆破计算机设计系统，整理出一整套先进的施工工艺规范并纳入了国家标准。尽管近年来机械施工有取代大型硐室爆破的趋势，硐室爆破也由于爆破震动、噪声、冲击波影响和影响公众安全问题，对地质环境和生态影响也不容小觑，在国家对环境保护的要求越来越严格的形势下，爆破行业对硐室爆破项目的审批越来越严，但作为一种优势技术，在边远山区，仍可有所作为。

中深孔爆破技术已广泛应用于我国露天与地下矿山、铁路公路、水利水电建设的基坑路堑开挖工程，采石场、工业场地平整和大型长隧道的掘进等爆破作业中。矿山深孔爆破根据工程需要发展了毫秒爆破、挤压爆破、预裂爆破、光面爆破等。随着新器材、新设备的研发与推广，露天深孔爆破已迅速向大孔径、大规模、高台阶、高精度方向发展。例如，三峡工程永久船闸约 $1 \times 10^7 \mathrm{m}^3$ 深闸室开挖百米高稳定边坡控制爆破技术；京广复线大瑶山隧道 5m 深孔掘进爆破技术；南芬铁矿台阶爆破规模最大的一次毫秒爆破段数达100 余段，炮孔超过 500 个，预装药量达 300t，矿岩爆破量超过 81 万吨，该矿还实现了18m 高台阶深孔爆破技术的应用性试验，使我国的矿山深孔爆破技术提高到一个新的水平。近几年来，准格尔、安太堡等露天煤矿采用逐孔毫秒深孔爆破技术一次爆破规模达到上千吨炸药量；黑岱沟露天矿采用高台阶抛掷爆破技术，一次爆破炸药用量达 1500t，有效抛掷量为 $3.583 \times 10^7 \mathrm{m}^3$，单坑原煤产量由 $1.2 \times 10^7 \mathrm{t/a}$ 提高到 $3.1 \times 10^7 \mathrm{t/a}$，创造了该工艺单坑产量的世界纪录，工效每工由 92t 提高到 204t。

在城镇建筑物、构筑物和水工建筑的拆除爆破以及复杂环境深孔爆破中，控制爆破技术得到了空前的发展。实现了在城镇和复杂环境条件下深基坑开挖和高层楼房、高耸钢筋混凝土构筑物的爆破拆除，创造了许多新技术、新工艺和新方法，积累了经验。目前，在复杂环境中采用定向倒塌、双向折叠、三向折叠等控制爆破技术已成功拆除了近百座高100m 以上的钢筋混凝土烟囱和数十座高 60m 以上的大型冷却塔。在高大建筑物方面，典型工程如中山石岐山顶花园（高 104.1m）楼房爆破拆除、大连金马大厦（高 94.3m）爆破拆除以及上海长征医院综合楼爆破拆除等工程，沈阳五里河体育馆（建筑面积40000m²），爆破拆除工程一次准确起爆超过 1.2 万个炮孔。

爆破安全是工程爆破的重中之重，因此爆破安全的研究也备受重视。在进行工程施工时，除对爆破震动及降震技术进行研究外，许多重要或复杂环境下的爆破工程普遍进行了安全监测。在安全技术上也有不少开发性的成果，例如干扰降震技术、城市拆除爆破的粉尘控制与噪声控制技术等，努力减少爆破对生态环境的破坏。

在工程爆破管理方面，1986 年以来先后制定并颁布实施了《爆破安全规程》等国家标准，在最近十年中我国进行了两次《爆破安全规程》的修编，把安全管理提升了一个新的高度。为了提高工程爆破技术人员的技术水平，提升爆破队伍的整体素质，加强爆破行业的安全管理，自 1996 年以来，中国工程爆破协会协助公安部先后对近 4 万名爆破工程技术人员进行培训考核，并实行持证上岗制度。为适应市场经济发展需要，对爆破企业、爆破项目、爆破技术人员实行分级管理，对重大爆破工程的设计施工进行安全评估，逐步推行爆破工程安全监理制度。这些制度的实施使爆破安全管理更加规范化，有力地推动了工程爆破的健康发展。

## 1.2　工程爆破的基本特点

工程爆破是为了特定的工程项目而进行的，爆破的结果必须满足该工程的设计要求，同时还必须保证其周围的人和物的安全。爆破工作者除了应用一般的爆破方法去进行爆破施工外，还应掌握一定的技术手段才能达到工程实施的目的。

工程爆破主要包括岩土爆破、拆除爆破、特种爆破以及在特种工作条件下进行的爆破技术，如地震勘探爆破、油气井燃烧爆破及爆炸加工技术等，还包括为爆破工作配套的钻孔机械设备、装药设备和计算机辅助设计技术。本书主要涉及岩土爆破和拆除爆破方面的内容，关于其他特种爆破技术请参考相关的专业书籍。

工程爆破涉及的领域极其广泛，内容丰富，方法手段繁多，且作业环境条件极其复杂，决定了工程爆破具有以下基本特点：

（1）工程爆破是一种高危险的特殊行业。工程爆破必须使用炸药和雷管等爆炸物品，工程爆破施工中购买、运输、存储、使用炸药等是必不可少的工作环节，爆破工作中设计、钻孔、装药与网路连接环节较多，爆炸是在瞬间完成的，爆破的效果取决于前期所有的工作细节，工作过程一直伴随爆炸物品，充满风险且极具特殊性。

（2）爆破工作环境复杂。工程爆破一般都是在特定环境条件下实施的，且大部分环境要求苛刻。要求爆破工作者工作胆大心细，熟悉爆破器材特性，而且使用先进的爆破器材提高爆破的精度和效果。特别是在城市拆除爆破工程中，受环境限制要控制爆破噪声、飞石和爆破粉尘，在爆破设计、防护、环保等方面要措施得当，精心设计倒塌方式和严格控制药量，降低爆破对环境的影响。

（3）对爆破器材有特定的要求。不同工程爆破使用的爆破器材品种有所不同，但是对爆破器材的质量、性能的要求是一致的。例如对雷管的准爆率、延期精度及炸药的爆炸性能的可靠性都会有严格要求。

（4）工程爆破施工环节多而复杂。工程爆破首先要熟悉爆破对象的特性及爆破要求，收集有关资料；然后进行爆破设计，设计包括技术设计、施工图设计、设计审查和安全评估；施工阶段包括钻孔、装药、爆破网路的连接、起爆、警戒、震动检测等诸多环节。每一个环节都必须认真对待才能达到爆破目的和安全效果。

（5）爆破从业人员必须经过培训考核，并持证上岗，遵守《中华人民共和国民用爆炸物品管理条例》和《爆破安全规程》。

## 1.3　岩土爆破方法和技术

在工程爆破中岩土爆破是最基本的类型，它的方法和技术是其他各类爆破技术的基础。

### 1.3.1　岩土爆破方法

爆破方法的分类通常按药包形状和装药方式与装药空间形状的不同分为两大类。

#### 1.3.1.1　按药包形状分类

按药包形状分类即按药包的爆炸作用及其特性进行分类，可分为以下四种爆破方法：

（1）集中药包法。这种药包的形状理论上应是球体，起爆点在球体的中心，爆轰波以辐射状球面波形式向外传播，爆炸作用均匀地分布作用到周围的介质上，在工程实际中通常把药包做成正方体或长方体形状，长方体的最长边不超过最短边的 4 倍。通常把集中药包的爆破叫做药室法和药壶法。

（2）延长药包法。根据施工条件将药包做成长条形，可以是圆柱状也可以是方柱状，从爆炸作用上看，延长药包的爆轰波是以柱面波向四周传播并作用到周围介质上。通常把药包长度大于最短边或其换算直径 4 倍的药包叫做延长药包。但实践表明，真正起延长爆破作用的药包，其长度要大于最短边或换算直径的 20 倍。在实际应用中，浅孔法、深孔法和硐室爆破中的条形药包爆破法都属于延长药包法。

（3）平面药包法。理想的平面药包一般理解为药包的长度和宽度比厚度要大得多。这样的药包布置在实际工程操作中往往难以实现，所以理想的平面药包实际上是以等效的硐室或炮孔装药法代替，这些药包布置在同一平面上的距离不超过某一极限值。平面装药法的主要优点在于平面药包爆破时，岩石将沿着岩体临空面的法线方向运动，能显著地提高抛掷的定向性和密集性，通常用于矿山剥离工作、爆破法筑坝（堤）及其他爆破工程中。

（4）异形药包法。将炸药做成特定形状的药包，用以达到特定的爆破作用。应用最广的是聚能爆破法，把药包外壳的一端加工成圆锥形或抛物面形的凹穴，使爆轰波按圆锥或抛物线形凹穴的表面聚集在它的焦点或轴线上，形成高能高速射流，击穿与它接触的介质的某一特定部位。这种药包在军事上用作破甲弹以穿透坦克的外壳或其他军事目标，在工程上用来切割金属板材、大块的二次破碎以及在冻土中穿孔等。

### 1.3.1.2 按装药方式与装药空间形状分类

按装药方式与装药空间形状分为以下四种爆破方法：

（1）药室法。药室法爆破根据在岩体内开挖药室体积的大小，分为方形药室法、分集药室法和条形药室法三种，每个药室装入的炸药的容量，小到几百公斤，大到几百吨，条形药室的容量可大到几千吨。这是大量土石方挖掘工程中常用的爆破方法。由于这种方法所需要的施工机具比较简单，不受地形和气候条件的限制，工程量越大其功效也越高。

（2）炮孔法。通常根据钻孔孔径和深度的不同，把深度大于 5m、孔径大于 50mm 的炮孔爆破叫做深孔爆破，反之称为浅孔爆破或炮孔法爆破。从装药结构看，属于延长药包一类，是工程爆破中应用最广、数量最大的一种爆破方法。在矿山上广泛使用深孔爆破，配合先进的钻孔机械和现场装药系统，可使岩土爆破作业效率大大提高。

（3）药壶法。该法是在普通炮孔的底部，根据设计要求分次装入少量炸药进行不堵塞的爆破，使孔底逐步扩大成圆壶形，以求达到装入较多药量的爆破方法。随着现代土石方爆破机械化水平的提高，药壶爆破的运用领域有所减小，只在某些特殊工程中应用。

（4）裸露药包法。该法不需钻孔，直接将炸药敷设在被爆物体表面并加以简单覆盖。这种方法对于清除危险物、交通障碍以及大块石的二次破碎爆破是简便而有效的。由于该法炸药爆炸能量利用率低，噪声较大且易产生飞石等缺点，使用的机会越来越少。

对于爆破工作者来说，掌握上述几种爆破方法并不困难，但要灵活运用这些方法去解决爆破工程中的各种复杂的工程问题，却并不容易。熟练地掌握各种爆破技术，既要具有一定的工程力学、物理、化学和工程地质知识，还要有一定的施工工艺经验的积累。一个合格的爆破工程师，首先应熟悉各种爆破器材的性能和参数、被爆介质的物理力学性质、爆破作用原理、爆破方法、起爆方法、爆破参数计算原理、施工工艺方面的知识，同时还要熟悉爆破时所产生的地震波、空气冲击波、碎块飞散和破坏范围等爆破作用规律，以及相应的安全防护知识。

## 1.3.2　岩土爆破技术

### 1.3.2.1　定向爆破

使爆破后土石方碎块按预定的方向飞散、抛掷和堆积，或者使被爆破的建筑物按设计方向倒塌和堆积，都属于定向爆破范畴。土石方的定向抛掷要求药包的最小抵抗线或经过改造后的临空面形成的最小抵抗线的方向指向所需抛掷、堆积的方向；建筑物的定向倒塌则需利用力学原理布置药包，以求达到设计目的。

定向爆破的技术关键是要准确地控制爆破时所要破坏的范围以及抛掷与堆积的方向和位置，有时还要求堆积成待建（构）筑物的雏形（如定向爆破筑坝），以便大大减少工程费用和加快建设进度。对大量土石方的定向爆破通常采用药室法或条形药室法；对于建筑物拆除的定向倒塌爆破，除了合理布置炮孔位置外，还要从力学原理上考虑爆破时各部位的起爆时差、受力状态以及对周围建筑物的危害程度等一系列复杂的问题。

### 1.3.2.2　预裂爆破、光面爆破

通常把预裂和光面两种爆破技术相提并论，这是由于两者的爆破作用机理极其相似，光面、预裂爆破的目的在于爆破后获得光洁的岩面，以保护围岩不受到破坏。二者的不同在于，预裂爆破是要在完整的岩体内，在爆破开挖前实行预先的爆破，使沿着开挖部分和不需要开挖的保留部分的分界线爆开一道缝隙，用以隔断爆破作用对保留岩体的破坏，并在工程完毕后出现新的光滑面。光面爆破则是当爆破接近开挖边界线时，预留一圈保护层（又叫光面层），然后对此保护层进行密集钻孔和弱装药的爆破，以求得到光滑平整的坡面和轮廓面。

### 1.3.2.3　微差爆破

微差爆破是一种巧妙地安排各炮孔起爆次序与合理时差的爆破技术。正确地应用微差爆破能减少爆破后出现的大块率，减少地震波、空气冲击波的强度和碎块的飞散距离，得到良好的便于清挖的堆积体。

掌握微差爆破技术的关键是时间间隔的选择，合理的时差能保证良好的爆破效果；反之可能造成不良后果，达不到设计目的，甚至出现拒爆、增大地震波的危害等事故。非电毫秒雷管，结合非电导爆管可组成多段别的起爆网路，数码电子雷管和磁电雷管的应用，为微差爆破实现精确时间控制提供了物质基础。

### 1.3.2.4　控制爆破

狭义的控制爆破的含义只要求它满足控制爆破的方向、倒塌范围、破坏范围、碎块飞散距离和地震波、空气冲击波等条件。城市拆除爆破只是控制爆破领域内的一个组成部分。

实现控制爆破的关键在于控制爆破规模和药包质量的计算与炮孔位置的安排，以及有效的安全防护手段。进行控制爆破炸药不是唯一的方法，燃烧剂、静态膨胀破碎剂以及水压爆破，都可以归纳为控制爆破之中，使用时可以根据爆破的规模、安全要求和被爆破对

象的具体条件选择合理有效的爆破方法。

#### 1.3.2.5 聚能爆破

炸药爆炸的聚能原理及其所产生的效应，开始是用于穿甲弹等军事目的，后来用于特种工程爆破中。例如利用聚能效应在冻土内穿孔，为炼钢平炉的出钢口射孔，为石油井内射孔或排除钻孔故障以及切割钢板等。

聚能爆破与一般的爆破有所不同，它只能将炸药爆炸的能量的一部分按照物理学的聚焦原理聚集在某一点或线上，从而在局部产生超过常规爆破的能量，击穿或切断需要加工的工作对象，完成工程任务。由于这种原因，聚能爆破不能提高炸药的能量利用率，而且需要高能的炸药才能呈现聚能效应。聚能爆破技术的使用要比一般的工程爆破要求严格，必须按一定的几何形状设计和加工聚能穴或槽的外壳，并且要使用高威力的炸药。

#### 1.3.2.6 其他特殊条件下的爆破技术

爆破工作者有时会遇到某种不常见的特殊问题，用常规施工方法难以解决，或因时间紧迫以及工作条件恶劣而不能进行正常施工，这时需要根据掌握的爆破作用原理与工程爆破的基础知识，大胆设想采用新的爆破方案，仔细地进行设计计算，有条件时还可以进行必要的试验研究，按照精心设计、精心施工的原则组织工程施工，解决工程难题。因为爆破工程与其他工程有所不同，在 $1\sim2s$ 之内爆破效果就能显现，方法不恰当的爆破，会造成很严重的后果，爆破过程不可逆转性，即使采取补救措施也无济于事。

## 1.4 工程爆破的发展方向

### 1.4.1 概述

长时间的研究与应用实践表明，工程爆破正在向自动化、科学化和数字化方向发展。

（1）爆破工程施工机械装备的机械化和自动化。我国现有大中型露天矿深孔爆破的钻孔、装药、填塞、铲装、运输工序已实现了机械化作业，但仍需要迅速发展卫星定位系统、测量新技术，实现配套推广，提高自动化程度。国外一些主要矿山已采用计算机辅助设计，利用钻孔采集的地质资料，调整设计参数和装药结构，预测爆破块度和爆破有害效应的影响。大力发展炸药现场混装车，进一步提高装药、填塞机械化水平。

一般来说，露天混装系统包括多孔粒状铵油炸药混装车、乳化炸药混制装药车、重铵油炸药装药车。其混制装药设备与技术已经比较成熟，应用范围也比较广泛。但是，近年来随着乳胶基质视作硝酸铵水溶液，允许作为非炸药类危险品在公路上运输，乳胶远程配送系统与重铵油炸药装药车，已成为一个重要发展方向，其应用范围越来越广泛。

在地下矿山采掘和隧道掘进爆破作业中，炮孔直径通常为 $32\sim60mm$。由于高黏度乳胶基质在小直径软管中输送阻力过大和小直径炮孔内快速敏化技术的限制，使得乳化炸药散装装药技术在地下爆破作业中难以实现。近年来，水环减阻技术和小直径软管快速渗混敏化技术的突破，为乳化炸药地下散装系统成功应用提供了可靠的技术条件，澳大利亚 Orica 公司和我国北京矿冶研究总院各自独立地推出了乳化炸药地下装药车系统，并在地下矿山和隧道掘进中获得了推广应用。

（2）爆破器材向高质量、多品种和生产工艺连续化发展。就工业炸药而言，要发展完善铵油炸药、重铵油炸药、乳化炸药、粉状乳化炸药和膨化硝铵炸药，使其在密度威力、抗水等性能上实现品种系列化；积极发展乳胶远程配送系统，实现露天和地下爆破作业的装药、填塞机械化；根据各种特种爆破的需要研制、生产各种耐高温、耐高压和高抗水、高威力的炸药品种。

就起爆器材而言，要大力发展完善 30 段等间隔毫秒延期雷管产品与技术，研制不同系列数码电子雷管并推广应用，在电与非电起爆系统中均能实现可靠起爆与准确延时，做到一个炮孔只放置一发起爆雷管；要着力研究发展适用性广的遥控起爆系统，实现爆破作业的远程安全控制；研究发展并积极推广低能导爆索（$0.5 \sim 1.5 g/m$）起爆系统和微型起爆药柱。

澳大利亚矿山现场技术公司和 Orica 公司合作相继推出了适用于不同作业场所的遥控起爆系统，其中，BLASTPED 型遥控起爆器可用于露天和地下爆破作业，BLASTPEDEXEL 型遥控起爆器只能用于露天爆破作业。这两种型号遥控起爆器既可以用于电雷管（包括数码电子雷管）起爆系统的遥控起爆，也可以用于塑料导爆管非电起爆系统的遥控起爆，适用范围广泛，遥控引爆率很高，已在澳大利亚矿山爆破作业中获得推广应用。在爆破作业安全警戒线以外的适当位置进行遥控起爆，使起爆作业更加安全。

起爆药柱是随着铵油炸药、浆状炸药等钝感炸药及现场混装技术的发展而涌现的一类中继起爆器材，通常是为露天爆破作业提供的 $500 g/$只高能起爆（如 TNT、PETN、RDX）药柱。微型起爆药柱是为小直径（25mm、32mm 等）炮孔爆破作业设计，一般只有 $10 g/$只、$5 g/$只，甚至更小，通常是用高能塑性炸药制备的。这种微型起爆方式更有利于小直径炮孔内炸药能量的释放，获得良好的爆破效果。

（3）爆破理论和数值模拟技术的研究。研究炸药能量转化过程的精密控制技术，提高炸药能量利用率，降低爆破有害效应是工程爆破的发展战略。因此，必须深入研究和不断创新，通过对各种介质在爆炸强冲击动载荷作用下的本构关系、选择与介质匹配的炸药、不耦合装药、控制边界条件的影响、分段起爆顺序等的实验研究，研究提高炸药能量利用率的新工艺、新措施，最大限度地降低能量转化过程中的损失，控制其对周围环境的影响。

自 20 世纪 50 年代末 60 年代初提出爆破应力波与爆生气体作用破岩机理以来，随着相关科学技术的发展，特别是计算机技术的广泛应用，人们对爆破破岩各个方面的把握也在逐步深化，新的数理方法，新的观测、分析技术为研究爆破破岩这一复杂过程提供了新的技术支持。人们应用分形、损伤等数理新方法，正试图对岩体的天然结构进行全面、真实地描述；结合卫星定位系统，可以对炮孔进行准确定位，并利用钻机工作参数获取岩体性质数据；新型矿用炸药，为调节爆破破岩的能量输入提供了可能；高精度电子雷管，使精确地控制爆破时序成为现实；新的爆破破碎块度分布光学量测、分析技术，为爆破破碎效果的定量、全面评定提供了手段；大容量、高速度计算机可以满足爆破破碎复杂系统的模拟要求。基于上述对爆破破碎的综合认识，人们已能全面审视爆破破碎的机理，以求最终获得全面的理解与把握，使爆破真正走向科学化、数码化。

目前，国外主要爆破数学模型和应用程序已经在不同爆破作业中获得实际应用，尤其是 SABREX 模型、HARRIES 模型、JKMRC 模型等应用得更为广泛。我国在这方面与国外存在一定的差距。

（4）爆破规模和爆破设计实现系统优化。爆破规模由采场几何形状、年产矿石量、爆破技术和装备水平等综合确定。国外爆破规模普遍较大，爆破量一般为 350000 ~ 700000t。大型露天矿均采用高台阶大孔径爆破，台阶高度为 18 ~ 29m，孔径为 310 ~ 414mm；中小型矿山的台阶高度为 12m 左右，孔径 150 ~ 172mm。国外不同矿山的爆破设计程序尽管有所差异，但是一些主要矿山均采用计算机的辅助设计。通常根据爆区地质平面图、现场孔位标志、炮孔和爆堆的品位标志以及矿岩性质、地质构造、爆区形状和炸药类型等进行爆破，设计优化孔网、装药量等参数。美国奥斯汀炸药公司爆破服务队承担为矿山进行装药爆破任务，他们编制的 QET 计算机程序，可以根据地形地质情况、爆破参数、装药结构、要求的爆破块度和爆破有害效应等项内容，可确定出不同的爆破方案供用户选择。同时也可对各方案进行单价分析，作为投标的依据。

此外，在城市拆除爆破，特别是高耸建（构）筑物的定向爆破拆除技术，软基爆破处理技术、超长孔预裂爆破、孔内多段装药爆破、爆炸加工、微型爆破等方面均取得了可喜的进展，爆破监测仪器也正向自动化、微型化、多功能方向发展。

## 1.4.2 工业炸药的发展方向

### 1.4.2.1 工业炸药现场混装技术

工业炸药现场混装技术是指在爆破工地现场制备、现场装填，或在地面站（固定式或移动式）制备好原材料，装药车到工地现场混合、装药的一种集成方式。

现场混装炸药系统由地面站、混装装药车两部分组成。按照炸药种类和配制方法的不同分为不同的种类，常见的混装装药车分为现场混装乳化炸药车、现场混装重铵油炸药车和现场混装铵油炸药车。目前，这些设备已经开始广泛用于露天矿山中。

三种炸药车主要的区别在于地面站的配置原料和方法上有所不同。

现场混装乳化炸药车地面站由水相（硝酸铵）制备系统、油相制备系统和敏化制备系统组成。地面站储存原材料和半成品加工，把水相、油相和敏化剂三种材料泵送到车上，将其与地面站制备的乳化基质在现场混装成炸药。

现场混装重铵油炸药车地面站将各种材料分别加入装药车上各个料仓，按一定比例将乳胶基质与多孔粒状铵油炸药混合，制备重铵油炸药。

现场混装铵油炸药车地面站将多孔粒状硝酸铵、柴油加入装药车各料仓，在车上混制成多孔粒状铵油炸药并装入炮孔。

A　国内外工业炸药现场混装技术的发展状况

a　国外工业炸药现场混装技术的发展状况

20 世纪 80 年代中期，美国 IRECO 公司首次成功研究开发了露天现场混装乳化炸药技术，装药车装载硝酸铵水溶液（保温）等炸药原料，到爆破现场后制备成可泵送乳化炸药，应用于露天矿山大直径炮孔装药爆破作业，成为第一代露天现场混装乳化炸药技术。在第一代露天现场混装乳化炸药技术的基础上，为确保可泵送乳胶基质的质量稳定，提高装药车的整体技术性能与综合作业效率，20 世纪 80 年代末，ICI 炸药公司率先发展了第二代露天现场混装乳化炸药技术，即将车载乳胶基质制备系统转移到制备油、水两相溶液的固定式地面站，使整车保温技术要求与混装工作系统不再复杂，也大大提高了装药车技术性能与工作稳定性。

20 世纪 90 年代中期以来，发达国家已逐渐淘汰车载油水相溶液、车上制备乳胶、现场混制装填的乳化炸药现场混装技术与装备，继而发展了在地面上集中制备稳定好、质量高的乳胶，将乳胶当作一种原料装于车上的储罐内，直接经敏化装填于炮孔中或者在敏化前混入粒状 ANFO 和其他干料或液体添加剂后经敏化装填于炮孔中，并在此基础上发展了远程配送系统，实现了集中制备乳胶分散装药的体系。美国 Austin 公司、加拿大的 ETI 公司、澳大利亚 Orica 公司、挪威和瑞典的 Dyno Noble 公司都先后完成了这种转变，并向外输出技术与相应的装备。

"现场混装乳化炸药技术及其装药车"的发展和应用正方兴未艾，"乳胶基质远程配送"技术系统的试验与发展已经显示出光明前景。目前，适合露天大直径炮孔爆破作业的现场混装乳化炸药技术及其装药车，已在国外矿业技术发达国家获得广泛应用，采掘爆破的技术水平、生产效率和作业安全性因此获得大幅度提高。

b　国内工业炸药现场混装技术的发展状况

1986 年，我国从美国 IRECO 公司相继引进当时国际一流水平的乳化炸药、重铵油炸药、铵油炸药现场混装技术，经过消化吸收，于 1987 年由江苏兴化矿山机械总厂与江西南昌矿机所和首钢矿业公司共同开发研制了 BC-7 型多粒状铵油炸药现场混装车，该车于 1988 年 1 月通过了国家机械工业委员会组织的委级技术鉴定。随后，又开发了 BC-4 型、BC-12 型等一系列铵油炸药现场混装车。1991 年开始首先在南芬铁矿、德兴铜矿、山西平朔煤矿等国内大型露天矿山推广应用，并取得了较好的经济效益和社会效益。

在发展了铵油炸药混装技术的同时，为了满足矿山水孔爆破的需求，山西省长治矿山机械厂与美国 IRECO 公司联合研制了 BCZH-15 和 BCRH-15 两种类型的炸药混装车并分别交付矿山现场使用；1990 年 10 月，长治矿山机械厂 BCLH-15、BCZH-15 和 BCRH-15 三种炸药混装车通过机械电子部技术鉴定，并在全国矿山的水孔爆破中广泛采用。现在，冶金、化工、建材等行业矿山已较普遍采用这一系列的炸药现场混装车，获得了良好的经济效益和社会效益。

近年来，北京矿冶研究总院炸药与爆破研究所研究发明了"水环润滑减阻技术"和"微型掺混装置"，实现了乳胶在小直径软管中长距离输送，计量自动化，研究开发了适于地下和中小型露天矿用的装药车，通过了国防科工委组织的技术鉴定。这种新型装药车具有很强的机动性和灵活性，除地下爆破作业外，也适用于中小型露天矿山、采石场及其他露天岩土爆破作业。但是，我国工业炸药现场混装技术的发展速度和应用现状远不及国外一些发达国家。

B　工业炸药现场混装技术的新进展

a　乳胶基质远程配送与现场混装技术

露天现场混装炸药技术，或称大直径（φ120mm）乳化炸药现场混装技术不断发展，并广泛应用于世界各地的大中型露天矿山及其他大型露天爆破工程。进入 21 世纪以来，其他国家的露天现场混装乳化炸药技术已经有了很大的突破，逐步形成了第二代露天现场混装乳化炸药技术，特别是近年来提出和发展的"乳胶基质远程配送与现场混装"新技术，更加值得关注。所谓"乳胶基质远程配送"，即像普通硝酸铵一样实现乳胶基质的大规模生产，跨地区、跨国界远程分级配送，然后在最终用户的爆破现场由装药车装入炮孔后才使其敏化成乳化型爆破剂，实现了工业炸药的生产、运输和爆破装药一条龙技术和服务体系。乳胶基质远程配送与现场混装技术主要包括具有"本质安全性"的乳胶基质及其制备技术、乳胶基质常温和低温快速敏化技术。

b 移动式地面站的应用

移动式地面站是一条可移动的乳胶基质连续化、自动化制备站，与乳化炸药现场混装车配套使用，最终实现工业炸药的现场制备与爆破装药机械化。移动式地面站主要由动力车、半成品制备车、原料运输车、加油车、牵引车及安全生产与消防设施等组成。制备车设有水相制备输送系统、油相输送系统、发泡剂输送系统、乳胶基质输送系统。移动式地面站就是将与乳化炸药混装车配套的固定式地面站的设备安装在几辆半挂车上，形成可移动的动力供应、原材料供应、半成品制备等各项功能。

c 井下乳化炸药现场混装技术

井下乳化炸药现场混装技术是指在地面站混制好乳胶基质，再将基质泵送到混装车的料仓内，在井下爆破现场进行敏化和装填。这种新型装药车具有很强的机动性和灵活性，可进行全方位装药，满足不同断面、不同高度硐室及井下爆破的装药要求，自动化程度高、效能高、安全可靠，实现了井下装药的机械化作业。

d 车载自动控制技术的应用

计算机控制系统在工业炸药现场混装车上被广泛应用，利用计算机控制的工业炸药现场混装车可自动将炸药装入炮孔。在炮孔装药前，炸药车司机把各个孔需要装入的炸药量输入计算机，然后开始自动装药。可以预见，在不远的将来，人们可以在办公室将炮孔参数连同装药指令一起传输给炸药车上的计算机，GPS 定位系统将使得车载计算机能够确定爆区各个炮孔的位置、装药量，并能自动调节炸药配比，进行装填作业。

C BCJ 系列乳化炸药现场混装车

北京矿冶研究总院集多年乳化炸药技术和设备研究工作经验，与国内兄弟单位合作于1999 年开始了我国"中小直径散装乳化炸药技术"研究开发工作，经过多年的努力，成功研制出 BCJ 系列中小直径乳化炸药混装车产品。

BCJ 系列乳化炸药现场混装车，总体上由行驶底盘和炸药混装上盘两大部分组成，具体包括下列分系统：汽车底盘及动力系统、乳胶基质储存及输送系统、添加剂储存及输送系统、乳胶基质连续敏化与装填系统、液压及其控制系统、电器与自动控制系统等。

目前，根据不同中小直径炮孔爆破装药作业类型，已研制开发了 BCJ-1 至 BCJ-5 共 5个型号的装药车。BCJ-5 型实际是不带自行底盘的装药机，需要其他作业车辆运送到装药作业面，特别适合于中小断面隧道掘进爆破。

BCJ 系列乳化炸药现场混装车研制过程中，先后解决了一系列关键技术和关键设备问题，如中小直径散装乳胶基质新配方及其新型敏化体系；高黏度乳胶基质长距离、低阻力输送技术；静态连续敏化器；系统在线自动控制技术等。乳化炸药现场混装技术，具有乳胶基质生产和使用高度安全，现场混装炸药爆轰性能优良等显著优点：（1）安全可靠；（2）计量准确；（3）操作方便，自动化程度高；（4）爆破效果好；（5）环保，污染少；（6）快速发泡；（7）自动化控制技术先进，控制可靠。

D BCJ 多功能装药车

在中深孔爆破作业中，通常采用在炮孔底部装填乳化炸药（或重铵油），在炮孔中部装填低密度低成本的铵油炸药的混合装药结构，以改善装药结构。

北京矿冶研究总院研制的 BCJ 多功能装药车，可在一台车上现场混装乳化炸药、铵油炸药和重铵油炸药多个品种，可满足此类混合装药的需要。

a BCJ 多功能装药车的组成

BCJ 多功能装药车由装药系统和汽车底盘两部分组成。其中，汽车底盘为装药车的行走机构，可根据载重量选择不同规格的汽车底盘。装药系统为装药车的核心，包括独立的乳化炸药和铵油炸药装药系统，两套装药系统同时工作构成重铵油炸药装药系统。装药系统中各物料输送系统均由液压马达驱动，液压主油泵从汽车发动机取力驱动。现场混装铵油炸药时，多孔粒状硝铵通过底螺旋和斜螺旋输送到混合螺旋，与柴油充分混合成为铵油炸药，靠物料重力落入到炮孔内。现场混装乳化炸药时，乳胶基质和敏化剂通过输药软管泵送进入炮孔底部，在软管端部敏化后孔内成药。现场混装重铵油炸药时，首先将多孔粒状硝铵与柴油混合成为铵油炸药，然后在混合螺旋内与乳胶基质混合成为重铵油炸药，靠物料自身重力落入炮孔内。装药车主要参数见表 1-1。

表 1-1 装药车主要参数

| 名 称 | 乳化炸药 | 铵油炸药 | 重铵油炸药 |
|---|---|---|---|
| 适合孔直径/mm | ≥32 | ≥90 | ≥90 |
| 装药速度/kg·min$^{-1}$ | 60 ~ 200 | 200 ~ 600 | 200 ~ 600 |
| 密度/g·cm$^{-3}$ | 0.95 ~ 1.25 | 0.80 ~ 0.85 | 0.85 ~ 1.25 |
| 爆速/m·s$^{-1}$ | 4200 ~ 4800 | ≥2800 | 3200 ~ 4500 |

b 技术特点

与已有工业炸药现场装药车相比，BCJ 多功能装药车具有以下特点：（1）现场混装重铵油炸药使用常温乳胶基质；（2）该装药车采用结构特殊的螺旋输送机；（3）采用独有特殊减阻技术和静态敏化技术；（4）更换炸药品种方便；（5）现场混装重铵油炸药时，其铵油炸药的比例为 10% ~ 90%。

c 自控系统与安全

BCJ 多功能装药车的自动化程度高、操作简单，技术人员操作安装在驾驶室内的触摸屏电脑即可完成装药工作，即在触摸屏上输入单孔药量后，按下自动装药按钮，装药自动开始，达到设定药量后自动停车。自控系统将对单孔药量和累计药量准确记录，以便查询和统计。

BCJ 多功能装药车装载常温乳胶基质和原料，均是炸药半成品，本质安全性高。与此同时，装药车自控系统对乳胶泵出口压力、柴油流量和液压油温等关键工艺参数实施在线监测，一旦出现断流、超压、超温等情况，自动控制将发出声光报警，并延时自动停车，待警报解除后方可继续装药，防止了误操作，装药过程安全可靠。

d 重铵油炸药用常温乳胶基质

现场混装重铵油炸药使用常温乳胶基质，调整工艺配方以后，在常温下乳胶基质具有较好的流动性，利于泵送，选择合适的发泡剂与发泡促进剂利于常温或低温敏化，乳胶基质可以在配套乳胶基质地面站生产，也可以在商品炸药生产线上适当调整生产。

E 非洲爆破有限公司乳化炸药现场混制和装药技术

非洲爆破有限公司（African Explosives Limited，简称 AEL）是南非集科研、炸药与爆破器材生产、矿山爆破、市场开发于一体的最大一家爆破公司，在南非爆破行业中占有

60%的市场份额。AEL公司主要产品有：散装炸药、导爆管、导爆索、硝酸铵、农用化肥、起爆具和电子雷管。设备有现场混装炸药车、快速补给车（运载乳胶基质、多孔粒状硝酸铵、柴油）。在非洲大陆马里、加纳、赞比亚和坦桑尼亚等地建有9个生产厂，爆破服务在非洲处于领先地位。

a 乳胶基质制备生产线技术特点及工艺流程

挪威DYNO公司近几年研制成功的多用途乳化炸药混装车，由计算机控制完成炸药的敏化和炮孔的装药。混装车在运输中装的不再是乳化基质，而是硝酸铵水溶液。

AEL公司乳化炸药混装车地面制乳胶基质生产线，有水相、油相加料、乳化等生产工序，采用全连续、微机自动控制的生产工艺。其特点如下：

（1）硝酸铵溶液由硝酸铵生产厂直接通过管路输送至硝酸铵溶液储存罐，冷却加入微量元素，调节酸度后形成合格的水相溶液。

（2）油相是专业生产厂直接将桶装成品油相泵送至油相储存罐。

（3）生产线全连续微机自动控制，组分配比由电脑自动调配，生产情况、生产结果自动打印记录，自动化程度高。

（4）生产线自动加料，无废液，对环境无污染。

（5）工艺设备立体布置，合理节能。

（6）无供热熔化工房和设备，节省电能。

（7）生产效率高，年产量可达75000t乳胶基质，为6个露天煤矿服务，服务半径160km。

（8）乳胶基质保质期长，稳定性好。

b 高效的现场混装炸药车与快速补给车联合作业方式

AEL公司以铵油、重铵油两种现场混装车为主。重铵油炸药车可按照爆破设计要求，在同一炮孔中不间断装填多个品种炸药，装药只需在触摸屏上键入指令，炸药配方的配比数和炸药输出量分别输入到控制系统，驾驶室内液晶显示屏可以显示输出物料时的动态数据，单孔装药量和全天装药量均可准确记录。液压电器控制系统可以灵活地控制各个动力和驱动元件，有效地调节螺旋或泵的输送能力，调整各输送组分比例，改变炸药组分。螺旋输送重铵油炸药效率可达750kg/min，计量误差小于±2%。乳化炸药泵送应用了水环减阻原理，有效地解决了深孔输送阻力大、易阻塞、输药效率低的问题。各个料箱加工精致，并加有过滤网锁扣，有利于物料清洁，防止杂质进入。

由于AEL公司乳胶基质制备厂服务矿山多，而且最远的有160km，炸药混装车分别分布在各个矿山爆破作业现场装填炮孔，乳胶基质、多孔硝酸铵、柴油均有快速补给车运送到爆破现场或矿山乳胶基质储存罐。

c 爆破服务

AEL公司一般是依托几个大型矿山建一个散装炸药生产基地，并配套建多孔粒状硝酸铵厂和油相制备厂。各矿山的爆破工程由AEL公司承担，根据每个矿山不同的爆破介质、不同的爆破要求，为矿山提供爆破器材、爆破咨询和先进的爆破技术。爆破研究中心负责各矿山每次爆破前将爆破参数输入到计算机，通过计算机爆破效果模拟起爆顺序和爆堆形状，并根据模拟结果修正爆破装药参数和网路。如Kleinkopje（AEL operations）露天煤矿，由AEL公司负责炸药加工制造、爆破设计、抛掷爆破施工、爆破监测，实现一条龙服务。

1.4.2.2 地下矿山炸药装药车现状与智能化发展趋势

A 地下矿山炸药装药车现状

a 国外地下矿山炸药装药车现状

国外地下装药车主要的制造商有瑞典 Nitro Nobel 公司、Atlas Copco 公司，美国的 Getman 公司，芬兰 Normat 公司，澳大利亚 Orica、Dyno Noble 公司，加拿大的 Dux 公司等。其中，澳大利亚 Orica 公司、芬兰 Normat 公司的地下装药车应用较为广泛。Normat 公司的系列地下炸药装药车命名为 Normat Charmec，有乳化粒状铵油炸药装药车和乳化炸药装药车两种类型。

瑞典 Nitro Nobel 公司开发的 Rocmec2000 型装药车，可遥控装药支臂为水平炮孔装药。该车装药系统用电力作动力，噪声低、无废气污染，每班可装 2 ~ 3 个 30m² 巷道断面的炮孔。

瑞典 Atlas Copco 公司生产的 EG-33 型自动化装药车是该公司 PT 系列装药车之一，用于装填铵油炸药，装填炮孔直径 51 ~ 77mm。该车伸缩臂上安装有一个大象鼻管，为遥控装药。伸缩臂安装在 PT-61 型通用底盘上，在底盘上还有装药器、电缆卷筒、液压系统、电气系统。伸缩臂用液压马达定位，用液压缸使臂升降、伸缩，压缩空气通过软管供料和装填炸药。伸缩臂由内外臂组成，内臂相对外臂在伸缩油缸的作用下伸缩，在内臂的外伸端装有送管装置，能使装药软管更好地进入炮孔。表 1-2 介绍了几种国外典型井下装药车的型号及技术参数。

表 1-2 井下装药车型号及技术参数

| 型 号 | 厂 商 | 炸药类型 | 技 术 特 点 |
| --- | --- | --- | --- |
| Charmec 9825 BE | Normat | 乳化炸药 | 1000L 乳胶基质料仓；500L 水箱；举升平台升至垂直 9m 高度 |
| Charmec LC 605 DA | Normat | 铵油炸药 | 2 个 500L 铵油炸药料仓，直径 33.5mm 或 38mm，最长 30m 输药管；水平、上向孔装药；举升平台升至垂直 8m 高度，错误自诊断 |
| BEV | Dyno Noble | 乳化炸药 | 乳化炸药密度 0.8 ~ 1.25g/cm³ 可调，水平、上向孔装药；泵送超压、断流、超温停机保护 |
| P1-AN/FO | Dux | 铵油炸药 | 1000L 铵油炸药料仓；举升平台覆盖 9m × 7m 工作面 |

图 1-1 所示为 Normat 铵油炸药车 Charmec 9905 BC ANT 1000。

b 国内地下矿山炸药装药车现状

20 世纪 80 年代，国内长治矿山机械厂在引进瑞典 ANOL 系列装药器的基础上研制了 BQ 系列装药器，用于装填铵油炸药。虽然存在诸多缺点，但该压气装药方式仍然是当时国内地下矿山机械化装药的主要方式。

马鞍山矿山院研制的 DZY220 型井下装药车，装填粉状铵油炸药，装药速度 130kg/min，装药深度 21m，该车安装有装药工作平台，便于人工辅助向炮孔送管、堵塞炮孔的操作。

长沙矿山研究院研制了 JFZ600 型井下上向中深孔铵油粉粒状炸药装药车。该车在装药与返药控制等关键技术方面，通过设计适合装药车装填的气力输送系统返药控制装置，

图 1-1 Normat 铵油炸药车 Charmec 9905 BC ANT 1000

以及采用获取装填工艺最优参数的方法和措施，部分解决了进口设备在国内运用不成功的技术难题。

北京矿冶研究总院研制的 BCJ-4 型地下装药车装填常温乳胶基质，孔内发泡敏化成乳化炸药，装药密度可调，乳胶基质装载量可达 2t，输药软管长达 100m，上向孔装药深度可达 40m，装药速度 80kg/min，上向孔装药无返药，装药为完全的耦合装药，爆破效果好。该装药车已经实现批量化生产，现场应用情况良好。

B 地下矿山炸药装药车智能化发展趋势

我国现有的地下炸药装药车仅在少数矿山使用，主要装填铵油炸药，炸药与岩性不能很好匹配，在自动化、智能化方面与国外先进技术还存在较大差距，研究智能化的地下矿用乳化炸药现场混装车有很好的工业需求和应用前景。

地下矿山炸药装药车智能化研究的主要内容应包括：（1）机器视觉炮孔定位系统，利用机器视觉辨识炮孔得到炮孔的参数位置坐标；（2）多自由度装药工作臂，利用机器视觉伺服技术通过上位机和下位控制器完成装药车工作臂的自动定位，上位机计算并输出工作臂在空间内的运动轨迹坐标，各伺服阀组按照下位控制器发出的相关指令实现工作臂的自动寻孔；（3）智能机械送管装置，依据给定数据或自动探知的炮孔深度实现自动插入输药软管、自动计算装药量、自动装药和自动退管；（4）智能装药系统，实现装药密度、爆速与岩石岩性的智能匹配。

与发达国家 90% 以上现场混装炸药的使用量相比，我国现场混装炸药技术与装备的发展刚刚起步，特别是地下矿山炸药装药装备落后且远未形成系列化，高水平、高起点研究开发地下矿山系列化、智能化炸药装药车任重道远。

### 1.4.3 起爆方法的发展方向

#### 1.4.3.1 电子雷管起爆系统

本节通过 Orica 电子雷管系统介绍电子雷管起爆系统。一般而言，电子雷管起爆系统主要有三部分：电子雷管、编码器和起爆器。

电子雷管延期时间最大可以实现到 15000ms，当延期时间小于 500ms 时，其延期精度为 ±0.05ms；当延期时间为 500～15000ms 时，其延期精度为 ±0.01%。

编码器的功能是注册、识别、登记和设定每个雷管的延期时间，随时对电子雷管及网路在线检测。编码器可以识别雷管与起爆网路中可能出现的任何错误，如雷管脚线短路，正常雷管和缺陷雷管的 ID，雷管与编码器正确连接与否。编码器在一个固定的安全电压下工作，最大输出电流不足以引爆雷管，并且在设计上其本身也不会产生起爆雷管的指令，从而保证了在布置和检测雷管时不会使雷管误发火。编码器是电子雷管实现相关功能的主要装置，编码器和电雷管网路检测仪器相同，采用了较小的工作电流，即远远小于30mA，对网路的安全检测是有充分保证的。通过编码器对网路的检测，可以发现起爆网路中可能出现的任何错误，而不是只能发现整个电阻是否正常、联通等。

起爆器控制整个爆破网路的编程和起爆。起爆器从编码器上读取整个网路中的雷管数据，然后检查整个起爆网路，只有当编码器与起爆器组成的系统没有任何错误，起爆器才发出编码信号起爆整个网路。爆破软件采用 Shotplus-i 软件，这种软硬件结合使用的爆破系统大大提高了爆炸性能和爆破效果。

数码电子雷管起爆系统适用于各种工程爆破，对大型网路爆破、高精度爆破工程以及深孔爆破、水下爆破、硐室爆破等都具有良好的爆破效果。

### 1.4.3.2 i-kon™电子起爆系统

i-kon 电子起爆系统（electronic blasting systems，简称 EBS）提供了三种电子爆破系统，i-kon™Ⅱ、优创™600（uni tronic 600™）和易拓™Ⅱ，分别适合于露天及地下采矿、隧道挖掘以及采石和建筑业务。

i-kon™Ⅱ是市场上最先进的系统，与同类系统相比，其定时精度和最大延迟时间增加了1倍。易拓™Ⅱ是首个专门用于地下开发和隧道爆破的系统。易于使用的优创™600系统让众多的用户获得了电子爆破所带来的好处。

i-kon™系统由可编程的数字雷管和控制设备、i-kon™编码器和起爆器及附件组成，包括露天矿远程起爆系统（SURBS）和 i-kon 中心电子起爆系统（CEBS），如图 1-2 和图 1-3 所示。

图 1-2　i-kon 露天矿远程起爆系统（SURBS）

图 1-3　i-kon 中心电子
起爆系统（CEBS）

露天矿远程起爆系统运用于采石场和露天矿山，可在远处方便地引爆 i-kon 雷管爆破，在一个中枢控制点可以引爆几个爆破。露天矿远程起爆系统利用远程起爆设备（Blaster2400R 和地表远程控制箱）和现有的编码器及电子雷管提供更灵活的采矿实践以适应更严格的延期时间和减少矿坑封闭时间。

露天矿远程起爆系统最多可起爆 2400 发 i-kon 雷管、12 个编码器；使用指定频率的编码无线电信号；双向沟通，包括检查雷管编程延期时间和确认雷管性能完好；设计操作范围（直线距离）2500m。

i-kon 中心电子起爆系统（CEBS）可以在一个安全便利的地点（通常在地表）远程起爆用于地下采矿的电子雷管。CEBS 系统包括一个远程起爆器和一个与编码器一起工作的存储箱，并利于矿山现有的通信设施（如模拟信号电话网、LAN、WLAN），该系统可以安全应用于地下矿指定安全起爆点或地表联络或控制点。通过基于电脑的中央爆破软件进行系统控制；针对地下矿山的复杂情况，通过智能软件狗和主控密码锁和钥匙加强安全控制；中央电子起爆系统可以控制 12 个编码器、2400 发电子雷管；双向沟通，确认编入的延期时间，编程并确认所有雷管的性能；系统安置于防不平、防水、抗震箱里。

Shotplus-i 是一个先进的与 Windows 系统兼容的爆破设计软件，可以更好地使用 i-kon™电子起爆系统。Shotplus-i 提供简单便利的设计方法，分析和优化 i-kon™爆破，可视界面使得软件容易操作，实现延期时间设计可视化。

Shotplus-i 是 i-kon™电子起爆系统的组成部分，通过与 i-kon™编码器整合，爆破设计与连线现场完全吻合，加快并保证整个操作过程。Shotplus-i 软件可以导入测量的细节数据，如炮孔坐标和标识等。这样有了炮孔的准确位置，可以给出更准确的连线设计。

**A  i-kon™电子起爆系统的构成**

i-kon™系统的核心是一种通用型的、现场可编程的电子雷管，爆破操作人员可以在现场按设计、使用习惯确定延期时间，现场对整个爆破网路进行检测和设定各雷管的延期秒量，从而不再像延期药雷管那样需要采购多种延期时间的雷管；使整个爆破网路只需要一种雷管——电子雷管即可，简化了爆破操作的复杂性。i-kon™系统主要由以下几部分构成：

（1）现场可编程电子雷管。i-kon™电子起爆系统的每个电子雷管包含了一个微芯片（包括时钟电路、通信接口、定时器、存放 ID 的存储器、简化的微处理器内核、3 个电子开关和内部电压变换模块等），两个储能电容（分别储存微芯片工作和雷管点火所需要的能量），防静电、射频的特殊塞子，以及普通瞬发电雷管包含的基本组成部分（如点火头、起爆药、基本装药等）。i-kon™电子雷管的基本特性见表 1-3。

**表 1-3  i-kon™电子雷管的基本特性**

| 导　线 | $\phi$0.6mm 钢质双绞线 |
|---|---|
| 线的绝缘性 | 1.35mm 厚的聚丙烯 |
| 线的张力 | 可以承受 300N 的拉伸力 |
| 线的标准长度 | 6m，15m，20m，30m，40m，60m，80m |
| 基本装药 | 750mg 彭托利炸药（pentolite） |
| 起爆药 | 90mg 叠氮化铅 |
| 连接器 | 防水，铰合连接 |
| 尺　寸 | $\phi$7.3mm×93mm（外径×长度） |
| 雷管外壳 | 铜锌合金 |

| | |
|---|---|
| 延期时间 | 1 ~ 8000ms，以 1ms 间隔设定 |
| 延期精度 | 延期时间 < 100ms：误差 < ±0.1ms；> 100ms：误差 < 0.1% |
| 使用温度 | −20 ~ +70℃ |
| 抗冲击 | 至少耐 101MPa 脉冲压力 |

（2）i-kon™ 编程器。i-kon™ 编程器如图 1-4 所示。编程器同 i-kon™ 电子雷管的连接采取电源/信号复用的双线制载波通信方式，以保持电子雷管的连接方式同延期药电雷管保持一致，同时实现对雷管的在线检测（功能、时钟校准、漏电检测等）和延期时间的设定。编程器的设计服从"本质安全"的概念：其独立工作时的输出电压为 5V，最大输出电流不足以起爆电雷管，而 i-kon™ 电子雷管用 10.5V 给内部储能电容充电时，经测试不足以起爆雷管；另外，编程器本身不能产生起爆雷管的指令，保证在布置、检测雷管时，在炮孔外的任何设备不会使雷管误发火。每一个编程器可以同时驱动 200 发雷管，一次爆破可以用 24 个编码器。具体操作方法是：首先将雷管的脚线接到编码器上，编码器读出该发雷管对应的 ID 码，然后爆破工程技术人员按设计要求，通过编码器设定该雷管所需的延期时间，并把雷管的对应数据按在爆破网路中的位置编号、雷管自身的 ID、延期时间的格式，以表格的形式存放在编程器的非易失性存储器中。在爆破网路连接完成后，编程器可以随时检测每个雷管的功能、连接技术情况，并把保存在编程器中的延期时间参数设定到对应的雷管之中。

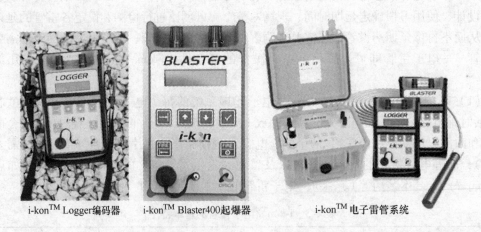

i-kon™ Logger编码器　　i-kon™ Blaster400起爆器　　　　i-kon™ 电子雷管系统

图 1-4　i-kon™ 电子雷管起爆系统

（3）i-kon™ 起爆器。EBS 的起爆器如图 1-4 所示，它通过编程器与起爆网路连接（图 1-5），提供编程器无法提供的、爆破网路起爆所必需的能量，同时可以随时检测每个雷管的状态。起爆器对爆破网路的控制权限高一个等级，即起爆器可以对编程器进行控制，但编程器不能对起爆器进行操作，爆破网路起爆所必需的命令设置在起爆器内。在安全性方面，起爆器采用起爆数字安全键，没有该数字安全键的起爆器无法正常工作（输出雷管起爆所需要的电压和起爆指令码）。

起爆器用于充电、测试和控制雷管的起爆。有四个不同类型的起爆器，Blaster400 可

图 1-5 起爆器的连接及起爆

以使用两个编码器起爆 400 发雷管；Blaster2400 可以起爆 12 个编码器，2400 发雷管，与另外一个起爆器同步时可起爆 4800 发雷管；还有用于露天矿的地面远程起爆系统和运用于地下矿的中央起爆系统，可以起爆 2400 发雷管。

操作时，编程器放在距爆区较近的位置，爆破员在爆区的安全距离处操作起爆器，控制整个爆破网路。起爆器会借助编程器检测爆破网路中的所有雷管状态，只有当起爆网路没有任何错误，并由爆破员按下起爆按钮并对其确认后，起爆器才能触发整个爆破网路，整个爆破网路的检测在 5min 内全部完成。

（4）Shotplus-i 爆破设计软件。EBS 的爆破设计软件如图 1-6 所示，它可以产生爆破设计所需要的延期时间，并对整个爆破过程进行爆破前的仿真，优化爆破设计。Shotplus-i 爆破设计软件类似于用户终端，必须安装在 PC 机上运行，可以独立工作，也可以同起爆器连接监视爆破网路的连接情况，产生各种统计报表和错误报告。

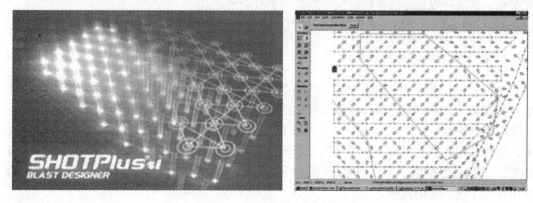

图 1-6 Shotplus-i 爆破设计软件

**B 电子起爆系统的安全可靠性**

i-kon™电子起爆系统配套的电子雷管、编程器和起爆器三者必须一起使用，才能够正常起爆雷管，因此，i-kon™电子起爆系统从以下几个方面保证爆破网路的安全可靠性：

（1）电子雷管内部采用抗冲击的 RC 振荡器取代晶体振荡器，振荡器的精度采用编程器中的精密时钟外部校准的方式来保证，达到电子雷管本身的抗冲击性能和定时精度保障同时兼容的目标。

（2）内部储能采取双电容储能形式，把数字电路工作和雷管点火所需能量分开储存。若采用单电容储能，数字电路的工作势必要消耗相当的能量，特别是在秒级延期时，其电能消耗表征尤其明显。在爆破过程中，一旦电能供给线路出现故障，无法对数字电路消耗的能量补给时，电容的储能会明显下降，影响雷管的点火精度和可靠性。

（3）对提供雷管点火能量的储能电容采用三级开关管理的形式：在编程器对雷管进行功能检测、延期时间编程和校准期间，第一级开关处于打开状态，点火头和外界处于隔离状态，外界任何信号都无法到达点火头，保障了外部环境干扰无法起爆雷管。经计算，采用上述安全措施后电子雷管的点火安全性是普通电雷管的 100000 倍。

（4）雷管内部芯片采用了全电路的 BIT（built-in-test）技术，使控制芯片在起爆以前可以进行全功能的检测，保障起爆网路的可靠性。

（5）控制芯片的输入端采取了过压保护、防瞬变、抗静电等多项技术措施，有效地防止了外部环境的危害，总成的电子雷管可以经受 600V AC、30000V 静电、50V DC 性能试验。

（6）电子雷管采取复合数字信号组网和发火，数字信号特有的抗干扰性能，极大地降低了误发火雷管的可能性，经计算，杂散电流误触发雷管的概率为十六亿分之一。

（7）编程器的输出电能不足以起爆雷管，保证了爆破网路布设和验证时的操作安全性。

（8）编程器对爆破网路连接技术状况（电能储存状况、线路连接、漏电等）的监测，保障了爆破能够可靠完成。

（9）对起爆器采用特殊的数字键进行安全授权，只有安装了该数字键的雷管才能对起爆器操作。由于只有起爆器才可以发出起爆雷管的命令，因此只要保障了数字键的管理安全性，就能有效地降低雷管流失可能造成的社会危害性。

（10）起爆器对于整个爆破网路的检查确认，保证了爆破网路的起爆可靠性。

### 1.4.4　露天台阶爆破的发展方向

露天矿台阶爆破是矿山生产的基本手段。目前，国内外一些大型矿山采用大孔径钻机，实现大区、多排微差深孔爆破，对孔网参数、装药结构、填塞方法、起爆顺序、微差间隔时间都进行了比较深入地研究，爆破技术的改进大大提高了矿山生产的综合生产效率。另外，随着钻孔机具设备的更新、工业炸药和雷管质量的不断提高，新品种炸药和高精度、多段位毫秒电雷管、非电雷管及数码电子雷管的使用，深孔（台阶）爆破技术的应用得到了进一步的发展。

露天台阶爆破的进展体现在以下几个方面：（1）设计、钻孔、装药及装载等工序运用监控技术，逐步实现机械化、自动化；（2）广泛采用顺序爆破和孔内分段微差爆破技术；（3）根据岩性的不同，选择合理的爆破参数以及合适的炸药品种；（4）采用计算机辅助设计系统；（5）采用数据收集系统，该系统能提供矿山设备及生产设施的准确位置；（6）通过数字矿山模型，将矿山计算机辅助设计系统和矿山设备相互结合，并有效控制其动态。

### 1.4.4.1 钻孔技术和 GPS 技术

目前国外的钻孔设备公司主要有：瑞典的阿特拉斯-科普克（Atlas Copco）公司、美国英格索兰（Ingersoll-Rand）公司、日本大河公司和芬兰的汤姆洛克公司。近年来，布塞鲁斯国际公司（Bucyrus Erie）推出了 39R 型柴油式钻机，可钻直径达 311mm 炮孔，钻头最大负荷为 40800kg。该公司宣称 39R 型是当今市场上效率最高、维修最方便的一种钻机。

在国外露天钻孔爆破作业中，大量采用 GPS 和 GLONASS 卫星定位技术，不仅可以提高钻孔效率，而且还可降低钻孔爆破费用。精确的炮孔与机载监控信息有机结合，可取得良好的效果。如在加拿大海兰瓦利铜矿，采用 GPS 技术且通过钻机机载计算机系统进行钻孔定位，所获得的钻孔定位偏差不大于 0.1m。钻孔作业时，与爆破有关的炮孔位置和其他地形特征存储在钻机上，当钻机在爆破网路地图覆盖的范围内移动时，移动地图显示器能够自动显示正确网路。当钻机越来越接近炮孔位置时，地图显示器的比例自动变化；当钻机正确定位后，机载软件就自动确定孔口高程，同时调节钻孔深度，使台阶高度保持一定。采用卫星定位技术可减少传统的测量工作，节省费用。同时，卫星定位能够使钻孔数据直接传递给装药车，实现钻孔、装药过程的自动化。由此可见，利用设备操作信息来提高露天开采效率是今后的主要发展趋势。

在美国，已有多种新技术用于露天开采，其中不仅有先进的数字计算技术设备，而且还有精确可靠的 GPS 全球卫星定位系统、高速高频双向无线数据通信技术、平面显示器等。同时，这些新技术还是目前正在开发的各种矿山控制系统的基础。

### 1.4.4.2 台阶爆破设计

A 孔径

孔径是控制炮孔的爆炸能力达到预定爆破作用的一个基本因素，增大孔径不仅能提高炸药的传爆性能，而且炸药威力增大，爆破效率提高，有利于加快施工进度。目前国外一般露天矿使用的孔径分为小孔（50 ~ 100mm）、中孔（100 ~ 254mm）、大孔（254 ~ 355mm）和特大孔（355 ~ 445mm）四种。近年来，所使用的孔径有增大的趋势。

国外爆破规模普遍较大，一次爆破量一般为 35 万 ~ 70 万吨。大型露天矿都采用高台阶大孔径爆破，台阶高度为 14 ~ 29m，孔径为 310 ~ 414mm。中小型矿山的台阶高度为 6 ~ 12m，孔径为 150 ~ 172mm。目前国内露天矿，除受矿岩节理裂隙严重影响外，一般孔径为 200 ~ 310mm。几个矿山的主要爆破参数和技术指标列于表 1-4。

**表 1-4 国内外一些露天矿爆破参数和技术指标**

| 矿山名称 | 台阶高度 /m | 孔径 /m | 超深 /m | 单耗 /kg·m⁻³ | 孔网参数 /m×m | 炸药种类 |
|---|---|---|---|---|---|---|
| 澳大利亚罗泊河铁矿 | 15 ~ 20 | 280 | 2 ~ 3 | 0.77 | 9.6 ×9.4 10 × 8.7 | 乳化炸药、铵油炸药、重铵油炸药 |
| 澳大利亚帕拉布杜铁矿 | 14 | 310 | 2.5 ~ 3.0 | 0.38 ~ 0.89 | 8.5 ×7.5 | 铵油炸药、重铵油炸药 |
| 美国鹰山铁矿 | 6 ~ 12 | 150 ~ 172 | 0.6 | 0.5 | 4.5 ×4.5 | 铵油炸药 |

| 矿山名称 | 台阶高度 /m | 孔径 /m | 超深 /m | 单耗 /kg·m⁻³ | 孔网参数 /m×m | 炸药种类 |
|---|---|---|---|---|---|---|
| 中国大孤山铁矿 | 12 | 250 | 2.5~3.5 | 0.56~0.76 | (5.5~6.5)× (6~7) | 铵油炸药、 袋装乳化炸药 |
| 中国南芬铁矿 | 12 | 200~310 | 1.5~2.5 | 0.64~1.2 | (4.5~6.5)× (3~6.5) | 铵油炸药、 散装乳化炸药 |
| 加拿大基德湾 铜锌铅矿 | 12~15 | 250~310 | | 0.13~0.27 | (6~7.5)× (7.5~9) | 浆状炸药、铵油炸药 |
| 前苏联依林矿务局 露天铁矿 | 15 | 250 | 3.0 | 0.4~0.975 | (5×5)~(5× 6)~(6×7) | 铵梯炸药 |

B 最小抵抗线的设计

a 通过三维扫描精确确定抵抗线

传统的施工设计是凭经验或靠人工简单测量一下坡顶线及坡底线来对现场施工进行设计验收,指导爆破。这种方法不仅工作量大、影响生产效率,更重要的是不能全面准确地反映施工现状。

而采用三维激光扫描仪对规划爆区进行激光扫描,扫描出前排坡顶线、坡底线及坡面,测出三维图。从而布孔时可精确控制好前排抵抗线、底盘抵抗线和上水平标高,这样可以实现精确布孔。

b 抵抗线的计算

最小抵抗线($W$)与所采用的爆破方法、岩石性质、装药条件、装药量、装药体积、自由面数和炮孔直径等因素有关。常见的计算公式为:$W = ED$。$D$ 为炮孔直径,m;$E$ 为与炸药、岩性有关的系数。在铵油炸药密度为 $0.85 \text{g/cm}^3$ 情况下,常用的 $E$ 值和岩性的关系见表 1-5。

表 1-5 岩性和 $E$ 值的关系

| 岩 性 | $E$ 值 |
|---|---|
| 低密度软岩(密度 $2.20 \text{g/cm}^3$) | 28 |
| 中等密度岩石(密度 $2.70 \text{g/cm}^3$) | 25 |
| 高密度岩石(密度 $3.39 \text{g/cm}^3$) | 23 |

以上求得的 $W$ 值只是近似值,还需通过现场试验对 $W$ 值作必要的调整。

Langefors 的最小抵抗线计算公式是以数千次爆破实践得来的经验数据为依据建立的。Langefors 公式是根据炮孔爆破破碎效果与距离的关系,得到单排孔同时起爆时最小抵抗线的计算公式:

$$W = \frac{D}{33}\left(\frac{\rho s}{Cf\frac{a}{b}}\right)^{1/2} \tag{1-1}$$

式中 $D$——炮孔直径,mm;

$\rho$——装药密度，kg/dm$^3$，$\rho = 1.27 \times 10^3 l/D^2$，$l$ 为线装药密度，kg/m；

$s$——相对于瑞典 Dynamite 炸药的质量威力（即炸药换算系数），铵油炸药 $s$ = 0.84；

$\bar{C}$——岩石常数 $C$ 的修正值，在 $W = 1.4 \sim 15$m 时，$\bar{C} = C + 0.05$；

$f$——夹制系数，$f = 3/(3 + \tan\alpha)$，$\alpha$ 为炮孔与垂直面的夹角，直立孔 $f = 1$，3:1 的倾斜孔 $f = 0.95$；

$a/b$——孔间距与排间距的比值，台阶爆破 $a/b = 1.25$，光面爆破 $a/b = 0.7$。

1998 年，Dr. Pal. Roy 和 Sri. R. B. Singh 总结了印度近 50 个露天矿山开采的资料，得到适合不同地质条件的计算最小抵抗线和炮孔间距的关系

$$W = H \frac{5.93 D_e}{D_h \cdot RQD} + 0.37 \sqrt{\frac{L}{C}} \tag{1-2}$$

$$a = 1.3b - 4 \sqrt{\frac{L}{C}} \cdot \frac{1}{RQD} \tag{1-3}$$

式中　　$H$——台阶高度，m；

$D_e$——药卷直径，mm；

$D_h$——炮孔直径，mm；

$L$——装药密度，kg/m；

$C$——装药系数，kg/m$^3$；

$RQD$——岩石质量指标，定义为岩芯取样时大于 10cm 长的岩芯占岩芯总长度的百分比，也可用式（1-4）计算

$$RQD = 115 - 3.3 J_V \tag{1-4}$$

$J_V$——单位体积的节理数，当 $J_V < 4.5$ 时，$RQD = 100$。

C　装药结构

装药结构按炸药种类有单一装药结构和组合装药结构。单一装药结构是在孔内装同一品种和密度的炸药；组合装药结构是在孔底装高威力炸药，在孔上部、中部装威力较低的炸药。不同岩性装不同性能的炸药，甚至在同一炮孔内，岩石性质差异较大时，也分装不同性能的炸药。

（1）水耦合装药。国内仓上金矿为控制飞石、降低爆破地震，采用水耦合装药，孔径 $D = 150$mm，药径 $d = 76$mm。该方法炸药装在震源弹壳中一节一节连接起来装入孔中，装好药后灌水。底部用一般装药克服底盘抵抗线，上部灌水高度 $h$ 必须大于炮孔最小抵抗线，且满足 $h = (20 \sim 30)D$。现场爆破取得良好效果：对 10m 以上深孔，节省炸药 37%，爆岩块度均匀，无大块、无飞石且爆堆集中，平均降震率达 31.3%。

（2）深孔底部空腔爆破。底部空腔爆破是在炮孔底部采用空心竹筒或塑料筒堵塞，堵塞高度不大于超深高度，一般取 0.8 ~ 1.2m。国内东鞍山铁矿采用该法，其爆破参数为：台阶高度 13m，孔径 260 ~ 270mm，超深不小于 1.0m（大多采用超深 1.5m），底部装塑料筒或竹筒（长约 1.3 ~ 1.5m）。与连续装药比较，炸药单耗降低 16.6%，大块率降低 50%，远区地震强度降低 28% ~ 36%。

（3）国外空气间隙装药（气隙装药）技术。澳大利亚在两个矿山中全面应用气隙技术，使得炸药和爆破费用大幅度降低。其技术特点是在炮孔内放置一个可膨胀的塞子以使

填塞柱保持一定高度，填塞柱使空气冲击波降低到最小，同时密封炮孔，以便形成一个密闭腔，有利于爆炸冲击波和爆生气体的作用。气隙装药技术的使用可使炮孔内的能量分配更为合理，排除或减少在弱岩中的过破碎情况。通过试验研究表明，气隙置于装药之中效果最佳。

（4）孔内多段装药。国外大型矿山或采石场深孔装药的起爆弹或雷管，一般一个孔内装两发，其中底部装一发，另一发有的装在药段中部，有的装在上部，也有的绑在孔中导爆索的引出端。若在一个炮孔内装填三种以上炸药，那么底部装高威力乳化炸药，中部装重铵油炸药，上部装多孔粒状铵油炸药。起爆顺序上，孔内分段为二段时先爆下后爆上；有三段以上时，先爆中间再爆下部，最后爆上部。

D 微差时间与起爆系统

微差时间的确定根据岩性、爆破孔网参数和爆破要求不同变化范围很大。为了降低台阶重要位置处的爆破震动，Tatsuya Heshibo 等提出了一个新的设计方法——复合微差爆破法，该法可估算出爆破震动时间历程及其峰值质点速度。一般情况下，同排孔间微差时间 $\Delta t_孔 \geq 25ms$，排间微差时间 $\Delta t_排$ 一般取 $25 \sim 75ms$，硬岩取小值，软岩取大值。若采用"孔内多段装药，由下而上微差起爆"时，一般分 $3 \sim 4$ 个分段，每段一般取 $10 \sim 25ms$。

当要求严格控制空气冲击波及飞石时，则 $\Delta t_排$ 或 $\Delta t_孔 \geq 7a$，其中 $a$ 为孔间距（m）。当要求严格控制地震波时，要求 $\Delta t_排$ 或 $\Delta t_孔 \geq 50ms$，这样可将各段起爆药量看成单独震源，叠加的可能性大大降低。

日本、瑞典的研究人员通过计算机模型计算爆区内每个炮孔振动的叠加，研究了质点峰值速度与孔间微差时间的关系。美国奥斯汀（Austin）公司的 F. Sames 等人，借助现代信号分析技术处理爆破震动信号，得出了爆破震动与爆破参数、起爆时间及其整个爆破历时等参数之间的关系。所有上述这些成果的取得，对于露天台阶爆破改善块度、扩大爆破规模和降震等目的具有重大的意义。

对于露天台阶爆破，电起爆与非电起爆仍是最常用的起爆方法。非电起爆系统，包括塑料导爆管起爆系统、导爆索继爆管起爆系统、复式起爆网路等，其中使用最多的是塑料导爆管起爆系统。该系统采用接力起爆网路，孔内采用高段位雷管，孔外用低段位雷管。1994 年 12 月我国在环胶州湾高速路路堑开挖工程中，采用多排深孔毫秒微差接力网路爆破技术，实现了一次爆破开挖成型长达 470m、深 10m 的路堑。一次爆破 203 排、3080 个炮孔，总爆破方量 115000m³，总装药量 73.8t。这次全路堑、超多排、超多段（594 响）深孔拉槽控制爆破的成功，标志着我国大型深孔爆破技术具有世界级水平。

爆破器材的发展进一步促进了起爆技术精确化，高精度雷管可使爆破毫秒延时间隔的控制提高到毫秒数量级以内，这对于改善爆破质量和控制爆破地震效应都具有重要意义，电子数码雷管的推广使用将使起爆精确度提高到 0.001ms 精度。目前在国内的高精度雷管，主要是 Orica 公司生产的 Exel 地表延期雷管和孔内延期雷管。

E 计算机辅助设计系统不断完善

爆破过程的计算机模拟是当前爆破领域研究的前沿课题。国外不同矿山的爆破设计程序尽管有所差异，但是一些主要矿山均采用计算机的辅助设计。根据矿山统计资料，考虑矿岩性质、地质构造、爆区形状和炸药类型来确定爆破方案、选定孔网参数、装药量等参数。

戴诺-诺贝尔公司利用三种计算机程序进行爆破方案设计，即 DYNOVIEV 程序、DY-NACAD 程序、BLASTEC 程序。利用这些程序可预测最可能的爆破顺序以及地面震动情况。根据现有岩石和振动数据可使爆破设计最优化。

通过对露天矿台阶爆破条件下的爆区地形和地质构造特征、钻孔岩石的物理力学性质、炸药爆炸性能进行综合分析，结合 Surpac 三维数据模型及坡面扫描模型，运用爆破软件生成爆破技术参数，这一技术已在我国投入使用。目前，国外研究开发的大型爆破软件已得到广泛的应用，比较有代表性的有：加拿大 R. 法夫罗教授在岩石断裂力学的基础上研制的模拟 Blaspa 软件、英国 AIS 公司开发的 Davey Tronic GPS 爆破软件包等。

随着计算机引入爆破领域，研究借助计算机进行辅助设计，先将炮孔图输入计算机，并选择好起爆点，控制排、孔、列间延时，然后由计算机模拟爆破时的等时线、抛掷方向及同时起爆的孔数等，供设计人员参考、修正，从而得出最佳爆破方案。中国科学院力学所早在 1988 年爆破拆除北京华侨大厦时，就首先运用了计算机优化爆破设计方案，取得了满意的爆破效果。加拿大 Nornarda 科技中心的 P. Favereau 和 P. Andrieux 于 1990 年开始研制用于开采爆破的三维计算机辅助设计 BLASTCAD 系统。该系统能够自动输出药孔布置图以及其他方案设计文书，经实际应用证明，比手工设计节约 70% 的时间。在爆破效果预测方面，加拿大 INCO Thompson 露天开采有限公司进行了旨在优化提高生产效率的爆破方案设计分析研究。

D. S. Preece 等人开发的三维离散元模型 DMCBLAST-3D 是将二维模型沿 Z 方向扩展而得到的。它既能构成深孔爆破台阶和坡面模型，又能构成缓冲爆破模型。随着 DMC-BLAST-3D 技术的发展，目前已经能够模拟爆破引起的三维岩石运动。这将开创许多建模研究的可能性，如爆破过程中岩石各层的三维运动，在台阶面或其他各处中三维异常体的效应。DMCBLAST-3D 技术还在不断发展，将很快兼容 DMCBLAST 技术所有的最初功能。它的将来发展方向包括：（1）彩色三维炮孔显示；（2）3D 矿体位置及爆破诱发的矿体运动；（3）3D 爆堆表面绘图；（4）在孔与孔基础上定义爆破分层。

### 1.4.4.3 装药实现机械化

露天矿装药已完全实现了机械化，其中主要有乳化炸药、铵油炸药或重铵油炸药混装车。国外矿山爆破作业中比较广泛地推广预装药爆破技术，即在钻机钻孔的同时，利用装药车装填已钻好的炮孔，边钻孔边装填炸药和起爆器材。当然，也有不实现预装药的，即使如此，也不是全部钻完炮孔后才装药。

在加拿大海兰瓦利铜矿，利用计算机控制乳化炸药装药车可自动将炸药装入炮孔。澳大利亚 Orica 公司混装车有两项技术值得借鉴：一是爆破装填用的多孔粒状 ANFO，在装药现场附近的露天作业台阶上直接进行掺混，所用设备仅一台轮胎式、可方便拖行的大直径斜螺旋掺混机；二是起爆器材的现场储运、管理。一个大的露天煤矿，所用的起爆器材均存放在采场边几个可搬运的仓库内。仓库可由集装箱改装而成，各仓库间用废石料堆堤隔开。

随着爆破器材新品种新技术的应用以及起爆控制精度的不断提高，国外发达国家露天深孔台阶爆破技术的应用越来越广泛。在设计、钻孔、装药及装载等工序广泛运用计算机监控系统，利用钻孔采集的地质资料，调整露天台阶爆破设计参数和装药结构，预测爆破块度和爆破危害效应的影响，从而使得深孔台阶爆破日益完善，爆破规模呈现越来越大的趋势。同时，随着钻孔、装药等机械的高度发展和现代化，国外发达国家的钻孔、装药、填塞各工序不仅机械化程度高，而且配套，比较全面地推广了预装药爆破技术。目前，建立全自动露天矿开采所需的基本技术条件已经具备，国内外正大力开发智能监督管理系统，以求实现露天开采的完全自动化。我国现有大中型露天矿的深孔台阶爆破的钻孔、装药、填塞工序的机械化水平较高，但仍需要配套推广，提高自动化程度。要学习推广国外大型矿山爆破生产的先进技术设备，加强矿山机械设备运行的数据采集、计算机处理、优化爆破方案设计，改进爆破效果。同时我们要加强爆破作业机械的技术更新改造，研究并发展国产机械设备。

### 1.4.5 精细爆破

根据爆破理论发展、爆破数值模拟及计算机辅助设计、高可靠性、安全性和精确性的爆破器材、爆破测试设备及检测技术的进步和现代信息和控制技术在钻爆施工中的推广应用，谢先启、卢文波等人率先提出了"精细爆破"的概念并建立了其技术体系，其核心包括"定量设计，精心施工，实时监控，科学管理"，代表了爆破技术发展的方向，意义十分深远。2008 年 4 月，中国工程爆破协会在武汉召开了"精细爆破"研讨会；2009 年 9 月，湖北省科技厅在武汉组织召开了"精细爆破"成果鉴定会，与会专家一致认为"精细爆破是我国工程爆破发展新阶段的标志，必将对我国工程爆破技术的发展产生深远的影响"。

正如前述，数码电子雷管、新型系列炸药和遥控起爆等为爆破技术精细化提供了有利的条件。近年来，利用数码电子雷管和新型乳化炸药的优点，在爆破作业环境复杂的地下矿山实现了爆破技术精细化，获得了良好的爆破效果和显著的技术经济效益。

#### 1.4.5.1 精细爆破定义与内涵

精细爆破是指通过定量化的爆破设计、精心的爆破施工和精细化的管理，进行炸药爆炸能量释放与介质破碎、抛掷等过程的精密控制，既达到预期的爆破效果，又实现爆破有害效应的有效控制，最终实现安全可靠、技术先进、绿色环保及经济合理的爆破作业。

精细爆破秉承了传统控制爆破的理念，但二者又存在显著的区别。

精细爆破的目标比传统控制爆破的目标更高，既要求爆破过程或效果更加可控、危害效应更低、安全性更高，又要求爆破过程对环境影响更小、经济效果更佳。

精细爆破不仅是一种爆破方法，而且是含义更为广泛的一种理念。精细爆破不仅含有精确精准方面的内容，也含有模糊方面的内容，这种模糊并不代表不清晰，而是模糊理论在爆破领域的应用；精细爆破不仅是细心、细致，更是一种态度、一种文化。

精细爆破涵盖了有关爆破的技术、生产、管理、安全、环保、经济等方方面面的内容，是一个发展的概念，更是一个包容的概念，它将吸收最新科技成果的营养，融合发展，共同进步。

#### 1.4.5.2 精细爆破技术体系

精细爆破不是一项单纯的爆破技术，它是一项系统工程，是一种技术体系。精细爆破技术体系包括：目标、关键技术、支撑体系、综合评估体系和监理体系五个方面，其中，目标是方向，关键技术是核心，支撑体系是基础，综合评估体系和监理体系是保障。精细爆破的核心即关键技术，主要包括四个部分：（1）定量化设计：包括爆破对象的综合分析、爆破参数的定量选择与确定、爆破效果和爆破有害效应的定量预测与预报；（2）精心施工：包括精确的测量放样、钻孔定位与炮孔精度控制、爆破设计与爆破作业流程的优化；（3）精细管理：运用程序化、标准化和数字化等现代管理技术，实施人力资源管理、质量安全管理和成本管理等，使爆破工作能精确、高效、协同和持续地工作；（4）实时监测与反馈：包括爆破块度和堆积范围等爆破效果的快速量测、爆破效应的跟踪监测与信息反馈以及基于反馈信息的爆破方案和参数优化。

### 1.4.5.3　精细爆破的涵盖范围

智能爆破是以物联网为核心的新一代信息技术为基础，实现对爆破行业全生命周期的数字化、可视化及智能化，将新一代信息技术与现代爆破行业技术紧密相结合，构成人与人、人与物、物与物相连的网路，动态详尽地描述并控制爆破行业全生命周期，以高效、安全、绿色爆破为目标，保证爆破行业的科学发展。

（1）爆破设计。地质勘探和测量新技术、新设备的出现，使爆破前可以获得更为详细和可靠的地质和地形等爆破条件，为破碎和抛掷堆积等爆破效果的正确预测提供保证；动光弹、高速摄影、钻孔电视、岩石 CT 和激光扫描等量测和监测设备和技术的进步，为爆破效果与爆破损伤效应的检测与量化评价提供了可能，为量化爆破设计和爆破有害效应的合理控制提供了技术支持。建立露天（地下）爆破智能化设计系统，综合利用正向对象技术、地理信息系统、虚拟现实技术、多维数据库理论和地质统计学方法，进行现场条件下的爆破参数设计、爆破过程的数值模拟和爆破效果预测。

（2）爆破器材管理。爆破器材智能管理中的重要组成部分——智能追溯系统，主要包括爆破器材追溯管理、追溯应用子系统、全生命周期检验监控管理、重点场所视频监控管理和爆破器材流通监管等内容。

（3）爆破现场监测管理。爆破现场智能监测管理重要组成部分——爆破全程智能监控系统。采用物联网技术的爆破全程智能监控系统是实现爆破安全的又一大重要举措。

（4）爆破震动监测与分析。优良的便携式和遥控式爆破震动监测设备的出现，能实现地面振动数据的实时采集、传输与快速的资料分析，使得重要工程开展爆破震动等有害效应的跟踪监测及监测信息快速反馈成为可能；在爆破现场采集的爆破震动数据，实时传输到爆破远程测振系统进行数据处理。系统初步建立"测振网格"，采用计算机网格技术使得分布在各地的测振工作站可实时进行数据交换，共同完成爆破测振计算任务的自动分析和处理，使计算处理的速度大大提高。

### 1.4.5.4　精细爆破的发展方向

（1）加强岩石爆破动力学、结构（动）力学、爆炸力学、非线性碰撞、振动力学和地质学等多学科的基础理论研究，为精细控制炸药爆炸能量的释放和定量化爆破设计提供理论支撑。

中国工程院汪旭光院士在中国第十届工程爆破学术会议报告《中国爆破技术现状与发展》中指出："研究炸药能量转化过程中的精密控制技术，提高炸药能量利用率，降低爆破有害效应是新世纪工程爆破的发展战略"。为此，在建立地质体、钢筋混凝土、金属材料等各种介质，在爆炸强冲击动载荷作用下本构关系的基础上，选择与介质匹配的炸药、不耦合装药、逐孔起爆技术等实用技术，研究提高炸药能量利用率的新工艺、新技术，最大限度地降低能量转化过程中的损失，控制其对周围环境的有害影响。

（2）以爆破对象的数字化研究与应用为切入点，开展精细爆破与信息化技术的融合研究。

1）传统的爆破设计仍依赖图纸，通过专业的绘图反映爆破对象的基本特征以及爆破设计方案与参数，图纸实现了爆破工程设计与施工环节的信息共享与传递。在新信息时代，随着数字化技术的发展，爆破对象的描述将发生根本的变化。通过先进的摄影测量和激光扫描技术，山体、建筑、爆破加工材料等爆破对象将实现快速且精细的数字化，同时通过后期的后处理还可在数字化对象上附加丰富的信息。爆破对象的数字化可为智能化设计和自动化施工提供关键的基础信息。

在土石方爆破工程中，爆破对象的三维数字模型可附加地层分层、岩体的可爆性、可钻性等重要信息，而通过计算机辅助设计技术，进行设计断面的精细划分，进而可精确地设计炮孔的间排距和炮孔的装药结构，并利用先进的钻机实现炮孔的精确定位。

在拆除爆破工程中，爆破对象的三维数字模型可附加如建筑物的配筋、材料强度等爆破设计所需要的信息。而精细化的数字模型为建（构）筑物爆破拆除中，建（构）筑物爆破拆除塌落模式、爆破参数、爆破网路的计算机智能模拟和设计提供数据基础。同时，精细化的数字模型也为智能机器人进行建筑物爆破的钻孔、装药和联网提供了可能。

在特种爆破方面，精确的数字化可使爆破对象的机械加工更加精细，并通过数字化技术和自动化等技术，实现炸药药量和爆炸过程的精确控制，实现对复杂结构的爆破加工或实现复杂的特种爆破过程。

2）基于计算机、通信、软件、数据库、网络、网格、GPS/GIS（卫星定位技术/地理信息）、CA 身份认证（数字认证）等高新技术，建立多层次、多专业的行业数据库，实现信息互联互通、资源共享。

3）加快对云计算、大数据等新兴信息技术与爆破技术的融合研究。

（3）加强爆破数值模拟精细化研究，为爆破方案的优化和爆破危害效应预测预报提供更有力的技术手段，并力求更贴近工程实际。

爆破数值模拟的未来发展是数值模拟的精细化，主要表现在数学模型的精细化、数值方法的多样化。其最终目的是使计算结果更接近工程实际。数值模拟的精细化是指节理裂隙岩体的爆破数值模拟代替均质、完整岩体的数值模拟。数值方法的多样化是指在已有的有限元法（FEM）、有限差分法（FDM）和离散元法（DEM）等模拟方法的基础上，开发出适合于岩体爆破、拆除爆破、特种爆破等不同类别的多种数值方法。

（4）加强精细爆破施工现代化和标准化建设。精心的施工和精细化的管理是精细爆破的关键技术之一，精细化施工和管理的发展趋势就是施工现代化和标准化。

1）精细爆破施工现代化是一个整体概念，包括管理思想、管理组织、管理方法和管理手段的现代化。

2）科学理论的应用和飞速发展的计算机水平是精细爆破施工现代化的重要依托。

3）精细爆破施工标准化就是借鉴工业生产标准化的理念，通过引进系统理论对施工现场安全生产、文明施工、质量管理、工程监理等内容进行整合熔炼，形成密切相关的爆破施工管理新体系。

4）标准化建设。标准化体系可以包括管理制度的标准化、人员配备标准化、现场管理标准化和过程控制标准化。

# 2 爆炸与炸药基本理论

## 2.1 基本概念

### 2.1.1 爆炸和炸药的基本概念

爆炸是物质系统的一种急剧的物理或化学变化过程，将系统的内能转变为机械能及其他形式的能，从而对周围介质做功。爆炸的重要特征是，大量能量在有限的体积内迅速释放并急剧转化，从而使周围介质急剧受压，显示出机械破坏效应，并伴随有声响和发光效应。根据引起爆炸的原因和特性，可以将爆炸分为物理爆炸、核爆炸和化学爆炸三类。

爆破工程主要是利用炸药化学爆炸过程中释放出的大量能量来破碎岩石。

炸药是指在一定条件下能够发生快速化学反应、放出能量、生成气体产物，并显示出爆炸效应的化合物或混合物。就化学组成而言，除少数起爆药外，炸药都是由两部分物质组成的，即氧化剂和还原剂（燃料）。

工程爆破中的炸药爆炸是化学爆炸的一种，本书下文所指的"爆炸"一词皆指化学爆炸。

### 2.1.2 炸药爆炸的三个基本特征

炸药是能够显示爆炸效应的化合物或混合物。炸药发生化学反应并非都能引起爆炸，必须具备一定的条件，即爆炸条件，才会发生爆炸，这些条件也称作爆炸的要素。

炸药爆炸需同时具备三个条件，即化学变化过程释放足够热量，化学反应过程迅速，生成大量气体。

### 2.1.3 炸药化学反应的基本形式

在外界能量作用下，炸药化学反应可能以不同的速度传播，同时在其变化性质上也有很大的差别。按化学变化性质和传播速度的不同，将炸药化学变化分为四种基本形式：热分解、燃烧、爆炸和爆轰。

（1）热分解。炸药和其他物质一样，在常温下也会进行分解作用，温度越高，分解越显著，所以每一种炸药均有使用期。炸药热分解时，炸药内部各点的温度相同，分解反应在整个炸药内部同时进行。分解反应既可吸收热量，也可放出热量，取决于炸药类型和环境温度；但当温度较高时，所有炸药的分解反应都伴随有热量的放出。

一般炸药分解速度很慢，不会形成爆炸；当温度升高时，分解速度加快；当温度继续升高到某一定值（爆发点）时，热分解就能转化为爆炸。因此炸药运输及储存时应注意避免高温及阳光直射。炸药仓库应注意通风，保持常温，储存量不应高于设计值，堆放不应过密，防止温度升高时热分解加剧，引起爆炸事故。

（2）燃烧。同其他可燃性物质一样，炸药在热源（例如火焰）的作用下，也会燃烧，区别仅在于炸药的燃烧不需要外界供氧，炸药的快速燃烧（每秒数百米）又称爆燃。

炸药在燃烧过程中，若燃烧速度保持定值，不发生波动，称为稳定燃烧；否则称为不稳定燃烧。炸药是否能够稳定燃烧，取决于燃烧过程进行时的热平衡。如果热量能够平衡，即反应区放出的热量与传递给炸药邻层和周围介质的热量相等，燃烧就能稳定，否则就不能稳定。

（3）爆炸。炸药的爆炸过程与燃烧过程类似，化学反应也只在局部区域（反应区）内进行并在炸药内传播，爆炸反应区的传播速度称为爆炸速度。

在足够的外部能量作用下，炸药以每秒数百米至数千米的高速进行爆炸反应。特点是反应的速度和传播的速度极高，爆炸的反应速度通常为每秒几百米到每秒几千米。

一般来说，爆炸过程是很不稳定的，如深孔中的柱状药包，当药包半径大于炸药稳定传爆半径时，雷管引爆炸药后，爆炸冲击波向两端传播，很快过渡到稳定传播的爆轰；而当药包半径小于炸药稳定传爆的临界半径时，雷管引爆炸药后，爆炸冲击波同样向两端传播，但很快衰减到很小爆速的爆燃状态直至熄灭。所以采用装药车装药或孔径较小的深孔爆破时，为确保全孔稳定爆轰，常加一根导爆索来加强传爆。

（4）爆轰。爆炸是炸药化学反应过程中的一种过渡状态。炸药以最大而稳定的爆速进行传播的过程叫爆轰。爆轰是炸药化学变化的最高形式，此时，炸药的能量释放得最充分，炸药的爆轰速度与外界压力、温度等条件无关。在给定条件下，炸药的爆轰速度均为常数，所以炸药的爆速可在敞开的容器或地表测试。

炸药化学变化的四种基本形式虽然在性质上有不同之处，但是它们之间有着密切的联系，在一定条件下可以互相转化。在一定条件下，炸药的热分解可以转变为燃烧，而燃烧随着温度和压力的增加又可能转变为爆炸，直至过渡到稳定的爆轰。因此我们应深入了解炸药化学变化的不同形式及其性质，既要确保炸药运输和储存过程中的安全，又要在使用中充分利用炸药能量使其发挥最大作用。

## 2.2 炸药的起爆和感度

### 2.2.1 炸药的起爆与起爆能

炸药是具有一定稳定性的物质，如果没有其他外部能量的作用，炸药可以保持它的相对稳定状态，要使其发生爆炸反应必须要由外界施加足够的能量，来激发或活化一部分炸药分子。通常将外界施加给炸药某一局部，引起炸药爆炸反应所需的活化量称为起爆能或初始冲能，而激发炸药发生爆炸的过程称为起爆。

一般来说，引起炸药爆炸的原因有两个方面：一是内因，是由于炸药分子结构的不同所引起的，即炸药本身的化学性质和物理性质决定着该炸药对外界作用的敏感程度。吸收外界作用能量比较强，分子结构比较脆弱的炸药就容易起爆，否则起爆就比较困难。二是外因，即起爆能。由于外部作用形式的不同，工业炸药的起爆能有以下三种形式：

（1）热能。利用加热作用使炸药起爆。热能是最基本的一种起爆能，又可分为火焰、火星、电热等形式。工业雷管多利用这种形式的起爆能。

（2）机械能。通过撞击、摩擦、针刺等机械作用使炸药分子间产生强烈的相对运动，并在瞬间产生热效应使炸药起爆。这种形式多用于武器。

（3）爆炸冲能。利用起爆药爆炸产生的爆轰波和高温高压气体产物流，以及起爆药包所释放的能量起爆另外一些炸药。如在爆破作业中，利用雷管爆炸、导爆索爆炸和中继起爆药包来起爆炸药包等。这是工程爆破中应用最广泛的一种起爆能。

### 2.2.2 炸药起爆机理

起爆能能否起爆炸药，不仅与起爆能量大小有关，而且还取决于能量的集中程度。根据活化能理论，化学反应只是在具有活化能量的分子相互接触和碰撞时才能发生。活化分子具有比一般分子更高的能量，故比较活泼。为了使炸药起爆，就必须有足够的外能使部分炸药分子变为活化分子。活化分子的数量越多，其能量同分子平均能量相比越大，则爆炸反应速度也越高。

引起炸药爆炸，可以采用多种不同的外界作用，如热作用、机械作用、电作用、光作用、化学作用、爆炸作用、射线作用等。这些作用虽然在形式上不同，但实质上可以归结为两种：热作用和冲击作用。机械作用可以认为是撞击和摩擦两种作用的结合，因此，利用机械作用起爆炸药可以认为是热起爆和冲击起爆的共同作用。摩擦作用是以摩擦生热为主，所以是热起爆。撞击作用是以冲击为主，所以是冲击起爆。

#### 2.2.2.1 热能起爆理论

前苏联科学家谢苗诺夫在20世纪20年代对热起爆机理做了定量分析，他在研究了装在容器内的爆炸性气体所发生的反应后指出：在一定的温度和压力下，若气体混合物的反应放热速度大于散热速度，混合物内部将产生热积累，使反应加速而导致爆炸。这就是经典的热起爆机理。

#### 2.2.2.2 机械能起爆理论

炸药在摩擦、撞击作用下由机械能转化为热能而引起爆炸的假说已有多种，其中以包登的热点学说比较合理而得到应用。

热点学说认为，在机械作用下产生的热来不及均匀地分布到全部炸药分子，而是集中在炸药个别的小区域上，例如个别结晶的两面角，特别是多面角或微小气泡周围；这些小区域点上温度达到爆发点时，就会首先在这里发生爆炸，然后再扩展开去。这种温度很高的小点叫做灼热核。

乳化炸药、浆状炸药等含水炸药，就是利用了微小气泡绝热压缩形成灼热核理论，即引入敏化气泡，如化学气泡、玻璃空心微球、树脂空心微球、膨胀珍珠岩等，增加炸药的爆轰敏感度。

#### 2.2.2.3 爆炸冲击能理论

在工程爆破中常利用起爆药的爆炸冲能去引爆次发炸药，例如用雷管的爆炸使铵油炸药起爆。爆炸冲击能起爆机理同机械能起爆相似。由于瞬间爆轰波（强冲击波）的作用，首先在炸药某些局部造成热点，然后由热点周围炸药分子的爆炸再进一步扩展。

### 2.2.3 炸药的感度

炸药的感度是指炸药在外界起爆能作用下发生爆炸的难易程度。感度的高低是以激发炸药爆炸反应所需要的起爆能的大小来衡量的，炸药起爆时所需的起爆能小，表示炸药的感度高；反之，所需的起爆能大，则表示炸药的感度低。

为研究不同形式起爆能起爆炸药的难易程度，将炸药感度分为热感度、机械感度、爆炸感度、殉爆感度和静电感度等。

工业炸药的感度不宜过高或过低，感度过高，在制造、运输、储存及使用中都有危险；感度过低，则需要很大的起爆能，不便使用。一般来说，要保证炸药能够安全生产、安全地储存相当长的时间并在运输过程中不发生意外爆炸事故，要求炸药有较低的热感度和机械感度；而为了在使用时能够根据需要准确可靠地爆炸，则要求炸药具有较高的爆炸感度。

能够激发炸药发生爆炸反应的能量有热能、电能、光能、机械能、冲击波能等。炸药对于不同形式的外能作用所表现的敏感度是不一样的。按照外部作用形式，炸药感度有热感度、机械感度和爆轰感度之分。

（1）炸药的热感度。炸药的热感度是指在热能的作用下，炸药发生爆炸的难易程度。由于炸药受热形式的不同，炸药热感度的表示方法也不同。常用的炸药热感度有加热感度和火焰感度两种。加热感度炸药均匀加热发生爆炸的过程遵循热起爆规律，通常采用在一定条件下确定出的爆发点来表示炸药的加热感度。火焰感度炸药在明火（火焰或火星）作用下发生爆炸的难易程度叫做火焰感度。

（2）炸药的机械感度。炸药的机械感度是指炸药在撞击、摩擦等机械作用下发生爆炸的难易程度，是炸药最重要的感度指标之一，它通常用爆炸概率法来测定。

在军工火工品中，常用冲击或摩擦等机械作用来起爆弹药中的引信。此时，将机械感度看作是使用感度。但在大多数情况下，都把它看作是危险感度，在炸药生产、运输和使用中，不可避免地会遇到各种机械作用。因此，研究炸药对机械作用的感度，在安全方面有着重要的意义。炸药的机械感度有冲击感度和摩擦感度。

（3）炸药的爆轰感度。炸药的起爆感度又称为爆轰感度。引爆炸药并保证其稳定爆轰所应采用的起爆装置（雷管、起爆药柱等）取决于炸药的起爆感度。引爆炸药时，炸药受到起爆装置爆炸产生的冲击波（即激发冲击波）和高温爆炸产物的作用。因此，炸药的起爆感度与热感度、冲击感度有关。

在工程爆破中，习惯上用雷管感度来区分工业炸药的起爆感度。即凡能用一发8号工业雷管可靠起爆的炸药称为具有雷管感度；凡不能用一发8号工业雷管可靠起爆的炸药称其不具有雷管感度。

（4）炸药的冲击波感度。炸药在冲击波作用下发生爆炸的难易程度称为冲击波感度。炸药对冲击波感度的试验方法和表示方法常用的为隔板试验。即利用不同的惰性材料，如空气、蜡、有机玻璃、软钢、铝等作冲击波衰减器（称作隔板），通过改变其厚度来调节冲击波的强度。传入受试药柱并能引爆它的冲击波称为激发性冲击波，引爆炸药所需激发冲击波的最小压力称为临界压力。

在炸药生产、储存和运输过程中，必须防止炸药发生殉爆，以确保安全。但在工程爆破中，则必须保证炮孔内相邻药卷完全殉爆，防止产生半爆，降低爆破效率。炸药殉爆的难易取决于炸药对冲击波作用的感度。

（5）炸药的静电火花感度。在炸药生产和爆破作业现场利用装药车（器）经管道输送进行炮孔装药时，炸药颗粒之间或炸药与其他绝缘体之间经常发生摩擦产生静电，有时会形成很高的静电电压（可达数十千伏）。当静电电量或能量聚集到足够大时，就有可能放电，产生电火花，引燃或引爆炸药。

防止静电事故，主要是防止静电产生，如无法避免静电产生，可以采取措施，防止静电积累，或将产生的静电及时消除和泄漏掉，以免发生事故。防止静电的主要措施有：设备接地，增加工房潮度，在工作台或地面铺设导电橡胶，在炸药颗粒和容器壁上加入导电物质，使用压气装药时，应采用敷有良好导电层的抗静电聚乙烯软管做输药管等。

### 2.2.4 影响炸药感度的主要因素

#### 2.2.4.1 炸药的化学结构

炸药分子中原子之间结合得越牢固，就越需要更多外界能量破坏这种结构另行组成新的化学结构，因此这种炸药的感度也就越低；反之，炸药分子结构牢固程度越低，感度就越高。混合炸药的感度取决于炸药中结构最脆弱的成分的感度。

#### 2.2.4.2 炸药的物理性质

对炸药感度有影响的物理性质有相态、粒度和装药密度等。炸药的感度是个重要的问题，在炸药的生产、运输、存储和使用过程中要给予高度重视，对于感度高的炸药要有针对性地采取预防措施，而对于感度低的炸药，特别是起爆感度低的炸药，在工程爆破中要注意选用合适的中继起爆药包。

## 2.3 炸药的爆轰理论

工程爆破中通常用雷管来起爆药包，雷管的爆炸能量比起整个炸药包的爆炸能量要小得多。雷管的作用仅在于激起与其相临近的局部炸药的爆炸，至于整个药包能否完全爆炸，则取决于炸药爆炸的稳定传播。炸药爆炸稳定传播过程的研究，从 19 世纪就引起了人们的广泛注意，许多学者提出过各种理论和观点，其中比较接近生产实际的是建立在流体力学和波动理论基础上的爆轰波传播理论，即 Chapman-Jouget 理论（简称 C-J 理论）。这种理论认为，炸药的稳定传播是爆炸反应产生的爆轰波在药包内传播的结果。

研究炸药爆轰原理和过程以及炸药爆轰稳定传播的影响因素，对合理使用炸药、提高炸药能量利用率、研制新品种炸药、保证生产安全具有重要的意义。

### 2.3.1 冲击波理论

冲击波理论是在 19 世纪后半期开始建立的，它利用当时流体力学和热力学的研究成果，建立在质量守恒、动量守恒及能量守恒三个守恒定律基础上。

#### 2.3.1.1 冲击波

冲击波是指在介质中以高于介质声速的速度传播的波。冲击波的最前部是一个陡峭的波面，称为波阵面。在波阵面处，介质的状态参数（压力 $p$、温度 $T$、密度 $\rho$、质点运动速度 $u$ 等）发生突跃。波阵面之后，压力按指数关系衰减。爆破在介质中引起的冲击波，可以用某一时刻的空间力场图像 $p-R$ 曲线来描述，也可以用某一坐标点的应力状态随时间变化的图像 $p-t$ 曲线来描述。波阵面的压力称为波头压力；波阵面的传播速度称为冲击波波速 $(D)$，波速随波头压力的变化而变化；波阵面后边质点运动方向和冲击波传播方向一致，质点运动速度是波速的函数。在传播过程中，冲击波能量耗散，波头压力逐渐衰减，最后变为声波（在介质中以介质声速传播的波）。冲击波压缩相作用时间称为正压作用时间。在冲击波传播过程中正压作用时间逐渐拉长。

2.3.1.2 冲击波的基本方程

冲击波的基本方程是联系冲击波波阵面两边介质的状态参数和运动参数之间的关系的表达式。用冲击波的基本方程可以从已知的未扰动的状态参数计算出扰动过的介质状态参数。

取截面为单位面积的管子，冲击波以速度 $D$ 在其中传播。未扰动介质的状态参数为 $p_0$、$\rho_0$、$u_0$，已扰动介质的状态参数为 $p_1$、$\rho_1$、$u_1$，若取以速度 $D$ 与波阵面一起运动的坐标系，则在此坐标系中，波阵面静止不动，波阵面右边的未扰动介质以速度 $(D - u_0)$ 向左流入波阵面，而已扰动的介质以速度 $(D - u_1)$ 向左流出波阵面。

根据质量守恒定理，单位时间内流入与流出波阵面的物质的质量相等。即

$$\rho_0(D - u_0) = \rho_1(D - u_1) \tag{2-1}$$

根据动量守恒定理，运动物体动量的变化等于外力作用的冲量，则有

$$p_1 - p_0 = \rho_0(D - u_0)(u_1 - u_0) \tag{2-2}$$

根据动量守恒定理和能量守恒定理，能量方程可写成如下形式

$$p_1 u_1 - p_0 u_0 = \rho_0(D - u_0)[E_1 - E_0 + 0.5(u_1^2 - u_0^2)] \tag{2-3}$$

式中 $E_0$，$E_1$——分别为波阵面前、后介质的内能。

在波阵面前方未扰动的介质内，质点速度为零，即 $u_0 = 0$。以波阵面前、后的气体比容 $V_0(V_0 = 1/\rho_0)$ 和 $V_1(V_1 = 1/\rho_1)$ 代入式（2-1）、式（2-2）、式（2-3）中，则有

$$D = V_0 \sqrt{\frac{p_1 - p_0}{V_0 - V_1}} \tag{2-4}$$

$$u_1 = \sqrt{(p_1 - p_0)(V_0 - V_1)} \tag{2-5}$$

$$E_1 - E_0 = 0.5(p_1 + p_0)(V_0 - V_1) \tag{2-6}$$

式中 $E_0$，$E_1$，$p_0$，$p_1$，$V_0$，$V_1$——分别为介质扰动前后的内能、压力和体积。

这三个关系式称为冲击波基本方程。其中，式（2-6）又称为冲击波绝热方程、冲击波雨贡纽（Hugoniot）方程或 RH 方程。

如果介质是理性气体，在所讨论的温度范围内，热容是常数，且服从 $pV^2 = $ 常数的有关规定，其绝热指数 $K = C_p/C_V$，则有

$$E = C_V T = \frac{pV}{K - 1} \tag{2-7}$$

即

$$E_0 = \frac{p_0 V_0}{K - 1}, \quad E_1 = \frac{p_1 V_1}{K - 1}$$

代入式（2-6），整理后得到

$$\frac{p_1}{p_0} = \frac{(K+1)V_0 - (K-1)V_1}{(K+1)V_1 - (K-1)V_0} \tag{2-8}$$

式（2-8）即为理想气体中的冲击波方程或雨贡纽方程。此式代表的 $p$-$V$ 关系曲线称为冲击波的雨贡纽曲线。

## 2.3.2 爆轰波理论

儒格于 1905 年提出了最简单的爆轰波理论，后称 C-J 理论或流体力学理论。20 世纪

40 年代，捷里道维奇、J. Von 诺依曼和杜林，各自独立地提出了相同的爆轰波结构模型，称为 Z-N-D 模型。

炸药被引爆以后，首先在局部发生爆炸化学反应，产生大量的高温、高压和高速的气体产物流，如同在高温作用下活塞前面的气体流一样，也产生冲击波。冲击波以高温、高压、高速、高密度的状态传播能量，强烈冲击压缩邻近炸药薄层，使其密度、温度和压力突跃升高，使炸药分子活化而产生迅速的化学反应，生成大量爆炸气体产物和热量。化学反应释放的能量用来补充冲击波传播时的能量消耗，使冲击波能维持以一定速度和波阵面压力向前传播。波阵面之后紧跟着一个炸药反应区也以相同速度向前传播，这种伴随化学反应、在炸药中传播的特殊形式的冲击波称为爆轰波。冲击波波头和化学反应区的速度是相同的，这个速度就称为爆轰波的传播速度，简称爆速。爆轰波的传播过程称为爆轰过程。

爆轰波的 C-J 理论提出并论证了爆轰波定型传播时所必须遵守的条件 C-J 条件，运用质量守恒、能量守恒和动量守恒三个定律和爆轰产物的状态方程，可建立计算爆轰波五个参数（爆速 $D$、爆轰波压力 $p$、C-J 面的介质比容 $V$ 或密度 $\rho$、质点运动速度 $u$、温度 $T$）的方程组。由方程组解出五个参数的数值。

质量守恒方程

$$\rho_0 D_2 = \rho_2 (D_2 - u_2) \tag{2-9}$$

动量守恒方程

$$p_2 - p_0 = \rho_0 u_2 D_2 \tag{2-10}$$

能量守恒方程

$$E_2 - E_0 = 0.5(p_2 + p_0)(V_0 - V_2) + Q_V \tag{2-11}$$

理想气体状态方程

$$p_2 = f(V_2, T_2) \tag{2-12}$$

由契普曼和儒格得出的公式称为 C-J 方程或 C-J 条件

$$D_2 = C_2 + u_2 \tag{2-13}$$

式中　$Q_V$——爆轰反应放出来的化学能，通称爆热；

$C_2$——C-J 面处爆轰气体产物的声速，m/s；

$\rho_0$——炸药初始密度，g/cm$^3$；

$\rho_2$——反应区物质密度，g/cm$^3$；

$D_2$——爆速；

$u_2$——爆炸生成气体气流速度，m/s；

$p_0$——初始压力，Pa；

$p_2$——C-J 面上的压力，即爆轰压力，Pa；

$V_0$——炸药的初始比容，即单位质量的容积，$V_0 = \dfrac{1}{\rho}$；

$V_2$——爆轰波波阵面上爆生气体的比容，$V_2 = \dfrac{1}{\rho_0}$；

$E_2$，$E_0$——分别为炸药爆轰时和爆轰前的能量。

利用 C-J 理论方程组，并假定绝热指数 $K$ 为常数，$p_2 \gg p_0$，可以得到气体一维爆轰波的一组近似计算公式：

爆轰压力                                $p_2 = \dfrac{1}{K+1}\rho_0 D^2$                      (2-14)

爆轰速度                                $D = \sqrt{2(K^2-1)Q_V}$                            (2-15)

爆轰产物密度                            $\rho_2 = \dfrac{K+1}{K}\rho_0$                      (2-16)

爆轰产物比容                            $V_2 = \dfrac{K}{K+1}V_0$                           (2-17)

C-J 面处的质点速度                      $u_2 = \dfrac{1}{K+1}D$                             (2-18)

爆轰产物温度                            $T_2 = \dfrac{2K}{K+1}T_0$                          (2-19)

爆轰产物声速                            $C_2 = \dfrac{K}{K+1}D$                             (2-20)

式中　$T_0$——定容条件下的爆温；

　　　$K$——绝热指数，对于一般工业炸药，$K$ 随密度增大而增大，$K$ 一般为 2.8 ~ 3.6，可近似取 3。

### 2.3.3　爆轰波稳定传播的条件

在一定条件下炸药起爆后能继续传播，然而在不利条件下，爆炸也可以终止或者转变为燃烧或爆燃；反之，在密闭情况下或者大量炸药的燃烧时，也可因热量不断积聚而由燃烧转变为爆炸。在其他条件下一定时，爆轰波是以与反应区释放的能量相对应的参数进行传播的。

炸药处于理想爆轰状态时，其化学反应最完全，释放出的能量最多，爆速和爆轰波压力也达到最大值。如果爆轰波能以不变的最大速度传播，称为理想爆轰；如爆速仅以一定的常速传播，称为稳定爆轰；如果爆轰波不能维持恒速传播，传播衰减以致中断，就称为不稳定爆轰。炸药不稳定爆轰，不仅爆炸能量得不到充分利用，而且对安全极为不利。在实际工作中要求稳定爆轰是十分必要的。了解影响炸药稳定传播的因素，将有利于在实际工作中根据具体条件采取各种措施避免炸药的不稳定爆轰。

爆速是爆轰波的一个重要参数，通过它可以分析炸药爆轰波传播过程，一方面是因为爆轰波的传播要靠反应区释放出的能量来维持，爆速的变化直接反映了反应区结构以及能量释放的多少和释放速度的快慢；另一方面也是因为在现代技术条件下，爆速是比较容易准确测定的一个爆轰波参数。

影响爆轰波传播的因素主要有以下五点：

(1) 药包直径。装药直径对爆轰传播有很大的影响。装药的爆速达到极大值时的最小直径称为极限直径 $d_1$，对应的极限爆速为 $D_1$。只有当装药直径达到某一临界值时，才有可能达到稳定爆轰，稳定爆轰的最小直径称为临界直径 $d_s$。对应于临界直径的爆速称为临界爆速 $D_s$。如果装药直径小于临界直径，不论起爆能多大，均不能稳定爆轰。只有当装药直径在 $d_s$ 和 $d_1$ 之间时，爆速才随直径的增大而增大。

不同种类炸药或装药密度不同，临界直径 $d_s$、临界爆速 $D_s$、极限直径 $d_1$ 和极限爆速 $D_1$ 是不相同的。一般地，混合炸药的 $d_s$ 和 $d_1$ 比单质炸药的大，$D_s$ 和 $D_1$ 比单质炸药的小。

（2）药包外壳。外壳越坚固，质量越大，约束条件越好，越有利于阻止或减弱膨胀波引起的侧向扩散的影响。因此，外壳阻力越大，临界直径与极限直径就越小。外壳阻力完全取决于外壳质量，其次才是外壳强度。特别是对于感度较低的混合炸药，外壳的影响更加显著。

（3）装药密度。概括地说，当炸药组分配比和工艺条件控制一定时，炸药的爆速随着密度的增加而增大，就工业炸药来说，当药柱直径一定时，存在使爆速达到最大值的密度值，即最佳密度。再继续增大密度，爆速就会下降。当爆速下降到临界爆速，爆轰波就不再能稳定传播，最终导致熄爆。

（4）炸药粒度。一般地说，减小炸药粒度能够提高炸药的反应速度，减少反应时间和减少反应区厚度，从而减小临界直径，提高爆速。

（5）其他因素。影响炸药稳定传爆的因素还有炸药特性、掺和物数量与性质、起爆能的大小与方式以及爆炸的外在条件等。

## 2.4 炸药的氧平衡与热化学参数

### 2.4.1 炸药的氧平衡

#### 2.4.1.1 氧平衡的概念

炸药通常是由碳、氢、氧、氮四种元素组成，通常可以写成 $C_aH_bO_cN_d$，其中碳、氢是可燃元素，氧是助燃元素，氮是载氧体。

炸药的爆炸反应过程实质上是炸药中所含有的可燃元素和助燃元素在爆炸瞬间发生高速的化学反应的过程。反应的结果就是重新组合形成新的稳定产物，并且放出大量的热量，形成的产物主要有 $CO_2$、$H_2O$、$CO$、$N_2$、$O_2$、$H_2$、$C$、$NO$、$CH_4$ 等。每种炸药里都含有一定数量的碳、氢原子，也含有一定数量的氧原子，发生反应时就会出现碳、氢、氧的数量不完全匹配的问题。炸药爆炸反应生成产物的种类、数量以及热量的多少，与炸药分子中包含可燃元素和助燃元素的数量有着密切的关系。氧平衡就是衡量炸药中所含的氧与可燃元素完全氧化所需要的氧两者是否平衡的问题。

由于 $C + O_2 \rightarrow CO_2 + 3954kJ/mol$ 和 $H_2 + 0.5O_2 \rightarrow H_2O + 241.1MJ/mol$ 放出的热量最多，因而将炸药中的碳完全氧化成 $CO_2$，氢完全氧化成 $H_2O$ 的反应，为最大放热反应。

炸药中所含的氧量与炸药中的碳、氢完全氧化所需的氧量之差，称为炸药的氧平衡。氧平衡用每 100g 炸药中剩余或不足氧量的克数或百分数来表示，习惯上，在正氧平衡数值前冠以"+"号，在负氧平衡数值前冠以"-"号。

#### 2.4.1.2 氧平衡值的计算

根据炸药通式 $C_aH_bO_cN_d$，化合炸药的氧平衡 $O.B.$ 可按式（2-21）计算

$$O.B. = \frac{c - (2a + 0.5b)}{M} \times 16 \times 100\% \qquad (2-21)$$

式中　16——氧的相对原子质量；

　　　　$M$——炸药的相对分子质量。

对于混合炸药，首先算出各组成成分的百分比与其氧平衡值的乘积，然后求出它们的总和，就是该炸药的氧平衡值，即

$$O.B. = \sum_i^n K_i B_i \tag{2-22}$$

式中　$K_i$——某一成分在炸药中的百分率，%；

$B_i$——某一成分的氧平衡值；

$n$——炸药的组分数目。

炸药氧平衡有以下三种情况：

（1）当 $c - (2a + 0.5b) > 0$ 时，炸药中的氧将可燃元素完全氧化后还有剩余，为正氧平衡。

（2）当 $c - (2a + 0.5b) = 0$ 时，炸药中的氧正好使可燃元素完全氧化，为零氧平衡。

（3）当 $c - (2a + 0.5b) < 0$ 时，炸药中的氧不足以完全氧化可燃元素，为负氧平衡。

正氧平衡炸药不能充分利用炸药中的氧量，而且剩余的氧和游离状态的氮化合时，产生氮氧化物有毒气体，并吸收热量。

负氧平衡炸药因炸药中的氧量不足，未能充分利用可燃元素，并且生成可燃性 CO 有毒气体。但在生成产物中含双原子气体较多，能够增加生成气体的数量。

零氧平衡炸药因炸药中的氧和可燃元素都得到了充分利用，故在理想反应条件下，可放出最大的热量，而且不会生成有毒气体。

正氧平衡和负氧平衡度不利于发挥炸药的最大威力，同时会生成有毒气体，如果把它们用于地下工程爆破，特别是含有矿尘和瓦斯爆炸危险的矿井，因为 CO、NO、$N_xO_y$ 不仅是有毒气体，而且能对瓦斯爆炸反应起催化作用，因此这样的炸药就不能应用于地下矿井的爆破作业。

式（2-21）对于计算含碳、氢、氧、氮体系炸药的氧平衡是非常方便的，但在乳化炸药、浆状炸药等现代矿用炸药中，除了含有碳、氢、氧、氮等元素外，还可能含有铝、钠、钾、铁、硫等其他元素，在计算时应将这些元素考虑在内，实践表明，乳化炸药、浆状炸药的组分比较复杂，上述的氧平衡精算公式已不能直接使用，应适当修正使用。

氧平衡的意义，广义上说就是炸药或物质中的氧化剂用于完全氧化自身所含的可燃剂后多余或不足的氧量。除了将碳氧化成 $CO_2$、氢氧化成 $H_2O$ 之外，对一些金属元素还应考虑生成的氧化物。而硫一般作为可燃剂处理，生成 $SO_2$。各种元素的氧化最终产物大致为：$C \rightarrow CO_2$；$H \rightarrow H_2O$；$Na \rightarrow Na_2O$；$Al \rightarrow Al_2O$；$Fe \rightarrow Fe_2O_3$；$Si \rightarrow SiO_2$；$S \rightarrow SO_2$ 等。

在这些炸药中还可能含有氯的化合物，如氯化钾、高氯酸钾（钠）等，在计算其氧平衡值时，将氯考虑为氧化性元素，生成氯化氢和金属氯化物等产物，而剩余的其他可燃元素则按完全氧化予以计算。此外，对于乳化炸药、浆状炸药中所含的乳化剂、胶凝剂，则应根据具体所用物质确定试验式来予以考虑。例如，田菁胶、古尔胶等植物胶可采用的实验式为 $C_6H_{20}O_5$。

根据以上原则，若以 $C_aH_bO_cN_dX_e$ 表示含铝、硫等炸药的实验通式（X 表示一种任意的可燃元素），那么这些炸药的氧平衡值 $O.B.$ 可用式（2-23）计算：

$$O.B. = \frac{c - (2a + 0.5b + me)}{M} \times 16 \times 100\% \tag{2-23}$$

式中　$e$——该元素的相对原子质量；

$m$——该元素完全氧化时，氧原子数与该原子数之比。

对于一个比较复杂的混合体系来说，虽然可以以一定量为基础，写出实验通式，然后按式（2-23）进行计算，但仍比较复杂，可采用各组分的百分率与其氧平衡值的乘积的总和来计算，比较方便，即：

$$O.\,B. = m_1 M_1 + m_2 M_2 + \cdots + m_n M_n \qquad (2\text{-}24)$$

式中　$m_1$，$m_2$，$\cdots$，$m_n$——浆状炸药或乳化炸药各组分的氧平衡值；

　　　$M_1$，$M_2$，$\cdots$，$M_n$——浆状炸药或乳化炸药各组分的百分比含量。

### 2.4.2 炸药爆炸反应方程式与爆炸产物

#### 2.4.2.1 炸药爆炸反应方程式

确定炸药的爆炸反应方程，也就是确定炸药爆炸瞬间产物的组成，这是一项非常困难和复杂的工作。主要原因是爆炸反应速度极快，而且爆炸瞬间所产生的压力和温度对爆炸产物的组成有重要的影响。因此，爆炸产物冷却后的组分，虽可通过实验化学的分析方法予以测定，但与爆炸瞬间处于高温高压条件下的组分不同。因为在冷却过程中，产物之间会发生多种形式的可逆二次反应。爆炸产物组分不仅取决于炸药本身的组分和配比，而且还受其他许多因素的影响，如炸药粒度、装药直径、外壳材料、爆破介质等，随着炸药密度的增加，爆炸产生的温度和压力相应增大，会影响二次可逆反应的化学平衡，从而改变爆炸反应产物的组分。

尽管确定爆炸产物组分比较困难，但仍可以根据炸药内含氧的多少来判断反应发展的趋势和主要生成产物，并写出接近真实情况的爆炸反应方程。

按照炸药氧平衡的程度，将炸药 $C_a H_b O_c N_d$ 分成以下三类。

第一类炸药为零氧平衡和正氧平衡炸药：零氧平衡和正氧平衡炸药 $[c-(2a+0.5b) \geqslant 0]$ 爆炸产物组分的确定方法是按照最大放热原则，氢全部氧化成 $H_2O$，碳全部氧化成 $CO_2$，氮与多余的氧（当正氧平衡时）分别呈游离状态的 $N_2$、$O_2$ 存在。这样，此类炸药的爆炸反应方程可有如下形式

$$C_a H_b O_c N_d \longrightarrow 0.5b H_2O + a CO_2 + 0.5d N_2 + 0.5(c-0.5b-2a) O_2 \qquad (2\text{-}25)$$

第二类炸药为只生成气体产物的负氧平衡炸药：只生成气体产物的负氧平衡炸药 $(2a+0.5b > c > a+0.5b)$ 中含氧量足以使产物完全气化，无固体 C 生成。从最大热效应原理出发，爆炸反应中氢首先被氧化为 $H_2O$，碳被氧化为 CO，然后，多余的氧进一步使部分 CO 变为 $CO_2$，这样，此类炸药的爆炸反应方程可表示为

$$C_a H_b O_c N_d \longrightarrow 0.5b H_2O + (c-a-0.5b) CO_2 + 0.5d N_2 + (2a+0.5b-c) CO \qquad (2\text{-}26)$$

第三类炸药为可能生成固体碳的负氧平衡炸药：可能生成固体碳的负氧平衡炸药 $(c < a+0.5b)$ 的含氧量不足以使产物完全气化，有固体碳生成。爆炸反应时炸药中的氧首先与氢氧化为 $H_2O$，剩余的氧与碳反应生成 CO，没有被氧化的那部分碳和氮，分别以 C 和 $N_2$ 存在，其爆炸反应方程为

$$C_a H_b O_c N_d \longrightarrow 0.5b H_2O + 0.5d N_2 + (c-0.5b) CO + (a-c+0.5b) C \qquad (2\text{-}27)$$

#### 2.4.2.2 爆炸产物与有毒气体

爆炸产物是指炸药爆炸时，化学反应区反应终了瞬间的化学反应产物。爆炸产物组成成分很复杂，炸药爆炸瞬间生成的产物主要为 $H_2O$、$CO_2$、CO、氮氧化物等气体，若炸药内含硫、氯和金属等时，产物中还会有硫化氢、氯化氢和金属氯化物等。爆炸产物的进一

步膨胀，或同外界空气、岩石等其他物质相互作用，其组分要发生变化或生成新的产物。爆炸产物是炸药爆炸借以做功的介质，是衡量炸药爆炸反应热效应及爆炸有毒气体生成量的依据。

炸药爆炸生成的气体产物中，CO 和氮氧化物都是有毒气体。炸药内含硫或硫化物时，还会生成 $H_2S$、$SO_2$ 等有毒气体。上述有毒气体进入人体呼吸系统后能引起中毒，就是通常所说的炮烟中毒，而且某些有毒气体对瓦斯起催爆作用（如氧化氮），或引起二次火焰（如 CO）。为了确保工作人员的健康和安全，《爆破安全规程》规定，1kg 炸药爆炸生成的有毒气体量，以 CO 计，不应超过 100L/kg。考虑到氮氧化物的毒性较强，在折算为 CO 量时，需乘以 6.5 的系数。

影响有毒气体生成量的主要因素主要有炸药的氧平衡，正氧平衡内剩余氧量会生成氮氧化物，负氧平衡会生成 CO，零氧平衡生成的有毒气体量最少；如果炸药爆炸反应不完全，也会增加有毒气体含量；若爆破岩体内含硫时，爆炸产物与硫作用，会生成 $H_2S$、$SO_2$ 等有毒气体。

### 2.4.3　炸药的热化学参数

炸药的热化学参数包括爆容、爆热、爆温、爆压。

（1）爆容。每千克炸药爆炸生成的气体产物在标准状态下（$1.0133 \times 10^5$Pa、273K）的体积称为炸药的爆容。气体产物是炸药爆炸放出热能借以做功的介质。因此，爆容是与炸药做功能力有关的一个重要参数。

（2）爆热。单位质量炸药在定容条件下爆炸所释放出的热量称为爆热，其单位是 kJ/kg 或 kJ/mol。由于爆炸极其迅速，爆炸瞬间固体炸药变成气体产物，体积来不及膨胀，爆炸就完成了，因而爆炸过程可以视为定容过程。通常所说的爆热都是指在定容下所测出的单位质量炸药的热效应，通常用 $Q_V$ 来表示爆热。

（3）爆温。炸药爆炸瞬间所放出的热量将爆炸产物加热到的最高温度称为爆温。它取决于炸药的爆热和爆炸产物的组成。由于爆炸过程的高速、高压和高温，而且爆温随时间的变化极快，以及爆炸的破坏作用，用实验方法测定爆温非常困难和复杂，目前通常用计算方法求算炸药的爆温。

爆温也是炸药的重要爆炸参数之一，一方面它是炸药热化学计算所必需的参数；另一方面在实际爆破工程中，对其数值有一定的要求。在实际使用炸药时，需根据具体条件选用不同爆温的炸药，例如，在金属矿山的坚硬矿岩和大抵抗线爆破中，通常选用爆温较高的炸药，从而获得较好的爆破效果，而在软岩，特别是在煤矿爆破中，常常要求爆温控制在较低的范围内，防止引起瓦斯、煤尘爆炸，又能达到要求的爆破效果。而对于其他爆破，为提高炸药的做功能力，则要求爆温高一些。

（4）爆压。炸药在一定容积内爆炸后，其气体产物的比容不再变化时的压力称为爆炸气体压力，简称爆压。

## 2.5　炸药的爆炸性能

炸药爆炸性能方面的内容很多，这里只讨论与工程爆破关系密切的一些性能，如炸药的爆速、威力、猛度和殉爆距离等。

### 2.5.1 爆速

爆轰波在炸药药柱中的传播速度称为爆轰速度，简称爆速，通常以 m/s 或 km/s 表示。

爆速是衡量炸药爆炸性能的重要指标之一，在理想情况下，一种炸药的爆速是一个常量，实际上炸药的爆速总是低于理想的爆速。

炸药的爆速是衡量炸药爆炸性能的重要指标，也是目前可以比较准确测定的一个爆轰波参数。爆速的精确测量为检验爆轰理论的正确性提供了依据，在炸药应用研究上具有重要的实际意义。测定爆速的方法有多种，按其原理可分为导爆索法、电测法和高速摄影法三大类。

### 2.5.2 威力

炸药爆炸对周围介质所做机械功的总和，称为炸药的爆力，又称为炸药的做功能力。它反映了爆生气体产物膨胀做功的能力，也是衡量炸药爆炸作用的重要指标。

炸药做功能力是相对衡量炸药威力的重要指标之一，通常以爆炸产物绝热膨胀直到其温度降至炸药爆炸前的温度时，对周围介质所做的功来表示。炸药的理论爆炸功不仅同爆热成正比，而且同炸药的爆容有关：爆容值越大，做功能力越大。此外，炸药理论爆炸功还同爆炸压力有关：爆炸压力值越高，做功能力越大。

炸药爆炸的有效机械功一般只占总能量的 5% ~ 10%，在工程爆破中，通常使用相对威力的概念，所谓相对威力是指以某一熟知的炸药的威力作为比较的标准。以单位质量炸药相比较的，称为相对质量威力；以单位体积炸药作比较的，则称为相对体积威力。

炸药的爆力是表示炸药爆炸做功的一个指标，它表示炸药爆炸所产生的冲击波爆轰气体作用于介质内部，对介质产生压缩、破坏和抛移的做功能力。爆力测定方法主要有：铅铸扩孔法、弹道臼炮法、水下爆炸试验法、弹道摆法、抛掷漏斗法。

### 2.5.3 猛度

炸药的猛度是指炸药爆炸瞬间爆轰波和爆炸气体产物直接对与之接触的固体介质局部产生破碎的能力。猛度的大小主要取决于爆速，爆速越高，猛度越大，岩石被粉碎的越厉害。炸药猛度的实验方法一般用铅柱压缩法，是用一定规格铅柱被压缩的程度来表示的，猛度的单位是 mm。

### 2.5.4 殉爆

一个药包（卷）爆炸后，引起与它不接触的邻近药包（卷）爆炸的现象称为殉爆。殉爆在一定程度上反映了炸药对冲击波的敏感度。通常将先爆炸的药包称为主动药包，而将被主动药包引爆的药包称为被动药包。前者引爆后者的最大距离叫做殉爆距离，一般以厘米计，表示一种炸药的殉爆能力，在工程爆破中，殉爆距离对于确定分段装药、盲炮处理和合理的孔网参数等都具有指导意义，在炸药厂和危险品库房的设计中，殉爆距离又是确定安全距离的重要依据。炸药殉爆的难易性取决于炸药对冲击波作用的感度。影响殉爆的因素有：（1）装药密度；（2）药量和药径；（3）药包外径和连接方式。此外，两个装药间的介质，如果不是空气，而是水、金属、砂土等密实介质，殉爆距离将明显下降。这种现象可以利用来防止殉爆，如危险工房间设置防爆土堤或防爆墙，工房间的殉爆安全距离可以大大缩短。但是在炮孔中的药卷间若有岩粉、碎石，就可能出现传爆中断而产生拒爆，因此装药前必须清除干净炮孔中的岩粉和碎石。

### 2.5.5 管道效应

管道效应也称沟槽效应、间隙效应，是指当药卷与孔壁间存有月牙形空间时，爆炸药柱出现的自抑制——能量逐渐衰减直至拒爆的现象。实践表明，在小直径炮孔爆破作业中这种效应普遍存在，是影响爆破质量的重要因素之一。

一般来说，管道效应与炸药配方、物理结构、包装条件和加工工艺有关。

研究结果表明，在实际工程中采用如下技术措施可以减少或消除管道效应，改善爆破效果：

（1）化学技术，选用不同的包装涂敷物，如沥青、石蜡、蜂蜡等。

（2）调整炸药配方和加工工艺，以缩小炸药爆速与等离子体速度间的差值。

（3）用水或岩屑充填炮孔与药卷之间的月牙形空隙。

（4）增大药卷直径。

（5）沿药柱全长放置导爆索起爆。

（6）采用散装药技术，使炸药全部充满炮孔不留空隙，当然就没有超前的等离子体层存在。

### 2.5.6 聚能效应

#### 2.5.6.1 聚能效应现象

利用爆炸产物运动方向与装药表面垂直或近似垂直的规律，做成特殊形状的装药，就能使爆炸产物聚集起来，提高能流密度，增强爆炸作用，这种现象称为聚能效应，聚集起来朝着一定方向运动的爆炸产物，称为聚能流。

金属射流和爆轰产物聚能流能量最集中的断面总是在药柱底部外的某点，此断面至锥底的距离称为炸高。对位于炸高处的目标，破甲效果最好。

#### 2.5.6.2 影响聚能效应和穿射作用的因素

影响聚能效应的因素主要有炸药的密度和爆速、装药尺寸、装药结构、药形罩的尺寸和材料等。

对于同种炸药来说，爆速和装药密度存在着线性关系，所以应当选用爆速高的炸药作为聚能穿射的能源，以提高聚能效应。

金属罩锥角的大小影响金属射流的速度和聚能效应，金属罩有圆锥形、半球形、抛物线形、三角形等。实践证明，圆锥形的金属罩聚能效果最好，锥角以30°~60°为好，锥角小于30°时，穿射性能不稳定，不能形成连续射流；锥角过大，超过70°时，穿射深度迅速下降。

常用的聚能罩材料有金属、陶瓷、玻璃、塑料、厚纸、黏土等。采用金属罩可以明显地增强聚能效应，因为炸药爆炸后金属本身也形成了一股高速的金属流，从而可以获得更高的能量密度。

# 3 爆破器材与起爆方法

## 3.1 爆破器材

爆破器材包括工业炸药和雷管等。

### 3.1.1 常用工业炸药

#### 3.1.1.1 炸药的定义与分类

凡在外部施加一定能量后，能发生化学爆炸的物质均称为炸药。炸药在一定外力作用下，能发生快速化学反应，向外释放能量和产生大量气体。工业炸药是能量高度集中的化学能源。1kg炸药爆破时，能在$10^{-5}$s内释放出400GJ的能量。

炸药分类方法很多，没有统一的分类标准，一般可根据炸药的组成、用途和主要化学成分进行分类，还可以根据使用条件的不同进行分类。

按炸药的组分分类可将炸药分为单质炸药和混合炸药两大类。

单质炸药指由碳、氢、氧、氮等元素组成的自身能发生迅速氧化还原反应的化合物。混合炸药指两种或两种以上的成分按比例组成的混合物，是目前工程爆破中应用最广、品种最多的一类炸药，例如硝铵类炸药。

按炸药的作用特性可分为起爆药、猛炸药；发射药、烟火剂。

按炸药的主要化学成分可分为硝铵类炸药、硝化甘油类炸药、芳香族硝基化合物类炸药、液氧炸药、其他工业炸药。

硝酸铵类炸药是目前国内外工程爆破中用量最大、品种最多的一大类混合炸药。

按炸药的使用条件可分为三类：第一类是准许在地下和露天爆破工程中使用的炸药，包括有瓦斯和煤尘爆炸危险的工作面。第二类是准许在地下和露天爆破工程中使用的炸药，但不包括有瓦斯和煤尘爆炸危险的工作面。第三类是只准许在露天爆破工程中使用的炸药。

第一类是安全炸药，又叫做煤矿许用炸药；第二类和第三类是非安全炸药。第一类和第二类炸药每千克炸药爆炸时所产生的有毒气体不能超过安全规程所允许的量；同时，第一类炸药爆炸时还必须保证不会引起瓦斯或煤尘爆炸。

按其用途分类：第一类即煤矿许用型，第二类即岩石型，第三类即露天型。

#### 3.1.1.2 工业炸药应满足的基本条件

工业炸药的质量和性能对于工程爆破的效果和安全有着极大的影响。因此，工业炸药应满足如下要求：

(1) 爆炸性能良好，具有良好的爆炸威力。

(2) 有适中的敏感度，既能保证顺利方便地起爆，又能保证制造、运输、加工和使用时的安全。

（3）符合环境保护和劳动保护法规的要求，炸药组分的配比应达到或接近于零氧平衡，爆后有毒气体生成量少。

（4）物理化学性能较稳定，保证在一定的储存期内不会因分解、变质、吸湿结块等因素而失效。

（5）原料来源丰富，制造加工简单，成本低廉。

### 3.1.1.3 常用工业炸药分类

工业炸药是国民经济建设不可缺少的重要物质，广泛用于道路建设、矿山开采、地质勘探、爆炸加工等行业。我国目前工业炸药主要分为粉状炸药和含水炸药两大系列，其中粉状炸药占工业炸药生产总量的82%，主要品种有：铵油炸药、含水炸药、硝铵炸药和硝甘炸药，随着民用领域需求量的不断增加，工业炸药在不断改进中得到了发展，在配方技术、性能指标和制造工艺等方面均有较大的提高。

铵油炸药、含水炸药尤其是乳化炸药，具有爆炸威力适度、可满足各类爆破作业对炸药威力的需求，并且原料来源广泛，成本低廉，生产、使用安全等优势，已成为工业炸药的主流品种。

各类工业炸药虽经历了长期的发展历程，但它们仍各有缺陷，如：硝酸铵易吸湿结块；铵油炸药抗水性差，长时间储存燃料油易迁移或分离；乳化炸药的乳化剂用量虽少但成本高，乳化炸药易破乳不能长期储存等。这些问题都需要不断改进，使炸药的性能更稳定。

岩石铵梯炸药即为粉状铵梯炸药，过去一直是我国最主要的工业炸药品种，具有较大的威力和猛度，安定性良好。铵梯炸药的主要成分是硝酸铵、梯恩梯、木粉和氯化钠。由于其配方中含有10%的TNT，故使该炸药在生产使用过程中，对人员、环境污染严重，长期接触梯恩梯的人员易慢性中毒，严重影响人体的生理机能。

20世纪90年代，随着国民经济的发展，国家对环境治理的要求提高，对于工业炸药行业，国家主管部门提出了限制铵梯炸药的产量，采取逐年降低产量直到淘汰的产品结构政策。2008年6月30日以后，全国范围内停止使用导火索、火雷管、铵梯炸药。为了工业炸药产品的更新换代，经从事硝铵炸药研究的科技工作者的不懈努力，改性硝酸铵炸药、膨化硝铵炸药和粉状乳化炸药以及乳化炸药等新型无梯粉状工业硝铵炸药在国内迅速发展起来，其爆炸性能在某些方面达到甚至超过了以往含梯硝铵炸药。

**A 粉状硝酸铵炸药**

目前国外使用的工业炸药主要是多孔铵油炸药和乳化炸药等无梯工业炸药，我国无梯粉状工业炸药的主要品种是膨化硝铵炸药、改性硝铵炸药、粉状乳化炸药。膨化硝铵炸药具有炸药性能优良、成本低、生产效率高等优点，但由于密度较低，在坚硬岩石场合的爆破效果欠佳。改性硝铵炸药具有较高的密度，但存在炸药生产效率低、性能不稳定的不足之处。粉状乳化炸药将乳胶基质中的部分水分脱除，一定程度上提高了炸药的作功能力，但粉状乳化炸药存在水分较高、动力消耗大和因装药问题未能解决引起的产生结块而影响储存的缺点。

膨化硝铵炸药是由改性的膨化硝酸铵和可燃剂（木粉和复合油相）混制而成，该混合是固态下的多相混合。改性硝铵炸药是将经过细化和改性的硝酸铵、可燃剂（木粉和复合油相）和添加剂混制而成，该混合也是固态下的多相混合。膨化硝铵炸药、改性硝铵炸药的共同之处，都是对普通硝酸铵进行敏化处理后，与可燃剂组分进行混合得到炸药。粉状乳化炸药是将在液态乳化分散的乳胶基质喷雾干燥而制得，其氧化剂和可燃剂混合是在液态下进行的，其混合均匀性好于固态下的混合。因此，粉状乳化炸药表现出具有较高的爆速（3500~4500m/s），较高的猛度（15~18mm），但粉状乳化炸药水的含量达2%~4%，炸药易破乳、结块，影响存储期，甚至失去爆炸性能。

南京理工大学研究人员在分析改性硝铵炸药、粉状乳化炸药和膨化硝铵炸药的技术现状，研究分子间混合炸药、炸药爆炸理论和表面活性剂及分散体系等基础上，研究探索了一种全新的粉状硝铵炸药生产工艺，研制出高性能粉状硝铵炸药。所得炸药的爆炸性能也明显提高，且具有一定的抗水性能，其中爆速为3800~4200m/s（32mm药卷）、猛度为17~18mm、殉爆距离为8~12cm。

a 改性硝酸铵炸药

改性硝铵炸药是为了克服硝酸铵所具有的强吸湿性和结块性，经过研究人员大量的研究工作获得的成果。这些成果主要从降低硝铵的吸湿性和抵抗或者阻止硝铵结块两方面思路中获得。首先是降低硝铵的吸湿性。研究表明，硝酸铵是一种极性很强的物质，硝酸铵分子可以通过极性分子间的静电引力，也可以通过氢键的形式和空气中的水分子结合。由于硝酸铵在水中的溶解度很高，在空气中硝酸铵吸附水分子之后会形成溶液膜覆盖在硝酸铵颗粒表面，这层溶液膜并没有阻止硝酸铵的吸湿，反而成为硝酸铵继续吸湿的路径。为此，研究人员在硝酸铵中加入有机憎水剂，既包括天然有机憎水剂，如石蜡、沥青、松香及凡士林等；也包括合成的有机憎水剂，如硅酮、羧酸脂、氯化烃等。这些憎水剂的加入，使得硝酸铵颗粒表面得到一定程度的包覆，隔离了空气中水分子与硝酸铵分子的接触，从而降低了硝酸铵的吸湿性，达到了防吸湿的效果。防止硝酸铵吸湿研究中被广泛采用的方法是应用表面活性剂对硝酸铵进行改性。这主要是由表面活性剂的结构特点决定的。表面活性剂分子中含有非极性的碳氢链基团（亲油性基团）和极性的基团（亲水性基团）。硝酸铵是氧化剂，硝酸铵炸药中经常加油相作为还原剂。表面活性剂的加入，既降低了硝酸铵的极性导致的吸湿性，又使得还原剂油相紧密地和硝酸铵结合在一起。目前使用的表面活性剂有十八烷胺盐、十二烷胺基磺酸钠等；另一种思路是防结块。硝酸铵的结块性由两种原因导致：一种是吸湿后形成的液膜再结晶导致结块，即所谓的"盐桥"理论；一种是硝酸铵晶型变化导致硝酸铵体积较大变化和存在吸热放热现象，促进了硝酸铵的结块能力。因此，研究人员将木粉、棉籽饼粉、麻秆粉、树皮粉等加入硝酸铵，使硝酸铵颗粒之间形成隔离层，能在一定程度上阻止硝酸铵颗粒间结块，从而不同程度地降低了硝酸铵的结块性。

b 膨化硝铵炸药

膨化硝铵炸药是一种新型无梯粉状工业炸药，它是由膨化硝酸铵、木粉和复合油相组成，其中膨化硝酸铵是经过表面活性技术处理的自敏化改性硝酸铵，然后再与高热值的液体燃料和多孔纤维性固体燃料混合得到膨化硝铵炸药。

硝酸铵经过一个在复合表面活性剂作用下膨胀、强制发泡析晶的物理化学过程，可制得轻松、疏松、多孔的膨化硝酸铵。膨化硝酸铵颗粒内含大量"微气泡"，颗粒表面被"歧性化"、"粗糙化"，当受到外界强烈激发作用时，这些不均匀的局部就可能形成高温高压的"热点"进而发展成为爆炸，使硝酸铵达到自敏化。正是这种晶粒内部的作用取代了敏化剂 TNT 的敏化作用，使硝酸铵及其炸药的起爆感度发生了质的变化。

膨化硝铵炸药是在一定的工艺条件下，通过机械混合方式将改性的膨化硝酸铵、木粉和复合油相混合在一起的爆炸混合物。它具有吸湿速度慢、几乎不结块、储存性能稳定等物理特性和具有适度的爆轰感度、爆轰速度快、物理性能优良、安全性能好、使用可靠等优点。

膨化硝酸铵的强制膨化，使得硝酸铵在吸油率、感度上有了很大的提升。为了满足不同条件和场合的爆破工程需要，以膨化硝铵为主要组成成分，形成了主体岩石膨化硝铵炸药、煤矿许用膨化硝铵炸药（包括一级煤矿许用膨化硝铵炸药、二级煤矿许用膨化硝铵炸药、一级抗水煤矿许用膨化硝铵炸药、二级抗水煤矿许用膨化硝铵炸药），用于大药量爆破的大包岩石膨化铵油炸药、抗水岩石膨化硝铵炸药、高威力岩石膨化硝铵炸药、低爆速岩石膨化硝铵炸药和用于地质勘探的膨化硝铵震源药柱。

B  铵油炸药

以硝酸铵和燃料油为主要成分的粒状或粉状（添加适量木粉）爆炸性混合物称为铵油炸药，简称 ANFO 爆破剂。铵油炸药的原材料主要有硝酸铵、柴油和木粉。在柴油品种中，以轻柴油最为适宜。轻柴油黏度不大，易被硝酸铵吸附，混合性能好，挥发性小，闪点不很低，有利于安全生产和产品质量。

由于硝酸铵有结晶状和多孔粒状之分，其铵油炸药也相应有粉状铵油炸药和多孔粒状铵油炸药之分。前者采用轮碾机热碾混加工工艺制备，后者一般采用冷混工艺制备。

铵油炸药的质量受到成分、配比、含水率、硝酸铵粒度和装药密度等因素的影响。铵油炸药的爆速和猛度随配比的变化而变化。当轻柴油和木粉含量均为 4% 左右时，爆速最高，因此粉状铵油炸药较合理的成分配比是：硝酸铵∶柴油∶木粉 = 92∶4∶4。

铵油炸药的生产工艺简单，通常采用喷混法，即将燃料油由喷嘴喷出与硝酸铵颗粒混合。现较多采用混装车，在爆破现场一边混制、一边用压缩空气通过软管以散装方式装入炮孔中。这种混装车的使用导致了露天爆破工艺的现代化，铵油炸药是当前露天大直径（100mm 以上）干炮孔爆破中最重要的爆破炸药，在铵油炸药中再加入铝粉（在 18% 以下）可提高其威力。该品种称铵铝油炸药，在露天爆破中常用作孔底装药和硬岩爆破的主装药，也可与铸装的起爆器一起作为普通铵油炸药的起爆药包。

将 W/O 型乳胶基质按一定比例掺混到粒状铵油炸药中，形成的乳胶与铵油炸药掺和物，称为重铵油炸药（heavy ANFO），在我国也称为乳胶粒状炸药。

重铵油炸药是由不同比例的乳化炸药（乳胶体）与多孔粒状 ANFO 混制而成的。这样，仅通过改变二者不同比例，就可以调节这种炸药的密度与能量，适应了炸药性能与爆破对象紧密、精确匹配的爆破最新发展趋势。早期的重 ANFO 不具有雷管感度，随着炸药技术的不断进步，目前具有雷管感度的重 ANFO 已投入使用，这就取消了起爆药柱，可大大降低爆破成本、简化作业工序。

利用膨化硝酸铵替代普通结晶硝酸铵或多孔粒状硝酸铵制备的铵油炸药称为膨化铵油炸药。它通常有两个品种，即膨化硝酸铵、木粉和柴油混制而成的膨化铵木油炸药，以及膨化硝酸铵和复合油相混制的膨化铵油炸药。

改性铵油炸药是由改性硝酸铵和混合油相制成的一种新型粉状工业炸药，它较好地实现了工业粉状硝铵炸药廉价、防潮抗水、储存稳定、不结块硬化、作功能力大、药卷密度高、密度可调的优越性；并且具备制备工艺简单、实现了计算机线外控制，可实现连续自动生产等优点。

C　乳化炸药等含水炸药

含水炸药包括浆状炸药（slurry）、水胶炸药（water gel explosive）和乳化炸药（emulsion），是当前工业炸药中品种最多、发展最为迅速的抗水工业炸药。就这三种防水炸药的发展时序上看，浆状炸药是20世纪50年代中期研制成功的，其后是水胶炸药和乳化炸药。浆状炸药、水胶炸药和乳化炸药均属于含水类硝铵类炸药。它们的共同特点是抗水性强，可用于水中爆破。抗水性强的原因在于将氧化剂溶解成硝酸盐水溶液，当其饱和后，便不再吸收水分，起到"以水抗水"的作用。

乳化炸药是20世纪70年代在美国发展起来的一种新型炸药，在20世纪70年代末期我国已经可以制造，乳化炸药具有威力高、感度高、抗水性好等特点，被誉为"第四代"炸药，它不同于水包油型的浆状炸药和水胶炸药，而是以油为连续相的油包水型的乳胶体，既不含爆炸性的敏化剂，也不含胶凝剂。此种炸药中的乳化剂使氧化剂水溶液（水相或内相）微细的液滴均匀地分散在含有气泡的近似油状物质的连续介质中，使炸药形成一种灰白色或浅黄色的油包水型的特殊内部结构的乳胶体，故称乳化炸药。

现场混装乳化炸药适宜用于无瓦斯、无矿尘爆炸危险的炮孔直径 $\phi \geqslant 90mm$ 的爆破工程。该类炸药以加工简便和成本较低为显著特点，适用于露天爆破工程。一般不具有雷管感度，抗水性能好，主要以中包或散装的形式使用，因而不要求其具有长期的储存稳定性。此外，随着装药机械化程度的提高，通过混装车或泵送车在爆破作业现场可以直接进行混制，然后装入炮孔。

乳化粉状炸药习惯上又称为粉状乳化炸药（powdery emulsion explosives，简称PEE），是一种我国拥有自主知识产权的新型工业炸药。粉状乳化炸药具有与乳化炸药相似的微观结构，它是以较低含水量的氧化剂溶液或熔融的氧化剂溶液的微细液滴为分散相，特定的碳质燃料与乳化剂组成的油相溶液为连续相，在一定工艺条件下通过强力剪切形成油包水型乳胶体，这种乳胶体通过喷雾制粉、旋转闪蒸或冷却固化后粉碎等方法制成的。由于其外观为粉状，含水量低，因此与乳化炸药相比，在保持乳化炸药良好抗水性能和理想爆轰性能的同时，粉状乳化炸药稳定性更好，生产、运输和使用更为方便，更符合人们的使用习惯，而且炸药做功能力也更大。

3.1.1.4　国外工业炸药的研究与现状

美国是世界上工业炸药最大的生产国和消费国，近10年来每年生产工业炸药约200万吨，其中，煤矿炸药的用量约占总消耗量的67%，采石和非金属矿的炸药用量约占总消耗量的14%，金属矿开采的炸药用量约占总消耗量的9%，建筑工程的炸药用量约占总消耗量的7%，其他各种用途所用的炸药占工业炸药总消耗量的3%。

国外工业炸药分为炸药和爆破剂。随着民用领域需求量的不断增加，铵油炸药、含水炸药、硝铵炸药和硝甘炸药等工业炸药在不断改进中得到了发展，在配方技术、性能指标和制造工艺等方面均有较大的提高。硝酸铵是工业炸药的基本原材料，广泛用来生产各种工业炸药。在美国，以硝酸铵为基的炸药占工业炸药总产量的99%。

近20余年来，随着产品生产销售的国际化，以及国际大公司、大集团对同行企业实施的收购和兼并，在世界民用爆破器材领域中，挪威的戴诺-诺贝尔（Dyno Nobel）公司和澳大利亚的 Orica 公司已成为工业炸药界两大巨头，其工业炸药的生产技术与产品具有国际领先水平。

A 硝酸铵

国外生产硝酸铵的工艺比较先进，造粒、干燥、称量及包装全部采用自动化控制，产品的机械化程度较高。其中，戴诺-诺贝尔公司生产的工业级硝酸铵最具代表性，其产品和技术代表了国外硝酸铵现有的技术发展水平。

戴诺-诺贝尔公司生产的工业级硝酸铵是为 ANFO 炸药、耐水 ANFO 炸药、重铵油炸药和水胶炸药用的固体氧化剂设计的。其配方组成为（质量分数）硝酸铵（98.8%）、有机包覆剂（不大于0.1%）、水分（不大于0.1%）。与传统的硝酸铵相比，戴诺-诺贝尔公司的产品粒度较小（平均颗粒直径为1.4~2.0mm），含水量低，不结块，呈松散球形。

戴诺-诺贝尔公司在瑞典的海德鲁生产多孔粒状硝酸铵，其关键技术是包覆剂及包覆技术，包覆剂中0.1%（质量分数）的有机添加剂是以十八烷为主体的复合表面活性剂，包覆工艺采用两次添加工艺。制造中所用的关键设备是喷雾设备，生产过程中采用了英国 ICI 公司卡拉尔硝酸铵厂具有世界先进水平的合成氨新技术（LCA 工艺）。除此之外，该公司还生产一种含83% AN 的无色热硝酸铵溶液（加热到107℃以上以保持 AN 溶于溶液中），该溶液广泛应用于矿山采掘行业。

2006年，随着戴诺-诺贝尔公司对另外三家硝酸铵生产厂及美国 ETI 公司的业务收购，其硝酸铵生产能力达到130万吨。

B 铵油炸药

目前，国外在铵油爆破剂和重铵油炸药的耐水性和能量方面取得了突破性进展，并推出了多种铵油炸药产品，如美国奥斯汀炸药公司的 Austinite15 系列含铝或不含铝的铵油炸药，法国诺贝尔炸药（NEF）公司的 N135、D7、NR20、NF4 以及 NR10 等 ANFO 炸药。此外，国外还不断探索对铵油炸药的改进，例如：采用高黏度的燃料油以降低较高密度的铵油炸药的燃料油分离；采用化学耦联剂与有机可燃燃料制备储存稳定的炸药组分的方法。

将铵油炸药与乳化炸药混合制成重铵油炸药是铵油炸药的重大改进。重铵油炸药保持了铵油炸药可以采用混装车进行现场混制、装填的特点，并对其抗水性差的问题有很大的改善。

戴诺-诺贝尔公司生产的铵油炸药由质量分数为94%的球形硝酸铵与6%的柴油混合而成，该产品可以自由流动，其密度为 $0.8 \sim 0.85 g/cm^3$、相对质量强度100%、相对体积强度100%。铵油炸药混装设备主要有803H 型铵油炸药混装车、SDA 型铵油炸药散装装药车、Rocmec2000 型遥控操作机械化井下装药车、Anol 铵油炸药风动装药器等。803H 型铵油炸药混装车的混装能力为50kg/min，可生产袋装铵油炸药。

Orica 公司的重铵油炸药主要有 Apex Gold 2102/2502、Apex Gold 2100/2500、Apex Gold 2500 等三个系列。其中，Apex™ Gold 2501 是一种特别为满足地面矿山和采石场使用需要设计的高能敏感炸药，在潮湿或干燥条件下均具有优良的性能，能与铵油炸药以各种比例配制成重铵油炸药。

近几年来，美国奥斯汀炸药公司在铵油爆破剂和重铵油混装炸药的耐水性方面取得了一些技术突破。该公司的铵油爆破剂包括 Austinite 15 系列（爆速为3962m/s）以及 Austinite 30 系列（爆速为 4267m/s）。这类产品经济、安全、简便、爆轰效果一致性好，其中，Austinite 15 系列适合于卡车装卸，Austinite 30 具有一定的耐水性，适合于中型孔，在水患不严重的情况下适用于几乎所有的地表和地下大型爆破作业。

C  含水炸药

含水炸药是 21 世纪 50 年代以来发展起来的一类抗水型炸药，它包括浆状炸药、水胶炸药和乳化炸药。从目前产品生产情况来看，浆状炸药、水胶炸药和乳化炸药都有雷管不敏感型和雷管敏感型的品种。

Orica 公司在世界范围内生产和销售各种含水炸药，主要包括雷管不敏感型的卷装水胶炸药、大直径卷装水胶炸药、雷管不敏感型的卷装乳化炸药、雷管敏感型的卷装乳化炸药、特种雷管敏感型乳化炸药以及 AN/碳氢化物乳化炸药。包装材料有的用塑料薄膜，有的用纸卷。这些产品能使用于采石场和建筑工程等爆破作业，适用于地面或地下爆破。

戴诺-诺贝尔公司拥有 4 个系列的乳化炸药产品，其中，具有典型代表性的乳化炸药是 TITAN Emulsion 2000，这是一种耐水性很好的散装乳化炸药，其密度为 $1.05 \sim 1.25 \mathrm{g/cm^3}$、最小直径为 102mm、能量为 2.5MJ/kg，放置时间可长达 12d。这种炸药可以通过一根软管从专用车上直接输入炮孔底部，特别适合用于潮湿的大孔径炮孔中，可单独用作乳化炸药，也可与 40% 的 ANFO 炸药混合使用。

戴诺-诺贝尔公司的乳化炸药现场混装系统包括 SMS 乳化炸药现场混装车、乳化炸药泵送车和 Iremex 铵油或重铵油炸药装药车。其中，SMS 乳化炸药现场混装车将来自地面站的硝铵溶液、油相材料、干硝铵、铝粉和微量组分在现场混制成所需配方的炸药并直接装入炮孔中。

奥斯汀炸药公司生产的乳化炸药主要有雷管敏感的卷装乳化炸药、需传爆药柱引爆的卷装乳化炸药、可泵送的散装乳化炸药以及煤矿许用乳化炸药。

2000 年法国 NEF 公司研制出爆炸性能优良的 EMULSTAR 系列乳化炸药，包括 EMULSTAR 5000、EMULSTAR 5000s、EMULSTAR 8000 和 EMULSTAR 8000s 四个品种。其中 EMULSTAR 5000 具有较高爆速，适用于采石场及民用爆破工程；EMULSTAR 8000 的威力与 Dynamite 相当，同时具有乳化炸药的安全性，特别适用于硬岩爆破，尤其适用于采石场及露天矿，是 Dynamite 的代用品。

D  硝甘炸药（胶质炸药）

西欧一些国家针对胶质炸药的缺点，研究出了安全性好、成本低的胶质炸药新品种。戴诺-诺贝尔公司设计出一系列胶质炸药。其系列产品包括 EXTRA GELATIN、UNIGEL、UNIMAX、Dynomax™ Pro、D-Gel™ 1000、Red H® A、Red H® B、Stonecutter™、Z POWDER™ 等 9 个牌号。其主要成分为（质量分数）：硝化甘油（1% ~ 20%）、硝化乙二醇（8% ~ 76%）、硝化纤维素（0 ~ 6%）、硝酸铵（0 ~ 75%）、硝酸钠（0 ~ 50%）、硫（0 ~ 4%）。该胶质炸药具有较高的爆速、极好的耐水性，基本上能满足硬岩爆破的需求，并可用作高密度和高能量炸药配方中的主装药，或用作 ANFO 炸药中的底装药。

Orica 公司现生产的胶质炸药有 DYNASHEAR 阿莫尼亚 Dynamite、GELDYNE™ 和 Xactex™ 半胶质 Dynamite、Geogel™ 雷管敏感的胶质 Dynamite、POWERditch 1000™、Powerfrac™ 阿莫尼亚胶质 Dynamite、Powerfrac™、PowerPro™ Extra 胶质 Dynamite 等，用于采石和建筑工程爆破。

1999 年法国 NEF 公司把 Evrodyn 2000 的无污染新型 Dynamite 炸药引入市场。Evrodyn 2000 特别适用于爆破采石场中的硬岩以及特硬岩坑道，甚至在有水条件下的民用爆破工程。与传统 Dynamite 炸药相比，新一代绿色 Dynamite 炸药具有强爆破威力且不含有毒成分 TNT 及 DNT 等、高安全性、对环境有利等优点。

法国 NEF 公司还发明了另一种 Dynamite——明胶 Dynamite F19，由于高能量水平较适于硬岩石爆破，在民用爆破工程中一般作为底装药。

E 其他工业炸药

除了以上几类工业炸药外，含氯酸盐的炸药在某些国家仍有所生产，如日本卡力特公司的 Carlit 炸药经过不断研究、改进，得到了发展。5 号黑 Carlit 是坑外用 Carlit 的代表，具有威力大、耐水性能好的优点，广泛应用于矿山、土木、采石等露天开采及各种爆破作业。高威力的红 Carlit 也是坑外用 Carlit，具有耐水性、爆破效果好、适合坑内作业等优点。Carlit 炸药采用湿混工艺生产，混药温度为 30℃，混药时间为 20min，其关键设备是混合机和振动式装药机。

目前，国外应用最多的工业炸药是铵油炸药和乳化炸药，美国和加拿大铵油炸药的使用量已占本国工业炸药总量的 70% ~ 80%。乳化炸药的消耗量在工业炸药总消耗量中所占的比例也有所提高。

铵油炸药、含水炸药尤其是乳化炸药，具有爆炸威力适度、可满足各类爆破作业对炸药威力的需求，并且原料来源广泛、成本低廉、生产使用安全等优势，已成为工业炸药的主流品种。

当前，各国工业炸药的用量很大。一次爆破作业，不仅产生大量的飞尘，而且产生大量炮烟，对环境影响很大，尤其是在地下坑道作业时，对矿工的安全和健康有着严重的威胁。法国推出的新一代绿色 Dynamite 炸药，不仅具有爆破威力强、安全性高的特点，而且不含 TNT、DNT 等有毒成分，未来的"绿色"工业炸药不仅是无"梯"，还包括无氯（如不含氯酸盐、高氯酸盐化合物）、无破坏环境的重金属（如铅、铬化合物）等。

## 3.1.2 起爆器材

工程爆破所用的炸药是由起爆器材引爆的，熟悉各种起爆器材的性能和特点，合理选用爆破器材是爆破工程设计的基础。

本节介绍工程爆破常用的爆破器材：电雷管、导爆索、塑料导爆管。

### 3.1.2.1 工业雷管

雷管是接受某种形式激发能量（如针刺、火焰、电、激光等）而发火并转变为爆轰能输出的火工品。一般由管壳、炸药、起爆药（或无起爆药）、延期元件、引火元件组成。按点火方式可分为：火雷管、电雷管、塑料导爆管雷管等；根据延时特性可分为：瞬发雷管、毫秒延时雷管及秒延时雷管；按起爆药性质分为：有起爆药雷管和无起爆药雷管。

常用的工业雷管包括电雷管、导爆管雷管（或称为非电雷管）或者瞬发雷管、延期雷管。

针对起爆药雷管和无起爆药雷管，延期时间的实现主要有两种：一种是使用烟火延期元件，通过烟火延期元件的长度和燃速确定延期时间；另一种是电子延期技术，即利用电子元件延时的高精确性替代延期药来实现延期时间。

**A 电雷管**

工业雷管按其每发装药量多少分为 10 个等级，号数越大，其雷管内装药越多，雷管的起爆能力越强。工程爆破常用 8 号雷管，其装药量为 0.8g。

电雷管是以电能作为激发冲能的雷管，有瞬发电雷管、秒延期电雷管和毫秒延期电雷管之分，其中最基本的是瞬发电雷管，延期电雷管只是在瞬发电雷管的基础上加上延期元件构成。

秒延期电雷管就是通电后隔一段以秒为单位的时间才爆炸的电雷管，它的组成与瞬发电雷管基本相同。不同的是电引火元件与加强帽之间多放置了一个延期装置，秒和半秒延期电雷管的延期装置一般是用精致导火索或在延期体壳内压入延期药构成的，雷管的延期时间由延期药的装药长度、药量和配比来调节。

毫秒延期电雷管简称毫秒电雷管，它通电后爆炸的延期时间是以毫秒来计算的。

**B 塑料导爆管雷管**

非电毫秒雷管是用塑料导爆管引爆且延期时间以毫秒数量级计量的雷管。它与毫秒延期电雷管的主要区别在于：不用毫秒电雷管中的电点火装置，而用一个与塑料导爆管相连接的塑料连接套，由塑料导爆管的爆轰波来点燃延期药。导爆管雷管有毫秒、半秒、秒系列。

**C 电子雷管**

电子雷管是一种可以任意设定并准确实现延期发火时间的新型电雷管，其本质是采用一个微电子芯片取代普通电雷管中的化学延期药与电点火元件，不仅大大提高了延期精度，而且控制了通往引火头的电源，从而最大限度地减少了因引火头能量需求所引起的延时误差。

电子雷管一般分为三类：一种是电起爆可编程的电子雷管，延期时间由爆破员在爆破现场设定，并在现场对整个爆破系统起爆时序进行编程，如 Orica 公司 i-kon™ 电子雷管；另一种是电起爆非编程的电子雷管，固定延期时间由工厂预先设定，如 AEL 公司 Eletro-Det 电子雷管；第三种是非电起爆的非编程的电子雷管，可以用导爆管或低能导爆索等非电起爆器材通过能量转换引发电子延期体再起爆，固定延期时间在工厂预先设定，如瑞典 ExploDet 公司的电子雷管和美国 Ensign-Bickford 公司开发的 DIGIDET™ 电子起爆系统。

非洲炸药有限公司（African Explosives Limited，简称 AEL）代理 NetDet 公司的电子雷管，拥有 QuickShot™ Plus、SmartShot™、DigiShot™、DigitShot™ Plus、HotShot™ 电子雷管系统。QuickShot™ 系统应用于地下窄矿脉（narrow reef）、隧道掘进（tunnel ling）、采矿工作面（stoping）爆破。SmartShot™ 系统应用于地下大规模爆破、露天采矿、采石和工程建设、隧洞和掘沟爆破工程，可以遥控起爆，精确设定延期时间，连接方便。DigiShot™ 电子雷管抗杂散电流，配合 BlastWeb™ 中心起爆系统使用。HotShot™ 系统是世界第一的自动编程电子起爆系统，系统界面友好、简单，容易配置延时精确的电子雷管，在爆破配置范围内可灵活设计。使用软件版本有 HotShot™ Standard、HotShot™ Hybrid、HotShot™ Plus、HotShot™ Tunnel。

i-kon™ 电子雷管如图 3-1 所示，其延期时间可从 0 ~ 15000ms，以 1ms 为间隔现场在线编程设定，延期时间精度为 ±0.01ms 以内，雷管外形尺寸为统一的 $\phi 7.3$mm × 93mm。

雷管设计中具备射频保护、静电保护以及过电压保护功能，借用 Blaster 和 Logger 可同时起爆 1600 发电子雷管。雷管内部具备 BIT 功能，可在发火前，在线对雷管内部电子延期电路、储能以及点火头的连接情况进行检测，具备很高的起爆可靠性，并在其配套使用的起爆系统中安装硬件密码锁，只有打开密码锁后，才能使用起爆器起爆电子雷管。

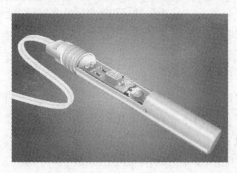

图 3-1　i-kon™电子雷管

国内电子雷管主要有隆芯 1 号电子雷管、壶化集团研制的数码电子雷管、贵州久联的电子雷管等。

### 3.1.2.2　导爆索和继爆管

**A　导爆索**

导爆索是用单质猛炸药黑索今或太安炸药作为药芯，用棉麻、纤维及防潮材料包缠成索状的起爆及传爆材料。经雷管引爆后，导爆索可直接引爆炸药、塑料导爆管及其他导爆索，也可作为单独的爆破能源。工程爆破中的预裂爆破及光面爆破均采用导爆索来传爆炸药。

导爆索通常可分为三类：高能导爆索（70～100g/m）、普通导爆索（32g/m）、低能导爆索（6g/m、3.6g/m）。

工程爆破中大多采用普通导爆索，其外径为 5.7～6.2mm，索芯黑索今的密度约为 1.2g/cm³，线药量为 12～14g/m，爆速不低于 6500m/s。每 50m ±0.5m 为一卷，有效期一般为 2a。

普通导爆索能可靠起爆各种工业炸药，适用于无可燃性气体或粉尘爆炸危险场合的爆破作业。

低能导爆索用于多炸点或大面积爆破时连接各炮孔的主干导爆索或在起爆网中作主干导爆索。禁止在有可燃性气体或爆炸粉尘的场合下使用。

**B　继爆管**

继爆管是同导爆索配套使用的一种延期起爆材料，将它串联在两根导爆索之间就能使一根导爆索的爆轰传递给另一根，但延滞了十几或几十毫秒的时间，用这种方法导爆索也能实现毫秒爆破。

继爆管具有抵抗杂散电流和静电危险的能力，装药时可以不停电，所以它与导爆索组成的起爆网路在矿山和其他工程爆破中都得到了应用。

### 3.1.2.3　塑料导爆管及连通器具

**A　塑料导爆管**

导爆管是20世纪70年代出现的一种全新的非电起爆系统的主体。通过导爆管雷管之间巧妙的组合，塑料导爆管起爆系统组成的网路分段不受限制，不重段，能有效地降低单响起爆药量，是一种先进的起爆方法。它操作简单，不受外来电源干扰的影响，适用于各种不同类型的爆破，尤其是周围环境异常复杂条件下的爆破工程。

塑料导爆管是一种由高压聚乙烯材料做成的白色或彩色塑料软管，外径为 2.8 ~ 3.1mm，内径为14mm ± 0.1mm，内壁涂有薄层奥克托今、太安等猛炸药与铝粉等组成的混合炸药，混合炸药含量为：91% 奥克托今或黑索今、9% 铝粉。导爆管壁的装药量为 14 ~ 18mg/m。导爆管受到雷管等激发后，管内出现一个向前传播的爆轰波，大约经过30cm左右长度后稳定传爆。只要管内炸药密度均匀，传播过程会永远进行下去。

导爆管需用击发元件来起爆。起爆导爆管的击发元件有：工业雷管、普通导爆索、击发枪、火帽、电引火头或专用击发笔等。由于导爆管内壁的炸药量很少，形成的爆轰波能量不大，不能直接起爆工业炸药，但能起爆雷管或非电延期雷管，然后再由雷管起爆工业炸药。

B 导爆管的连接元件

在导爆管组成的非电起爆系统中，需要一定数量的连接元件与之配套使用。连接元件的作用是将导爆管连接成网路，以便传递爆轰波。目前常用的连接元件有带传爆雷管和不带传爆雷管的两大类。

连接块是一种用于固定击发雷管（或传爆雷管）和被爆导爆管的连通元件。连接块通常用普通塑料制成，连接块有方形和圆形两种。不同的连接块，一次可传爆的导爆管数目不同。一般可一次传爆4~20根被爆导爆管。采用连接块组成导爆管起爆系统，也可以实现毫秒微差爆破。

连通管是一种不带传爆雷管的、直接把主爆导爆管和被爆导爆管连通导爆的装置。连通管一般采用高压聚乙烯压铸而成。它的结构有分岔式和集束式两类：分岔式有三通和四通两种，集束式连通管有三通、四通和五通三种，集束式连通管的长度均为46mm ± 2mm，管壁厚度不小于0.7mm，内径为3.1mm ± 0.15mm，与国产塑料导爆管相匹配。

非电导爆四通是一种带有起爆药并能进行毫秒延期的导爆器材。非电导爆四通就是运用毫秒电雷管低段别产品的现有生产工艺，采用毫秒继爆管的传爆作用原理，应用导爆管先进的非电导爆技术而研制出来的。非电导爆管目前有4个段别。其延期时间分别为4ms、10ms、25ms、50ms。

采用非电导爆四通组成导爆网路。1根主爆导爆管可以传爆3根被爆导爆管，可实现较精确的毫秒爆破。

3.1.2.4 爆破仪表

起爆器是引爆电雷管和激发笔的专用电源。目前我国生产起爆器的工厂较多。主要有湘西矿山电子仪器厂、营口市无线电二厂、抚顺煤炭研究所等。

需要说明的是，国产的起爆器均是利用电容器存储电能来完成起爆的，一般来说，电容器的电容量有限，只能用于串联网路和并联支路较少的网路起爆，遇到复杂的电爆网路时要选择合适的联网方式，保证起爆器能够完全可靠起爆网路。

在爆破工程实施过程中一定要选用专用的爆破电表。千万不能使用万能电表等普通仪表。

### 3.1.2.5 起爆药柱

A 露天型起爆药柱

起爆药柱是用于起爆没有雷管感度的钝感工业炸药的药柱，它本身又用雷管或导爆索引爆。

ZJ 型中继起爆具主要由太安、梯恩梯、导爆索组成，为了使用安全并充分发挥起爆具的起爆性能，采用了嵌装结构并加大装药密度。起爆具采用纸质或其他材料制作，内装导爆索以便携带或使用。起爆具本身可以用导爆索或电雷管起爆，也可用塑料导爆管非电起爆系统起爆。

在露天深孔爆破中，一般每个炮孔放置两个起爆具。底部起爆具位于炮孔装药长度的 1/5 ~ 1/4 处，上部起爆具位于装药长度上端的 1/4 处。若采用孔内导爆索起爆，则导爆索的孔内下端与中继起爆具的导爆索相连接，而孔口端与主干导爆索或电雷管相连接。

HT 型起爆药柱采用 1：1 的黑索今、梯恩梯铸装而成。目前生产的黑梯药柱有 $\phi60mm \times 65mm$、重 $300g \pm 10g$ 以及 $\phi70mm \times 80mm$、重 $500g \pm 10g$ 两种，均为圆柱状。装药密度均在 $1.3g/cm^3$ 以上。药柱采用高压聚乙烯塑料筒做外壳，顶盖可装卸。每发药柱内均装两发雷管。

B 微型起爆药柱

微型起爆药柱是专门为地下矿山的小直径（$\phi25mm$、$\phi32mm$ 等）炮孔爆破作业设计，一般只有 $10g/$只、$5g/$只，甚至更小，通常是用高能塑性炸药制成的。这种微型起爆方式更有利于小直径炮孔内炸药能量的释放，可获得良好的爆破效果。

## 3.2 起爆方法

利用起爆器材和一定的工艺方法去引爆工业炸药的过程，叫做起爆。起爆的目的是使炸药按顺序准确可靠地发生爆轰反应，从而合理有效地利用炸药爆能，起爆工艺与技术的总和称为起爆方法。

在工程爆破中，为了使炸药起爆，必须由外界给炸药局部施加一定的能量，根据施加能量方法的不同，起爆方法大致可分为三类：电起爆法、非电起爆法和其他起爆法。

（1）电起爆法。电起爆法是采用电能来起爆工业炸药的起爆方法，如工程爆破中广泛使用的各种电雷管的起爆方法。

（2）非电起爆法。非电起爆法是采用非电的能量来引起工业炸药爆炸的起爆方法，主要包括导爆索起爆法和导爆管起爆法。

（3）其他起爆法。如水下超声波起爆法、电磁波起爆法和电磁感应起爆法等。

前两类起爆法是目前在工程爆破中使用最广泛的起爆方法。在工程爆破中究竟选用哪一种起爆方法，应根据环境条件、爆破规模、经济技术效果、是否安全可靠以及操作人员掌握起爆技术的熟练程度来确定。例如，在有沼气爆炸危险的环境中进行爆破时，应采用电起爆而禁止采用非电起爆。对大规模的爆破，如硐室爆破、深孔爆破和一次起爆数量较多的炮孔爆破，可采用电起爆、导爆管起爆或导爆索起爆，也可以采用组合的复式起爆网路，以提高起爆的可靠性。

### 3.2.1 电力起爆方法

利用电雷管通电后起爆产生的爆炸能引爆炸药的方法，称为电力起爆法。电力起爆法是通过由电雷管、导线和起爆电源三部分组成的起爆网路来实施的。电力起爆法的使用范围十分广泛,无论是露天或井下、小规模或大规模爆破,还是其他工程爆破中均可使用。

### 3.2.1.1 电雷管主要参数

电雷管的主要参数有电雷管电阻、最高安全电流、最低准爆电流等。

#### A 电雷管电阻

电雷管爆炸是由于电点火元件中的桥丝把电能转化成热能引燃其周围的引火头或起爆药而引起的,引火头一旦被点燃,即使电流中断,也能继续燃烧而不熄灭。引火头先在桥丝处发火,逐层向外延续燃烧,经过一段时间,燃烧到引火头表面时,产生的火焰经加强帽上的传火孔引爆起爆药使雷管爆炸。在直插式电雷管中,被引燃的起爆药经过一短暂时间后就会由燃烧转变为爆轰。

为了防止拒爆,在选择电雷管时,用于同一电爆网路中的电雷管应为同厂、同批、同型号的产品。康铜桥丝电雷管的电阻值差不得超过 $0.3\Omega$,镍铬桥丝电雷管的电阻差不得超过 $0.8\Omega$。

电雷管的电阻值是指桥丝电阻与脚线电阻之和,又称电雷管的全电阻。测量电雷管的电阻值,只准使用规定的专用爆破电桥。专用爆破电桥的工作电流应小于 30mA。

#### B 最高安全电流

在一定时间内 (5min),给电雷管通以恒定的直流电流,而不会引燃火药的最大电流称为最高安全电流。电雷管的最高安全电流是选择测量电雷管参数仪表的重要依据,也是衡量电雷管能抵抗多大杂散电流的依据,国产康铜桥丝电雷管的最高安全电流为 0.3 ~ 0.55A,镍铬丝电雷管为 0.125A。为了更安全起见,《爆破安全规程》中规定,爆破作业场地杂散电流不得超过 30mA,用于量测电雷管的仪器,其输出电流也不得超过 30mA。

#### C 最低准爆电流

给电雷管通以恒定的直流电,能将桥丝加热到引燃引火药的最低电流强度,称为电雷管的最低准爆电流,国产电雷管的最低准爆电流不大于 0.7A。成组电雷管的最低准爆电流应比单个电雷管的大,其原因是,在同一网路中,存在着敏感度较高和较低的电雷管。提高准爆电流,就能在敏感度最高的电雷管桥丝烧断之前,使通过回路的电流起始能不致低于敏感度最低的电雷管的点燃起始能,这样就可以保证回路中不出现拒爆的电雷管。故成组电雷管爆破时,使用交流电源时流经每个电雷管的电流不小于 4A,使用直流电源时每发电雷管的准爆电流不小于 2.5A。

#### D 点燃时间和传导时间

前已述及,从电流通过桥丝到引火药发火的这段时间称为点燃时间,由引火药点燃到雷管爆炸的这段时间称为传导时间,点燃时间加上传导时间为电雷管的爆炸反应时间。

为了保证成组电雷管不会产生拒爆,敏感度最高的电雷管的爆炸反应时间必须大于敏感度最低的电雷管的点燃时间。要做到这一点,除了增大成组电雷管的准爆电流以外,在同一网路中的电雷管必须是同厂、同批和同型号的电雷管,以尽量缩小它们的敏感度差值。

### 3.2.1.2 电爆网路的组成

#### A 起爆电源

电雷管的起爆电源有起爆器、照明线路、动力交流线路、蓄电池和移动式发电机。

目前普遍采用的是电容式起爆器。国产电容式起爆器的种类很多，起爆能力从数十发到数千发。

按使用地点及用途可分为矿用防爆型和非防爆型两种。在有瓦斯、煤尘爆炸危险的矿井中进行爆破作业时，应使用矿用防爆型起爆器。

我国照明和动力线路都属于交流电源，其输出电压一般为220V和380V，具有足够容量，是电力起爆中常用的可靠的电源，尤其在起爆线路长、雷管多、药量大、网路复杂、准爆电流要求高的中、深孔大量爆破中，是比较理想的起爆电源。起爆电源的功率应能保证起爆网路的电雷管全部准爆。流经每个雷管的电流应满足：一般爆破，交流电不小于2.5A，直流电不小于2A；硐室爆破，交流电不小于4A，直流电不小于2.5A。

B 导线

在电爆网路中，应采用绝缘良好、导电性能好的铜芯线或铝芯线做导线。为了便于计算和敷设，通常将导线按其在网路中的不同位置划分为脚线、端线、连接线、区域线（支线）和主线。实际工作中，应尽量简化导线规格，脚线与端线、连接线和区域线可选用同一规格的导线。

### 3.2.1.3 电爆网路的连接方式

电爆网路按雷管连接方式的不同可分为串联、并联和混联等几种基本方式。

（1）串联。为确保成组串联雷管安全起爆，除设法增大每个电雷管的电流外，还应选用电阻值相近的电雷管以使它们的点燃起始能比较接近。通常在同一串联网路中，康铜桥丝电雷管的电阻差值不应大于0.25Ω，镍铬桥丝电雷管的电阻差值不应大于0.8Ω。

串联网路的优点是连接比较容易，所需总电流小，导线消耗量少。缺点是网路中只要有一个电雷管不通，就会引起整个网路的电雷管拒爆。

（2）并联。并联网路中，通过每个电雷管的电流必须满足如下条件

$$i = \frac{I}{m} = \frac{U}{mR_{线} + r} \geqslant i_{准}$$

式中 $i$——流过每个电雷管的电流，A；

$I$——网路总电流，A；

$m$——网路中并联电雷管的个数；

$U$——起爆电源电压，V；

$R_{线}$——网路主线电阻，Ω；

$r$——每个电雷管的主电阻，Ω；

$i_{准}$——要求流过每个电雷管的准爆电流，A。

并联网路的优点是即使有个别电雷管不通，也不会影响整个网路电雷管的起爆。因此，是比较可靠的一种连线方法。其缺点是由于网路总电流要求很大，一般的起爆器不能适用；连接导线消耗量多，而且要求主线粗；如有个别电雷管被漏接，用仪表测量不易发现。

（3）混联。混联又可分为串并联和并串联两类。为保证串并联网路中流入每个串联组的电流等于或大于单纯串联时的准爆电流，以及为保证流入各串联电雷管组中的电流大致相等，必须使各串联电雷管组的电阻值大致相等，这就要求各串联电雷管组的雷管数相同。同理，也要求串联网路中各并联电雷管组的雷管数相同。

混联兼有单纯串联和单纯并联的优点，在同样电压和起爆电流条件下，一次可起爆的雷管数较多，在串并联或并串联均能满足电雷管准爆条件时，考虑到连线方便，多采用串并联。

### 3.2.1.4 电爆网路的测试仪表

为保证起爆效果和安全作业，采用电雷管起爆时，装药之前要对各个电雷管进行逐个导通检验，连线后还要对爆破网路进行检测。测量电源电压可用电压表，测量电源输出电流可用电流表。以上两项也可用万用表进行测量。必须特别注意的是，电雷管和电爆网路电阻的测量只准使用爆破专用的线路电桥和爆破欧姆表，严禁使用万用表。

### 3.2.1.5 电力起爆法的施工

有了质量合格的电雷管和设计合理的爆破网路后，为了可靠、安全、准确地起爆，在操作过程中，还应注意以下四个方面：

（1）电雷管经检查合格后，应该使脚线短路，最好用工业胶布包好短路线头，按电雷管段别挂上标记牌，放入专用箱，按设计要求运送到爆破现场，再根据现场布置分发到各炮孔的位置，装药时应严防捣断电雷管脚线，脚线应沿孔壁顺直。

（2）连接网路时，操作人员必须按设计接线。连线人员不得使用带电的照明。无关人员应撤出工作面。整个网路的连接必须从工作面向爆破起爆站方向后退进行。连好一个单元后马上检测一个单元，这样能及时发现问题，出现问题马上纠正。整条网路联好后，应有专人按设计进行复核。

（3）电爆网路的电阻检查与故障排除。《爆破安全规程》规定："爆破主线与起爆电源或起爆器连接之前，必须测量全线路的总电阻值。总电阻值应与实际计算值相符（允许误差为5%）。若不符合，禁止连接。"

（4）起爆站的选择。采用起爆器起爆，比较灵活机动。起爆站可灵活地选择在安全地点，网路主线可在起爆前随时敷设和检查。采用交流电源起爆时，专用电源位置是固定的，必须预先设置专用的起爆箱，电源在起爆时不作其他用途。无论采用何种方式起爆，闭锁起爆电源是必须严格执行的，而且闭锁木箱的钥匙应由负责爆破的专人随身携带，不得转交他人。

## 3.2.2 导爆索起爆方法

导爆索起爆法是利用捆绑在导爆索一端的雷管爆炸引爆导爆索，然后由导爆索传爆，将捆在导爆索另一端的起爆药包起爆的起爆方法。由于导爆索使用灵活方便，因而广泛用于深孔不耦合装药和硐室爆破中。

### 3.2.2.1 起爆药包的加工

导爆索起爆不同于导火索和导爆管起爆，它可直接起爆药包，无须在起爆药包中装入雷管，因此它的起爆药包的加工也略有不同。

对于深孔爆破，起爆药包的加工有三种方法：一种是将导爆索直接绑扎在药包上，然后将它送入孔内；另一种是散装炸药时，将导爆索的一端系一块石头或药包，然后将它放到孔内，接着将散装炸药倒入；第三种方法是当采用起爆药柱时，将导爆索的一端绑扎在起爆药柱露出的导爆索扣上。

对于硐室爆破，常将导爆索的一端挽成一个结，然后将这个起爆结装入一袋或一箱散装炸药的起爆体中。

### 3.2.2.2 导爆索网路和连接方法

导爆索起爆网路通常采用雷管直接起爆，通过导爆索直接起爆具有雷管感度的工业炸药，对于不太敏感的惰性炸药，如铵油炸药，则采用导爆索结也可顺利起爆。

导爆索的传爆具有方向性，起爆雷管应绑扎在距导爆索末端150mm处，并将雷管的聚能穴指向传爆方向。

导爆索之间的相互连接方式为搭接、扭接、水手结或T形结。搭接时要求搭接长度大于100mm，并用胶布或绳捆扎结实，主干索的端头指向支索的传爆方向，其夹角不得大于90°。

导爆索的起爆网路包括主干索、支干索和引入每个深孔和药室中的引爆索。导爆索起爆网路的连接方法有开口网路和环行网路两种。

在使用导爆索起爆法时，为了实现微差起爆，可在网路中的适当位置连接继爆管，组成微差起爆网路，在采用单向继爆管时，应避免接错方向。主动导爆索应同继爆管上的导爆索搭接在一起，被动导爆索应同继爆管的尾部雷管搭接在一起，以保证顺利传爆。

导爆索起爆法适用于深孔爆破、硐室爆破和光面爆破。

## 3.2.3 导爆管起爆方法

导爆管起爆法类似导爆索起爆法，导爆管与导爆索一样，起着传递爆轰波的作用，不过传递的爆轰波是一种低爆速的弱爆轰波，因此它本身不能直接起爆工业炸药，而只能起爆炮孔中的雷管，再由雷管的爆炸引爆炮孔或药室内的炸药。

### 3.2.3.1 导爆管起爆系统

导爆管起爆系统由三部分组成：击发元件、传爆元件（或叫连接元件）和末端工作元件。击发元件的作用是击发导爆管，使之产生爆炸。凡一切能产生激波的元件都可作为击发元件，如雷管、击发枪、火帽、电引火头和电击发笔等。传爆元件的作用是使爆轰波连续传递下去，它由导爆管和连接元件组成。末端工作元件是由引入炮孔和药室中的导爆管和末端组装的雷管（即发的或延期的）组成，它的作用是直接引爆炮孔或药室中的工业炸药。

导爆管传播过程完全在封闭的管内进行，传爆完毕管壁不受任何破坏，因而不会对周围环境造成任何影响。即使它的一端开口对着炸药传爆也不会引起爆炸，因其爆轰冲击能量太小。导爆管与雷管连接起来，称为导爆管雷管，构成一种新型起爆材料，它可作为传爆元件，也可作为引爆炸药的起爆元件，加上引爆导爆管的击发元件，组成导爆管起爆系统。

该系统的工作过程是：击发元件引起传爆元件中的导爆管起爆，传爆到连通管并带动各导爆管起爆和传爆。连通管往下的导爆管有两类：一类属于末端工作元件的导爆管，由于它的传爆引爆雷管，结果使炮孔中的炸药爆炸；另一类属于传爆元件的导爆管，它的作用是往下继续传爆，就这样连续地传爆下去，使所有的炮孔或药室起爆。

用于整个导爆管起爆系统的引爆装置，称为击发元件，它可以是击发枪，也可以是各种雷管或导爆索。在我国使用电雷管者居多，把导爆管拉出几百米甚至上千米再用击发枪引爆，使用者较少。

传爆元件在整个导爆管起爆系统中起到核心作用，通过导爆管的串联、并联等各种变化组合，再与起爆雷管连接组成复杂多变的塑料导爆管起爆系统。这种串、并联组合中传爆雷管采用导爆管雷管连接最多，使用连接帽者也有之，四通、连接块现已使用不多。用导爆管雷管自身作为传爆元件最为经济，除使用捆扎的胶布外，不用购置其他连接元件。

连接帽是将传爆管与引爆管共同插入一个金属罩内，一般可插4根管，利用主爆管爆轰波产生的反射引爆导爆管。这种装置操作简便，导爆管插入后用夹钳夹紧即可，但如有细沙粒或水进入易产生拒爆。

起爆元件是导爆管雷管，用来直接引爆炸药。

导爆管的引爆有三种方式：用击发枪引爆、用雷管引爆导爆管、导爆索引爆导爆管。

### 3.2.3.2 导爆管起爆网路

**A 起爆网路形式**

导爆管爆破网路的连接方法是在串联和并联基础上的混合联，如并并联、并串并联等。实践证明，导爆管起爆系统用于隧道爆破以并联网路为好，用于露天深孔爆破以并串并联网路为宜，用于楼房拆除爆破，区域内以簇联（"大把抓"，一并联）为好，区域间（即干线）以并串联较为方便。

在导爆管起爆系统中可以实现微差爆破，其方法有孔内微差和孔外微差两种，孔内微差爆破就是将各段别的毫秒雷管装在炮孔内，以雷管的段别之差实现微差爆破。这种方法对设计、操作要求较严，容易出差错，影响效果。孔外微差爆破，就是装填在各个炮孔中的都是同段雷管，而把不同段别的毫秒雷管作为传爆雷管放在孔外，各个炮孔的响炮时间间隔和前后顺序由这些放在孔外的不同段别的传爆雷管控制，实现微差爆破，这种方法操作简便，不易出差错。孔外微差起爆网路孔内和孔外可同时采用不同段别雷管实现延期起爆，由于传爆雷管延期时间可以累加，每一个传爆节点的时间可以随意设定，孔内的雷管起爆时间也可分段，可以尽量减少单个药包的装药量。

并串并联网路可用于孔外微差爆破。每个炮孔中装入即发雷管，根据设计的段序或隔段方案在每一排孔的一端连接相应的段别雷管。孔外微差爆破除了比孔内微差爆破节省起爆器材费用之外，最大的特点是，只用一种段别的毫秒雷管就可实现微差起爆。

**B 网路设计原则**

因为网路形式多种多样，对于同一爆破工程，网路设计方案也不是唯一的。存在着网路优化问题。为使网路更为合理和安全准爆，网路设计应遵循如下原则：

（1）设计前必须对导爆管雷管等起爆材料进行抽样检查。确定雷管准爆率及延时精度。

（2）根据起爆器材的配备情况（雷管段数及数量等）和工程对爆破网路的要求，确定网路的类型，是选用孔内毫秒微差网路还是孔外接力起爆网路。

若采用接力网路，应根据所用导爆管雷管准爆率检测结果和工程的重要程度，决定是否选取复式网路或可靠度更高的网路。当准爆率达到100%时，不必采用复式网路。

（3）控制单响药量不超过规定值。当总装药量一定时，规定的单响药量越小，分段数越多。

（4）保证爆破区前后排的起爆顺序。网路中前排孔爆破为后续炮孔爆破形成新的自由面，从而提高爆破效率。为此，孔外接力网路中，孔内传爆雷管一般采用高段位，传爆雷管采用低段位。大区多排台阶爆破孔内传爆雷管选用 500ms 左右的时差，既可保证网路安全，又可使相邻炮孔不致因起爆时差过大而影响效果。

网路设计时，应尽量做到传爆顺序与炮孔起爆顺序相一致。这样，即使起爆网路在某处因某种原因断爆，已爆炮孔的爆破效果也不受影响。同时，未爆区网路修复后，仍可正常爆破。

在保证爆破区前后排起爆顺序时还应特别注意前后排对应炮孔的起爆时差不宜相差太大。一般抵抗线小于 4m 时应小于 75ms，6m 或更大的抵抗线时应小于 100 ~ 150ms。由于我国尚无专门的传爆雷管出售，为了不重段，常使用 5 段雷管（标准毫秒量 110ms）作为排间传爆雷管，以错开起爆时差，属于一种特殊情况。前后排时差过大除影响爆破破碎效果，使大块率增加外，还存在先爆孔破坏后爆网路的弊端。

（5）网路应尽可能设计得整齐、规则，有利于对其连接质量的好坏，是否漏接、错接进行直观检查，减少起爆网路错误的可能性。除搭接外，网路应避免交叉，以免造成连接上的混乱与错误。

（6）网路设计中，尤其对重要工程的爆破网路应进行可靠度计算，给出相应的提高网路可靠度的技术措施。

### 3.2.4 混合网路起爆法

工程爆破中为了提高起爆系统的准爆率和安全性，考虑到各种起爆器材的不同性质，经常将两种以上不同的起爆方法组合使用，形成一种准爆程度较高的混合网路。这种网路有两种以上起爆材料混合使用，混合网路常用的有三种形式：电-导爆管混合网路，导爆索-导爆管混合网路和电-导爆索混合网路。有时电雷管、导爆管雷管和导爆索也可根据情况同时使用。

（1）电-导爆管混合网路。电-导爆管混合网路在拆除爆破时使用较多，硐室爆破和其他爆破都有使用。一般是炮孔内装导爆管雷管，最后由电雷管起爆整个网路。

（2）导爆索-导爆管混合起爆网路。导爆管与导爆索敷设方便，只要连接可靠，起爆可靠性也较高。导爆索与导爆管应垂直连接，即将导爆管和导爆索十字放置并将交叉点用胶布包好，导爆管的其余部分不能靠近导爆索。炮孔内放置同段或多段导爆管雷管，孔外用导爆索连接起爆。

（3）电-导爆索起爆网路。电-导爆索混合网路主要应用在硐室爆破中，在深孔台阶爆破中也有使用，导爆索在硐室内引爆起爆药包，硐外用电起爆引爆导爆索。

# 4    工程爆破原理

工程爆破的主要对象是岩石，为掘进、钻井及爆破工程服务的岩体力学，主要是研究岩石的切割和破碎理论以及岩体动力学特性。熟悉岩石的主要物理力学性质和动力学特性，才能因地制宜选择钻孔设备和钻具，选用合适的爆破器材和爆破方法取得良好的爆破破碎效果。根据大量生产实践和长期的科学试验研究，将岩石按可钻性和可爆性划分为若干等级，作为制定劳动定额和确定钻孔爆破器材消耗的依据，从而指导爆破工程设计与施工。

## 4.1    岩石的基本性质及分级

### 4.1.1    岩石的基本性质

岩石介质对爆破作用的抵抗能力和其性质有关。岩石的基本性质从根本上说取决于其生成条件、矿物成分、结构构造状态和后期地质的营造作用，与爆破作用有关的岩石基本性质主要有物理性质和力学性质。

#### 4.1.1.1    物理性质

密度指岩土的颗粒质量与所占体积之比。一般常见岩石的密度 $\gamma$ 为 $1400 \sim 3000 \mathrm{kg/m^3}$。

容重指包括孔隙和水分在内的岩土总质量与总体积之比，即单位体积岩石质量。密度（或容重）越大，岩石的强度和抵抗爆破作用的能力也越强，破碎岩石和移动岩石所耗费的能量也增加。所以，在工程实践中也用公式 $K = 0.4 + (\gamma/2450)^2$，来估算标准抛掷爆破的单耗（$\mathrm{kg/m^3}$）。

孔隙率指岩土中孔隙体积（气相、液相所占体积）与岩土的总体积之比，也称孔隙度。常见岩石的孔隙率一般在 0.1% ~ 30% 之间。随着孔隙率的增加，岩石中冲击波和应力波的传播速度降低。

岩石波阻抗指岩石中纵波波速（$C_p$）与岩石密度（$\rho$）的乘积。岩石的这一性质与炸药爆炸后传给岩石的总能量及这一能量传递给岩石的效率有直接关系。通常认为选用的炸药波阻抗若与岩石波阻抗相匹配（接近一致），则能取得较好的爆破效果。甚至也有的研究认为，岩体的爆破鼓包运动速度和形态、抛掷堆积效果也取决于炸药性质与岩石特征之间的匹配关系。

岩石风化程度指岩石在地质内营力和外营力的作用下发生破坏疏松的程度。一般来说随着风化程度的增大，岩石的孔隙率和变形性增大，其强度和弹性性能降低。所以，同一种岩石常常由于风化程度的不同，其物理力学性质差异很大。岩石的风化程度用未风化、轻微风化、中等风化和严重风化划分。

#### 4.1.1.2    力学性质

岩石的力学性质可视为其在一定力场作用下的性态的反映。岩石在外力作用下将发生变形，这种变形因外力的大小、岩石物理力学性质的不同会呈现弹性、塑性、脆性性质。当外力继续增大至某一值时，岩石便开始破坏，岩石开始破坏时的强度称为岩石的极限强度。因受力方式的不同而有抗拉、抗剪、抗压等极限强度。岩石与爆破有关的主要力学特性如下。

（1）岩石的变形特征。

弹性：岩石受力后发生变形，当外力解除后恢复原状的性能。

塑性：当岩石所受外力解除后，岩石没能恢复原状而留有一定残余变形的性能。

脆性：岩石在外力作用下，不经显著的残余变形就发生破坏的性能。

（2）岩石的强度特征。岩石强度是指岩石在受外力作用发生破坏前所能承受的最大应力，是衡量岩石力学性质的主要指标。

单轴抗压强度：岩石试件在单轴压力下发生破坏时的极限强度。

单轴抗拉强度：岩石试件在单轴拉力下发生破坏时的极限强度。

抗剪强度：岩石抵抗剪切破坏的最大能力。抗剪强度 $\tau$ 用发生剪断时剪切面上的极限应力表示，它与对试件施加的压应力 $\sigma$、岩石的内聚力 $c$ 和内摩擦角 $\varphi$ 有关，即

$$\tau = \sigma\tan\varphi + c$$

矿物的组成、颗粒间连接力、密度以及孔隙率是决定岩石强度的内在因素。

（3）弹性模量 $E$。岩石在弹性变形范围内，应力与应变之比。

（4）泊松比 $\mu$。$\mu$ 为岩石试件单向受压时，横向应变与竖向应变之比。

由于岩石的组织成分和结构构造的复杂性，还具有与一般材料不同的特殊性，如各向异性、不均匀性、非线性变形，等等。

### 4.1.1.3 动力学特性

岩石在不同的加载条件下会表现出不同的性质。因此，对于爆炸这种极其复杂、特殊的加载形式，岩石的各个力学参数也会发生变化。当炸药在岩体中爆炸时，最初加于岩体上的荷载为冲击荷载，即压力在极短的时间内上升到峰值，其后又迅速下降，作用时间很短。在体力为常量的情况下，岩体内的应力场与岩石的性质无关，而在冲击荷载作用下形成的应力场，则与岩石性质有关；同时，岩石内质点将产生运动，岩体内发生的许多现象都带有动态特点。大量的试验表明，随着应变率的增大，岩石强度提高，脆性增大，韧性降低。在冲击荷载作用下，岩石的断裂强度可提高30%以上。从岩石断裂的细观机理上来说，在冲击荷载下，裂纹扩展和岩石断裂是在瞬间完成的，并且往往是由单一裂纹失稳扩展而造成岩石的断裂破坏，断口为较为典型的脆性断口，断面较为平坦；在准静态加载条件下，岩石中有损伤演化过程和裂纹稳态扩展阶段，发生了孔隙汇合与裂纹分叉的现象，同时，在变形的过程中，还伴随着一定程度的塑性流动现象，破坏往往由若干个主破裂面构成，断面相对粗糙。

从已建立的岩石爆破损伤模型中也可以看出：低应变率加载条件下的岩石相对而言易于断裂，所产生的碎块也相应大一些；在高应变率加载条件下的岩石则难于断裂，但形成的碎块小于低应变率下产生的碎块。这也说明了岩石的断裂在很大程度上取决于加载速率，而断裂的程度也随着加载速率的提高而增大。

岩石在冲击凿岩或炸药爆炸作用下，承受的是一种荷载持续时间极短、加载速率极高

的冲击型典型动态荷载。

炸药爆炸是一种强扰动源，爆轰波瞬间作用在岩石界面上，使岩石的状态参数产生突跃，形成强间断，并以超过介质声速的冲击波的形式向外传播。随着传播距离的增大，冲击波能量迅速衰减而转化为波形较为平缓的应力波。现场测试表明，爆源近区冲击波作用下岩石的应变率为 $10^{11}\text{s}^{-1}$，中、远区应力波的传播范围内应变率也达到 $5 \times 10^4 \text{s}^{-1}$。

爆炸冲击动荷载对岩石的加载作用与静载相比，有如下三个特点：

(1) 冲击荷载作用下形成的应力场与岩石性质有关，静载则与岩性无关。

(2) 冲击加载是瞬时性的，一般为毫秒级；静载则通常超过 10s。因此，静力加载时应力可分布到较深、较大范围，变形和裂纹的发展也较充分；爆炸荷载以波的形式传播，加载过程瞬间即逝。

(3) 爆炸荷载在传播过程中具有明显的波动性质，其质点除失去原来的平衡位置而发生变形和位移外，仍在原位不断波动，因此，岩石的动载变形特征同静载变形有本质区别。岩石的变形能，不论在哪种荷载作用下，从变形到破坏都是一个获得能量到释放能量的过程。而岩石的总变形能中，从能量观点、功能平衡原理分析，外力做功的静载变形能和波动引起的动载变形能几乎各占一半，也就是说在爆炸冲击动载作用下，破坏岩石要消耗较多的能量。

### 4.1.2 岩石分级

岩石的分级根据不同工程目的有不同的分级方法，就凿岩爆破工程来说，世界各国的爆破工作者就岩石的科学分级进行了大量实验和研究工作，我国最早引入前苏联的岩石分级方法以来，多个部门和科研院所也曾制定了各自的分级方法。

#### 4.1.2.1 土壤及岩石分级

我国土木建筑、市政工程普遍采用建设部《全国统一建筑工程基础定额》中的土壤及岩石开挖分类表，它是按岩石坚固性系数 $f$ 和轻型钻机钻进 1m 的耗时将土壤和岩石分成 I ～ XVI 类。$f = R/10$，其中 $R$ 为岩石的单轴极限抗压强度。

在露天、地下、硐室、水下等石方爆破工程中，都有岩体分类问题。在过去的爆破定额中，均采用前苏联的土壤及岩石分类表（普氏岩石强度系数）把土壤和岩石共划分为五级：I ～ IV 为土壤类；V 为松石（软石）；VI ～ VIII 为次坚石；IX ～ X 为普坚石；XI ～ XVI 为特坚石，每一级都有土壤岩石名称和物理力学性质指标。

#### 4.1.2.2 岩石可钻性分级

岩石可钻性是表示钻凿炮孔难易程度的一种岩石坚固性指标。国外有用岩石抗压强度、普氏坚固性系数、点荷载强度、岩石的侵入硬度等作为可钻性指标的。国内原东北工学院（现东北大学）根据多年的研究，于 1980 年提出以凿碎比能（冲击凿碎单位体积岩石所耗能量）作为判据来表示岩石的可钻性。这种可钻性分级方法简单实用，便于掌握，现场、实验室均可测定。

#### 4.1.2.3 岩石可爆性分级

岩石可爆性（或称爆破性）表示岩石在炸药爆炸作用下发生破碎的难易程度，它是动载作用下岩石物理力学性质的综合体现，岩石的可爆性分级要有一个合理的判据，其重要意义在于预估炸药消耗量和制定定额，并为爆破设计优化提供基本参数。

工程单位一般以苏联的普氏分级法和苏氏分级法作为岩石爆破分级的依据。根据岩石的坚固性，同时考虑了岩体的裂隙性、岩体中大块构体的不同含量，前苏联 Б. И. 库图佐夫提出了表 4-1 的岩石爆破性分级。表 4-2 是东北工学院 1984 年提出的岩石可爆性分级法，它是以爆破漏斗试验的体积及其实测的爆破块度分布率作为主要判据，并根据大量统计数据进行分析，建立岩石爆破性指数 $N$，按 $N$ 值的级差将岩石的可爆性分成 5 级 10 等。

$$N = \ln\left[\frac{e^{67.22}K_1^{7.42}(\rho C_P)^{2.03}}{e^{38.44V}K_2^{4.75}K_3^{1.89}}\right] \tag{4-1}$$

式中   $K_1$——大块（大于 30cm）率，%；

$\rho$——岩石密度，kg/m³；

$C_P$——岩石纵波声速，m/s；

$V$——爆破漏斗体积，m³；

$K_2$——小块（小于 5cm）率，%；

$K_3$——平均合格率，%；

e——自然对数的底。

除了上述岩石分级方法以外，还有一些爆破分级方法，实际施工时可参考选用（表 4-1、表 4-2）。

**表 4-1   Б. И. 库图佐夫岩石爆破性分级**

| 爆破性分级 | 爆破单位炸药消耗量/kg·m⁻³ | | 岩体自然裂隙平均间距/m | 岩体中大块构体含量/% | | 抗压强度/MPa | 岩石密度/t·m⁻³ | 岩石坚固性系数 $f$ |
|---|---|---|---|---|---|---|---|---|
| | 范围 | 平均 | | >500mm | >1500mm | | | |
| Ⅰ | 0.12～0.18 | 0.15 | <0.10 | 0～2 | 0 | 10～30 | 1.4～1.8 | 1～2 |
| Ⅱ | 0.18～0.27 | 0.22 | 0.10～0.25 | 2～16 | 0 | 20～45 | 1.75～2.35 | 2～4 |
| Ⅲ | 0.27～0.38 | 0.32 | 0.20～0.50 | 10～52 | 0～1 | 30～65 | 2.25～2.55 | 4～6 |
| Ⅳ | 0.38～0.52 | 0.45 | 0.45～0.75 | 45～80 | 0～4 | 50～90 | 2.50～2.80 | 6～8 |
| Ⅴ | 0.52～0.68 | 0.60 | 0.70～1.00 | 75～98 | 2～15 | 70～120 | 2.75～2.90 | 8～10 |
| Ⅵ | 0.68～0.88 | 0.78 | 0.95～1.25 | 96～100 | 10～30 | 110～160 | 2.85～3.00 | 10～15 |
| Ⅶ | 0.88～1.10 | 0.99 | 1.20～1.50 | 100 | 25～47 | 145～205 | 2.95～3.20 | 15～20 |
| Ⅷ | 1.10～1.37 | 1.23 | 1.45～1.70 | 100 | 43～63 | 195～250 | 3.15～3.40 | 20 |
| Ⅸ | 1.37～1.68 | 1.52 | 1.65～1.90 | 100 | 58～78 | 235～300 | 3.35～3.60 | 20 |
| Ⅹ | 1.68～2.03 | 1.85 | ≥1.85 | 100 | 75～100 | ≥285 | ≥3.55 | 20 |

**表 4-2   东北工学院提出的岩石爆破性分级**

| 爆破等级 | | 爆破性指数 $N$ | 爆破性程度 | 代表性岩石 |
|---|---|---|---|---|
| Ⅰ | Ⅰ₁ | <29 | 极易爆 | 千枚岩、破碎性砂岩、泥质板岩、破碎性白云岩 |
| | Ⅰ₂ | 29～38 | | |
| Ⅱ | Ⅱ₁ | 38～46 | 易爆 | 角砾岩、绿泥岩、米黄色白云岩 |
| | Ⅱ₂ | 46～53 | | |

| 爆破等级 | | 爆破性指数 $N$ | 爆破性程度 | 代表性岩石 |
|---|---|---|---|---|
| III | III$_1$ | 53 ~ 60 | 中等 | 石英岩、煌斑岩、大理岩、灰白色白云岩 |
| | III$_2$ | 60 ~ 68 | | |
| IV | IV$_1$ | 68 ~ 74 | 难爆 | 磁铁石英岩、角闪岩、斜长片麻岩 |
| | IV$_2$ | 74 ~ 81 | | |
| V | V$_1$ | 81 ~ 86 | 极难爆 | 矽卡岩、花岗岩、矿体浅色砂岩 |
| | V$_2$ | >86 | | |

## 4.2 工程地质条件对爆破的影响

岩石的性质基本决定了爆破开挖方法，但是岩性和地形条件对爆破效果影响很大，直接影响炸药的选择、单位炸药消耗量的确定及各种地形条件下的爆破参数计算。

炸药能量特征，即爆破方法、炸药性质、装药结构、药包布置、药量计算、起爆方式等。这些是爆破设计和施工需要解决的问题，也是传统爆破理论和爆破工程学研究的内容。

岩体介质特征，亦称岩体工程地质特征，包括岩体的地表微地形特征、岩体的物质组成特征、岩体的内部结构特征等。对于不连续岩体介质而言，岩体的物理力学属性主要受结构面和结构体组合特征（即岩体的物质组成与内部结构相组合的特征）所控制，称为岩体结构特征。故爆破岩体介质特征亦可以岩体的微地形特征以及岩体结构特征来表述。这些是爆破工程地质勘察研究的问题。

炸药能量与岩体介质相互作用特征，是指爆破物理过程中的爆破现象、爆破作用和爆破效果的规律性。这些规律性称为爆破岩体工程地质力学原理，故这是爆破岩体工程地质力学研究的问题。

炸药能量与岩体介质相互作用特征，既取决于炸药能量特征，也取决于岩体介质特征。在特定的爆破过程中，岩体介质特征，是客观存在不能随意改变的。为了满足爆破工程技术要求，必须使炸药能量特征与岩体介质特征相匹配，才能使爆破效果、爆破安全及对环境影响符合爆破工程技术要求。

### 4.2.1 结构面对爆破的影响

土石方爆破时，大多数药包是布置在岩体中，岩体是非连续介质的地质结构体，岩体中有多种地质结构面切割，结构面和岩块是构成岩体结构的两个基本要素。岩体的变形和破坏不仅与岩石材料的力学性质有关，也取决于岩体中结构面的数量、分布、产状及其力学性能。在爆破工程中，岩体的结构面对爆破的效果影响显著。

#### 4.2.1.1 结构面对爆破效果的影响

结构面对爆破的影响可归纳为六种作用：（1）应力集中作用；（2）应力波的反射增强作用；（3）能量吸收作用；（4）泄能作用；（5）楔入作用；（6）改变破裂线作用。

在具有明显的控制结构面的不连续岩体介质中爆破时，炸药爆炸能量的传播和运动、岩体的变形和破坏、爆破裂隙的形成和分布、爆破作用方向、岩块的形状大小、岩体的稳定性等都严格受岩体结构特征所控制。

通过结构面对爆破影响的六种作用的分析，在设计布置药包和选择相关爆破参数时，应充分利用结构面的有利作用，避开其不利作用，才能达到满意的爆破效果。

### 4.2.1.2 结构面对爆破块度的破裂特征和块度影响

岩块的强度受岩石强度和结构面强度的控制，在更多的情况下，主要受结构面强度的控制，所以岩块的破裂面大多数是沿岩块内部的结构面形成的。爆后岩块特征的统计表明，凡是沿结构面形成的爆块表面，均呈风化状态；凡是由岩石断裂形成的岩块表面，均呈新鲜状态。

研究表明，结构面的分布不仅对岩块的破裂特征有重要影响，而且对爆堆的块度分布规律也有重要影响。

## 4.2.2 地形对爆破的影响

地形条件是影响爆破效果的重要因素。所谓地形条件，就是爆破区的地面坡度、临空面的形状、数目、山体的高低及冲沟分布等地形特征。不同地形条件下要因地制宜地进行爆破设计，利用好地形条件可以节省爆破成本，有效地控制爆破抛掷方向，反之容易造成安全事故。

从临空面对爆破效果的影响情况来看，若使冲击应力波发生反射，能引导和促进岩石的破裂发生。有几个临空面的情况下，作为冲击波的反射面，可以产生多次反射的重复作用，因而增加岩石的破坏范围和效果，大体上临空面的数目与爆破单位体积岩石的耗药量成反比。

在松动爆破与加强松动爆破中，主要是将岩体炸成一定块度的松散体，以便于装运。这种爆破方法可结合不同地形条件的自然状态和特征，采用适当的爆破方案便能获得良好的爆破效果。特别是在陡坡悬崖及多面临空的地形条件，其经济效果更为显著，炸药消耗量通常为 $0.3 \sim 0.6 \mathrm{kg/m^3}$。

在平坦地面的扬弃爆破，一般炸药消耗量为 $1.5 \sim 2.0 \mathrm{kg/m^3}$。而垭口凹地和沟谷地段，由于地形的限制，爆破夹制作用较大，采用大量爆破是极为不利的，因而应该尽量避免在这类地形条件下采用大量爆破的方法。

在斜坡地面上进行抛掷爆破时，往往要求将岩块抛出爆破漏斗或路堑境界以外，以降低山体高度和减少装运工程量。这类爆破炸药消耗量通常为 $0.8 \sim 1.5 \mathrm{kg/m^3}$。其抛掷百分率与地形条件有关，即地形坡度越陡，抛掷越高，最大可达 70% ~80%。

在深孔爆破和条形药包爆破设计中，第一排药包的布置和装药结构必须根据地形的变化加以调整，地形低凹处需减少炸药量或后移药包，而地形凸起处，最小抵抗线加大，需增加药量或前移药包，这样才能达到统一的爆破要求。

## 4.3 爆破对工程地质条件的影响

在爆破设计时，应充分预测爆破作用对工程地质条件的不利影响，爆破的影响可能在短时间内不能显现出来，但随着时间的推移爆破的后遗症就会逐渐暴露出来。

### 4.3.1 爆破对保留岩体的破坏

根据爆破作用的基本原理，在有临空面的半无限介质中爆炸，从药包中心向外分成压缩区、爆破漏斗区、破裂区和振动区。压缩区和爆破漏斗区是爆破后需挖运的范围，而破裂区和振动区将是爆破对工程地质条件产生影响的区域。破裂区的裂缝大部分是由反射拉伸波和应力波作用沿岩体中原有节理裂隙扩展而成，底部基岩中的裂隙有一部分是岩体破裂出现的新裂隙。通常爆破区后缘边坡地表破坏范围比深层垂直破坏范围大，地表破坏与深层垂直破坏有不同的特点。

#### 4.3.1.1 后缘地表破坏

后缘地表的破坏是由后冲和反射拉伸波作用造成的，裂缝常常沿着平行临空面方向延展。地表裂隙的分布规律为距爆破区越近就越宽越密，地表裂缝宽度和延展长度，与爆破规模、爆破夹制作用和地形地质条件有关。爆破规模大、爆破夹制作用强，则地表裂缝破坏程度强。由于地表一般为风化破碎岩体，抗拉强度小，易形成裂缝，在最后排或破裂线后缘预先钻一排预裂孔，首先进行预裂爆破后再进行主爆破，其后缘地表裂缝可大大减轻甚至不出现后缘拉裂缝，而且爆后边坡平直整齐。预裂爆破是提高边坡开挖质量的重要手段。

#### 4.3.1.2 爆破对深层基岩的破坏

爆破对深层基岩的破坏情况，根据工程性质不同，要求有所不同。一般开山采石不需要考虑基岩破坏；路堑开挖爆破仅考虑药包周围压缩圈产生的破坏范围，一般情况下路堑开挖需给路基和边坡预留保护层，保护层厚度为压缩圈半径；而在水工坝基开挖中，即使爆破作用下产生的微小裂缝也被视为对基岩的破坏。经验表明，药包以下出现裂缝的破坏半径不会超过它的最小抵抗线，因此在坝基开挖中一般上层采用深孔爆破，下层采用浅孔爆破，最底层采用人工凿除办法。为减小爆破对深层基岩破坏，也有人采用水平炮孔进行预裂爆破，形成预裂水平面，以阻止上层爆破裂缝向下扩层。

### 4.3.2 爆破对边坡稳定性的影响

爆破产生的边坡失稳灾害分为两类：一类为爆破震动引起的自然高边坡失稳；另一类为爆破开挖后残留边坡遭受破坏，日后风化作用引发不断的塌方失稳。

硐室爆破产生的地震动强烈，对岩体破坏程度和范围较大，所以在硐室爆破设计中应对边坡稳定性影响足够重视。

#### 4.3.2.1 爆破对自然边坡的稳定性影响

爆破对自然边坡稳定性影响一方面取决于爆破震动强度，另一方面取决于坡体自身的地质条件。从统计资料来看，边坡坡角在35°以上的容易发生失稳破坏。

#### 4.3.2.2 爆破残留边坡的坍塌失稳

一般的爆破都会对保留边坡的内部岩体产生破坏，受破坏的程度主要与如下因素有关：

（1）爆破药量。一次起爆药量越大，坡内的应力波越强，边坡破坏越严重。

（2）最小抵抗线。最小抵抗线越大，向坡后的反冲力越强，边坡破坏越严重。

（3）岩体地质条件。地质条件不良，岩性较软，岩体破碎，施工时清方刷坡不够彻底，边坡塌方失稳的可能性越大。此外新成边坡改变了坡内原有应力场，暴露的新鲜岩石在风化作用下强度逐渐降低，使得新边坡不断变形，稳定性渐渐丧失。

在路堑边坡开挖的爆破设计中还应注意如下主要问题：

（1）爆破与地质条件密切结合问题。爆破设计中不仅要根据岩性确定炸药单耗量，还要考虑地质构造对路堑边坡的稳定起着控制性作用，特别是考虑药室爆破的设计方案时，应根据地质构造的特点来布置药包，确定各项参数。

（2）爆破方案的选择与边坡稳定性关系。通常爆破方案是根据机械设备条件、工程要求和爆破方量及工期限制综合考虑后确定的。硐室爆破对边坡破坏作用强，所以预留保护层应较厚，钻孔爆破可预留光爆层，使边坡得到最大限度的保护。最近将预裂钻孔爆破和硐室爆破相结合的爆破技术得到发展，其目标是既能很好地保护残留边坡，又能大规模地、快速地、经济地爆破石方。

（3）爆破施工质量对边坡稳定性影响。重视爆破清方刷坡的施工质量，做好边坡防护工程。

### 4.3.3　爆破对水文地质条件的影响

水文地质条件对爆破会产生影响，反过来爆破对水文地质条件也会产生不利的作用。爆破作用可产生完全破坏区、强破坏区和轻破坏区。完全破坏区内的岩块将在清方挖运过程中全部清除干净，而处于强破坏区和轻破坏区的围岩可产生很多不同的张开裂缝，成为地下水流的良好通道。对于边坡工程来说，这是不利因素，它既破坏了岩体的完整性，又增加了地下水的侵蚀作用，减小了结构面的抗剪强度，留下隐患，因此在爆破设计时必须充分重视，尽量减小这些区域的破坏范围，或采取光面预裂爆破。但任何事物都是辩证的，在地下水开采中它又是有利的，爆破作用使裂缝扩大、增多，有利于提高地下水资源的开采量。

## 4.4　爆破工程地质勘察

### 4.4.1　爆破工程地质勘察的基本要求

爆破工程地质勘察的中心任务是对岩土进行爆破工程地质分类评价和对爆破岩体中存在的各种结构面进行爆破工程地质评价，其评价的理论基础是爆破岩体工程地质力学原理。同时，爆破设计和施工也唯有以爆破岩体工程地质力学原理为理论依据，并以专门开展的爆破岩体工程地质勘察所提供的微地形特征和岩体结构特征的爆破工程地质评价结论为实践基础，合理地配置炸药能量特征，才能有效控制爆破作用及其效果。

爆破工程地质勘察工作的目的是要求正确了解需要进行爆破的对象，以便于针对这种情况，采取适当的爆破技术，完成工程任务。它与一般的工程地质勘察内容基本相同。但在爆破勘察工作中，必须根据爆破工程的特殊性，提出足够的资料以便解决如下问题：

（1）从地形地质条件论证采用爆破施工的合理性和可靠性。

（2）查明爆破区（包括爆破影响范围）的地质条件，论证爆破后可能因地质条件变化而引起的建筑物基础的破坏，并提出相应的对策。

（3）便于选择最恰当的各种爆破参数和合理确定允许的爆破规模。

（4）为正确估计爆破效果和取得良好的技术经济指标提供依据。

（5）分析研究爆破前后的地质条件的变化，以提供有关绕坝渗流、岸坡稳定（筑坝情况）、边坡稳定的资料及处理的具体意见。

在爆破工程勘察中应注意以下几个问题：

（1）地形地貌。定向硐室爆破对地形地貌的要求比较高。山坡应比较宽阔，有利于布置多列药包；山顶的背后应无陡峭的山沟，山体也厚实。勘测时应特别注意地形的测量和成因分析，特别是对微地形的描述与分析。

（2）地层岩性。岩石的强度是决定爆破单位耗药量的主要指标，因此，认真进行分层和准确的命名是至关重要的，特别要注意软岩石夹层的分布，软弱夹层将使爆破应力产生复杂的波效应。还要确定出各种岩石的风化层厚度和坡积层的厚度，这些风化层和坡积层的厚度不仅影响爆破岩石的块度，而且影响最小抵抗线的位置。在测绘时，还应配合一定的实验，以确定各类岩石的密度和纵波速度。

（3）地质构造。在地质构造方面，对爆破影响最大的是断面破碎带，它的存在，将构成爆破岩体中的软弱带，它对爆破抛掷方向、爆破方量、爆破震动影响以及爆破破裂壁面的稳定性都有很大影响。所以要特别注意查清断层的走向、倾向，倾角、破碎带宽度，组成物质及其密度与纵波速度等。其次是裂隙分布、裂隙的发育状况，它影响爆破岩块的级配和形状，并影响单位耗药量的正确选定。因此，测绘时应分片统计裂隙的密度和性质，并绘制成相关图表，最好在工程地质图上分区标出代表性的玫瑰图。

（4）自然地质现象和地下水。自然地质现象方面对爆破影响较大的有岩溶滑坡和不稳定岩体。岩溶或非可溶性洞穴，有可能使爆破能量泄掉。所以对洞穴的位置和大小及其分布规律要勘察清楚。在爆破漏斗附近若有滑坡或不稳定岩体存在，爆破时可引起滑坡的复活，或不稳定岩体的塌落。因此，爆破测绘时，应充分查清其条件，并对其稳定性作出定性评价。爆破药包一般布置在地下水位以上，但基岩地区往往沿断层破碎带或裂隙带有裂隙水存在，会影响药室施工和装药，对这种裂隙水的赋存条件和补给来源应该查清。

### 4.4.2 爆破工程地质勘察的主要内容及方法

根据爆破工程的规模及要求，地质勘察工作进行的深度及内容是不同的，一般可以分为初步设计阶段、技术设计阶段、施工阶段。

#### 4.4.2.1 初步设计阶段

设计工作开始时，首先在可能布置爆破方案的地区，测绘中小比例尺（1:10000 ~ 1:25000）地形地质图，与此同时，进行大比例尺（1:5000 ~ 1:500）地形测量。这样，在获得初步地形地质资料的基础上，经过爆破区的踏勘及药包位置的初步规划后，提出可能选择工程的爆破方案，从而进行方案比较的工作。

在确定初步方案的地区范围内，先测绘比例尺 1:1000 的地质图，测绘要求与一般测绘要求相同。例如，对地层按它所组成的特性进行分层或分组；按不同岩性分别取样鉴定岩石的矿物成分和岩石名称；进行岩石物理力学性质试验，以及对褶曲、断层、节理构造和地质现象作详细的描述，等等。

在完成地质填图时，对地形地貌及覆盖层的分布情况也作详细的阐明。对未了解清楚的复杂地质构造而又与爆破有关的地段进行一些地质勘探工作。

更重要的是提出在这种地质条件下，能否进行爆破、宜采用的爆破方法、合理爆破规模及爆破可能产生的不利影响等。因此就必须配合地质勘探工作进行一系列的爆破试验，使爆破设计方案建立在可靠的勘测和试验数据及理论分析的基础上，并且获得良好的爆破效果。

取得上述资料后，就可以进一步论证爆破的合理性和可靠性。

### 4.4.2.2 技术设计阶段

此阶段的勘测工作，是在前一阶段的勘测工作基础上进行的。根据地质条件（比较复杂的）和设计要求着重在爆破区内进行更详细的勘测工作。因此有效的勘测工作仍然是进行大比例尺（1：200～1：500）的地质测量和部分的勘探工作。

大比例尺地质测量主要在爆破地区，其具体要求是详细划分岩层或岩组的岩石性质，明确其界线和物理力学性质及岩层分布位置，正确表示各个不同位置的岩层产状的变化，对爆破区的断层、节理不仅要掌握其产状变化，更重要的是了解它的性质。

勘测工作中采用钻探方法是比较合适的，并应着重了解下列主要内容：

（1）主药包位置及其以下的地质情况；

（2）深大断裂及软弱层的伸延情况；

（3）如果是定向爆破筑坝，必须了解斜墙基础的渗漏情况；露天矿山或路堑开挖时，应判断其边坡稳定性及应采用的坡度。

在这一阶段，很大一部分工作量就是配合药包布置，作出通过药包的各种纵横地质剖面图，其数量则取决于地形地质条件和药包的布置方案。各种剖面图名称如下：（1）沿最小抵抗线的剖面；（2）相邻两药包之间的剖面；（3）沿山坡倾向的剖面；（4）沿岩体中主要软弱带及断层面的剖面；（5）沿山坡走向剖面；（6）地形单薄处的危险剖面。

应该指出，技术设计阶段的勘测与设计工作，往往同时进行，在这阶段设计中，重点是各种药包布置方案的比较和最后选定布置药包方案。此外，在缺乏经验的情况下，应当注重试验研究工作。因为爆破与地质因素有关的一些疑难问题，只有经过实地试验才能有助于作出正确的判断。

### 4.4.2.3 施工阶段

从施工地质编录中取得资料以进一步论证爆破设计的合理性，便于设计者进行现场必要的修正。同时，也可以帮助施工部门正确了解在施工过程中有利和不利的地质因素。

施工地质编录工作的内容，主要包括两大部分：一是对爆破区覆盖层或基础清理后，校对原有的地质图，另一部分是测绘药室导硐的地质展示图（比例尺为1：100～1：200，甚至于1：50）。

测绘地质展示图的方法与一般测绘探洞的方法相似。准备工作的内容就是根据地形地质资料，预先作出沿药室导硐的剖面，以及预计在开挖过程中可能遇到的情况，以利于指导硐内的测绘。

爆破前后的地质观测工作，也是施工地质工作中的一部分。在一般情况下，需进行如下项目的观测：（1）地表裂隙；（2）断层及大裂隙变动；（3）山体岩石结构破坏情况；（4）水文地质；（5）边坡及危险地段；（6）坑洞观测（即变形或掉块等）。

## 4.4.3 编写工程地质报告书

由于爆破工程地质的勘测阶段不同，在编写报告及论证问题方面也不同，但每一阶段用较大的篇幅阐明爆破地区地形地貌、地质及水文地质条件是必不可少的，并且应在这个基础上论证修建建筑物的工程地质条件和作出建筑物的工程地质评价。

在阐明爆破区的地貌、地质及水文地质条件的内容方面，与一般的工程地质报告基本相同。即分为地形地貌、地层岩性、地质构造及水文地质条件（包括水质的化学性质）等。但是必须指出，对于所叙述的地形地貌，无论在观察和描述方面，都应该比较详细。

在论证工程地质条件及作出评价时，必须根据爆破工程的特点，作出采用爆破施工的合理性和可靠性的结论。

在爆破设计阶段报告内，除进一步论述爆破施工的合理性和可靠性外，还应该用较大的篇幅叙述各种药包布置方案的工程地质条件，提出地质上的建议方案，以便预测被选定的方案爆破效果，同时对爆破作用可能引起的破坏后果提出预防措施。

在爆破施工阶段，主要是编写观测计划及修正前一阶段在地质方面的资料，准备及收集资料做好爆破地质工作的经验总结。

## 4.5 岩石爆破理论

### 4.5.1 岩体中的爆炸冲击波和应力波

炸药在爆炸瞬间产生巨大的冲击压力，在这种巨大的冲击压力的急剧作用下，爆炸能量在介质中将以波动的形式进行传播和扰动。

炸药在岩体中爆炸后，若作用在岩体上的冲击荷载超过 $C$ 点的值（临界应力），首先在岩体内形成冲击波，而后依次衰减为非稳态冲击波、弹塑性波、弹性波和爆炸地震波，如图 4-1 所示。

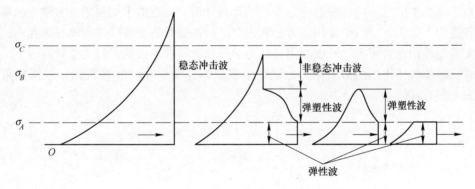

图 4-1 炸药爆炸后在岩体内传播的各种波

炸药在炮孔内或药室中爆炸后所产生的爆轰波迅速向四周传播，首先以每平方厘米数万或数十万千克的瞬时冲击载荷作用在炸药周围的岩壁上，在岩体中激起波阵面前沿陡峭的脉冲应力波，这种脉冲应力波称为岩石中的爆炸冲击波。在强大的爆炸冲击波压力作用下，炸药周围的岩石被压碎，形成 3~7 倍装药半径范围的岩石压碎圈，对大多数岩石来说，冲击波的作用范围很小，而且衰减很快。压碎圈形成后，冲击波衰减成为应力波，应力波的衰减较慢，作用范围较大，一般可达装药半径的 120~150 倍。

爆炸冲击波对岩石的破坏作用虽然很大，但是持续的时间很短，作用的范围很小，随着冲击波的向前传播，很快就衰减为应力波，在这一阶段，岩石的塑性过程终止，开始非弹性效应状态，应力波的波形也较平缓，不像冲击波阵面那样陡峭，波阵面上状态参数的变化也不如冲击波大，但应力波作用仍能使距离爆源 120～150 倍装药半径范围内的岩石处于非弹性状态，产生连续性破坏的残余变形。应力波的速度与岩石声波相等。这一范围是岩石破坏的主要区域。

工程爆破中的炮孔装药爆炸后，在炮孔周围岩体内激起应力波，在近炮孔处径向方向以压应力为主，切向方向以拉应力为主。不论是径向方向，还是切向方向，最初出现的都是压应力，而后转变成为拉应力。但径向压应力幅值与切向拉应力幅值不在同一时刻出现，前者较早，后者较晚。随着传播距离的增加，径向和切向应力波形都将发生变化。在径向方向上的应力波的稀疏相（拉伸相）将出现较大的拉应力，在切向方向上的应力波形的压缩相中出现较大的压应力。径向方向压应力和拉应力的幅值比值减小，而切向方向该比值则增大。

## 4.5.2　岩石中的爆炸生成气体应力场

药包爆破时，在药室体积没有发生变化以前，爆轰气体压力可以视为是恒定的。因此，由它引起的应力状态是均匀的，且与时间无关，只取决于该点的位置，表现为静的应力状态。

当岩体中的集中药包爆轰时，由于药室周壁岩石被冲击波压缩和粉碎，药室体积增大，爆轰气体以准静态的方式作用在岩壁上，其力学分析方法是：首先由岩石的应力、应变、位移关系导出爆破微分方程；再用普通塑性力学方法求解在岩体中各点的主应力 $\sigma_1$ 和 $\sigma_2$ 的作用方向。

对于爆炸生成气体的准静态应力场的计算和分析，可近似采用弹塑性力学方法求解岩体中各点的主应力 $\sigma_1$ 和 $\sigma_2$ 作用的大小和方向。假设爆炸后生成气体封闭在炮孔内，形成稳定的静压作用在岩体上，可以利用弹性力学的厚壁筒理论公式进行力学计算。

炸药爆炸气体作用的初始压力为爆炸生成气体充满炮孔时的静压 $p_2$，根据凝聚炸药的状态方程有：

$$p_2 = \left(\frac{p_e}{p_k}\right)^{\frac{k}{n}} \cdot \left(\frac{V_e}{V_b}\right)^k \cdot p_k \tag{4-2}$$

式中　$p_e$——理想气体爆压，$p_e = \frac{1}{8}\rho_0 D^2$；

$p_k$——爆炸生成气体膨胀过程的临界压力，约为 100MPa；

$k$，$n$——凝聚炸药的绝热指数和等熵指数，$k = 1.3$，$n = 3$；

$V_b$，$V_e$——分别为炮孔体积、装药体积。

按厚壁筒理论，岩体中的径向应力 $\sigma_1$ 和切向应力 $\sigma_2$ 为

$$\sigma_1 = p_2 \left(\frac{r_b}{r}\right)^2, \ \sigma_2 = -\sigma_1 \tag{4-3}$$

式中　$r_b$——炮孔半径；

$r$——距离炮孔中心的距离。

如果药包靠近自由面，孔壁岩石被高压冲击波压缩和粉碎，炮孔容积被扩大，被密封在炮孔中的爆炸气体以准静态压力作用在孔壁上。岩体中各点的主应力 $\sigma_1$ 和 $\sigma_2$ 作用方向如图 4-2 所示。从应力分布状态来看，爆轰气体压力所引起的主应力 $\sigma_1$ 常为压缩应力，

而主应力 $\sigma_2$ 并不常为拉伸应力，随着距离最小抵抗线超过某一极限距离以后，主应力 $\sigma_2$ 变为压缩应力。根据图 4-2 中所示的主应力作用方向，可以推断和解释在爆轰气体静压的作用下，岩体中产生破坏的裂隙方向。

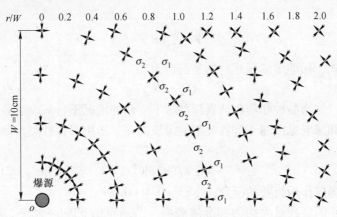

图 4-2　主应力 $\sigma_1$ 和 $\sigma_2$ 的作用方向

## 4.6　装药量计算原理

合理地确定炸药用量，是爆破工程中极为重要的一项工作。它直接影响着爆破效果、爆破工程成本和爆破安全等。由于爆破过程的复杂性和瞬时性，迄今为止还未有一个理想的装药量计算公式，但是人们在生产实践中积累了不少经验，为了从经验中找出规律性，提出了不同的装药量计算公式。

### 4.6.1　体积公式

单个药包在自由面附近爆炸形成爆破漏斗时，装药量的大小与岩石对爆破作用力的抵抗程度成正比。由于这种抵抗主要是重力作用，因此，位于岩石内部的炸药能量所克服的阻力主要是介质本身的重力，实际上就是爆破的那部分岩石的体积，即装药量 $Q(\mathrm{kg})$ 的大小应与被爆破的岩石体积成正比。

$$Q = qV \tag{4-4}$$

式中　$q$——单位耗药量，$\mathrm{kg/m^3}$；

$V$——爆破漏斗体积，$\mathrm{m^3}$。

式（4-4）称为体积公式，是根据岩石爆破的相似法则得出的。在均质岩石中爆破时，当装药的体积按比例增大时，岩石爆破破碎的体积也将按比例增大。由式（4-4）看出：

（1）装药量 $Q$ 与岩石体积 $V$ 成正比；

（2）爆破单位体积岩石的炸药消耗量 $q$ 不随岩石体积 $V$ 的变化而变化。

应该指出，体积公式只有当介质是松散的或者黏结很差的情况下，最小抵抗线变化不大时才是正确的。实际上，在很多情况下，药包爆炸时产生的能量，不仅要克服岩石的重力，还要克服岩石的抗剪力、惯性力等。因此，装药量与被爆破岩石体积成正比关系是不确切的。此外，若使用松动药包，当最小抵抗线变化时，单位炸药消耗量不一定是常数。

#### 4.6.2　标准爆破漏斗的装药量计算

对于集中装药，在标准抛掷爆破时，爆破作用指数 $n=1$，即 $r=W$，所以，爆破漏斗体积为

$$V = \frac{1}{3}\pi r^2 W \tag{4-5}$$

根据体积公式，标准爆破漏斗时的装药量为

$$Q_{\text{B}} = qW^3 \tag{4-6}$$

在岩石性质、炸药品种和药包埋置深度都不变动的情况下，只改变装药量，也可以获得加强抛掷漏斗和减弱抛掷漏斗等各类型的爆破漏斗。适用于各种类型抛掷爆破的装药量计算公式为

$$Q_{\text{P}} = f(n)qW^3 \tag{4-7}$$

式中　$f(n)$——爆破作用指数的函数，$f(n) = 0.4 + 0.6n^3$。

松动爆破漏斗的装药量大约为标准爆破漏斗装药量的 33% ~ 55%，因此，松动爆破的经验计算公式为

$$Q_{\text{s}} = (0.33 \sim 0.55)qW^3 \tag{4-8}$$

岩石可爆性好时取小值，岩石可爆性差时取大值。

#### 4.6.3　利文斯顿理论装药量计算

根据利文斯顿能量平衡理论，药包在土岩介质内部爆炸时，炸药释放的有益能量主要消耗于岩石的弹性变形和破裂、爆破破裂范围内岩石的破碎以及岩土的抛掷与飞散三方面。当炸药的埋置深度一定时，炸药量 $Q$ 与最小抵抗线 $W$ 的关系为

$$Q = C_1 W^2 + C_2 W^3 + C_3 W^4 \tag{4-9}$$

式中，$C_1$、$C_2$、$C_3$ 为系数。

式 (4-9) 的物理意义是，装药总量应由三个分量组成。第一装药分量 $C_1 W^2$ 用于克服岩石内部分子间凝聚力，使漏斗内的岩石得以从岩体中分离出来形成爆破漏斗，它的大小与漏斗的表面积（即自由面）成正比。第二装药分量 $C_2 W^3$ 则用于使漏斗内的岩石产生破碎，它与被破碎岩石（爆破漏斗）的体积成正比。第三装药分量 $C_3 W^4$ 则用于考虑实施抛掷爆破时，需将爆碎的岩块抛移一定距离的能量。如果式 (4-9) 中忽略掉第一分量和第三分量，则变成了目前常用的体积公式。

柱状装药的装药量计算公式与集中装药计算原理相同，所不同的是爆破漏斗体积 $V$ 的计算方法不同。

以上计算公式都是以单自由面和单药包爆破为前提的，而在实际工程中，常常是采用群药包爆破，而且为了改善爆破效果，也常利用多自由面爆破。因此，一般先按具体情况确定每个炮孔所能爆下的岩石体积，再分别求出每个炮孔的装药量，然后累计总装药量。实际工程中在大量统计的基础上，制定出各项工程的单位耗药量，以此确定爆破施工的装药量。

### 4.7　影响爆破作用的因素

影响爆破作用的因素很多，归纳起来主要有三个方面，即炸药性能、岩石特性、爆破

条件和工艺。炸药性能对爆破作用的影响主要体现在炸药密度、爆速和爆热等参数对爆轰压力、爆炸作用时间的影响，以及对炸药爆炸能量利用率的影响等。岩石性质对爆破作用的影响主要体现在岩石的物理力学性质，岩体的结构、裂隙等地质构造对爆炸应力波的传播和爆生气体膨胀的影响等。本节主要对爆破条件和工艺对爆破作用的影响进行说明。

### 4.7.1 爆破条件和工艺对爆破作用的影响

#### 4.7.1.1 自由面的影响

根据自由面作用原理，自由面的大小和数目对爆破作用效果的影响尤为明显。自由面小和自由面的个数少，爆破作用受到的夹制作用大，爆破困难，单位炸药消耗量增高。自由面的位置对爆破作用也产生影响。炮孔中的装药在自由面上的投影面积越大，越有利于爆炸应力波的反射，对岩石的破坏越有利。在单个自由面的条件下，如果垂直于自由面布置炮孔，那么在这种条件下炮孔中装药在自由面的投影面积最小，岩石爆破破碎范围也很小；如果炮孔与自由面成斜交布置，那么装药在自由面上的投影面积比较大，爆破破碎范围也比较大。

#### 4.7.1.2 装药结构

装药结构可根据炮孔内药卷与炮孔、药卷与药卷之间的关系以及起爆位置来区分。按药卷与炮孔的径向关系可分为耦合装药和不耦合装药。耦合装药药卷与炮孔直径相等或采取散装药形式。不耦合装药药卷与炮孔在径向有间隙，间隙内可以是空气或其他缓冲材料（如水或岩粉等）。按药卷与药卷在炮孔轴向的关系可分为连续装药和间隔装药。连续装药各药卷在炮孔轴向紧密接触，间隔装药是药卷之间在炮孔轴向存在一定长度的空隙，空隙内可以是空气、炮泥、木垫或其他间隔材料。图4-3为装药结构图。

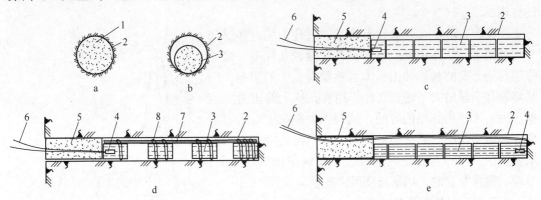

图4-3 装药结构

a—耦合装药；b—不耦合装药；c—正向连续装药；d—正向空气间隔装药；e—反向连续装药
1—炸药；2—炮孔壁；3—药卷；4—雷管；5—炮泥；6—脚线；7—竹条；8—绑绳

理论和实践研究表明，装药结构的改变可以引起炸药能量分布的变化，从而影响爆炸能量的有效利用率。图4-4为孔内药包周围的空气间隙对 $p\text{-}t$（压力-作用时间）曲线的影响，由图可以看出：

（1）间隔装药降低了作用在孔壁的峰值压力，减少了炮孔周围岩石的过度粉碎，提高了有效能量的利用率。

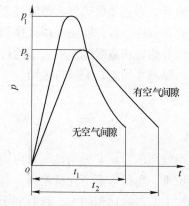

图 4-4 空气间隙对 $p$-$t$ 曲线的影响

（2）间隔装药增加了应力波的作用时间。由于冲击压力的降低，减少了冲击波的作用，相应地增大了应力波的能量，从而能够增加应力波的作用时间。

炮孔直径与药包直径的比值称为不耦合系数。不耦合系数等于 1 时，表明药包与孔壁紧密接触；不耦合系数大于 1 时，表明药包与孔壁间存在着空气间隙。采用不耦合装药可以增大爆炸应力波的作用时间，减小应力波的峰值和频率，降低应力波在岩体内的衰减程度，从而提高爆炸能量的利用率。在岩体中，应力波峰值的衰减不仅取决于岩体的性质，而且取决于应力波的频率，低频波衰减较慢，而高频波衰减得较快。耦合装药爆破，孔壁处压力较高，但压力峰值随距离衰减较快，压力峰值在孔壁近处形成了强烈破碎区。由于耦合装药孔壁压力高，作用时间短，因此孔壁近区的加载速率较高。不耦合装药爆炸后，其相应的加载率较小，炮孔近区裂隙较小，破碎程度较轻。由于耦合装药在孔壁近处消耗了大量能量，甚至产生过粉碎而损失能量，因此必然影响爆破效果。

### 4.7.1.3 堵塞

堵塞就是采用炮泥或其他堵塞材料将装药孔填实，隔断炸药与自由面的联系。堵塞的目的一是保证炸药充分反应，使之产生最大热量，防止炸药不完全爆轰；二是防止高温高压的爆生气体过早地从炮孔中逸出，使爆炸产生的能量更多地转换成破碎岩体的机械功，提高炸药能量的利用率。在有瓦斯与煤尘爆炸危险的工作面内，除降低爆轰气体逸出自由面的温度和压力外，堵塞炮泥还起着阻止灼热固体颗粒（如雷管碎片等）从炮孔中飞出的作用。

图 4-5 表示在有堵塞和无堵塞的炮孔中压力随时间变化的关系。从图中可以看出，在这两种条件下，爆炸作用对炮孔壁的初始冲击压力虽然没有很大的影响，但是堵塞却明显增大了爆轰气体作用在孔壁上的压力（后期压力）和压力作用的时间，从而大大提高了对岩石的破碎和抛掷作用。堵塞物对爆炸气体喷出的阻力主要靠堵塞物的性质和与孔壁的摩擦力，在最小抵抗线方向，节理、裂隙发育时，堵塞长度可大些。

### 4.7.1.4 起爆药包位置

起爆药包放在什么位置，决定了药包爆轰波传播方向和应力波以及岩石破裂的发展方向。起爆用的雷管或

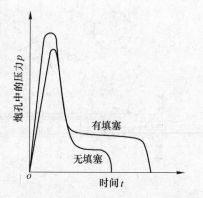

图 4-5 填塞对孔壁压力的影响

起爆药柱在装药中的位置称为起爆点。在炮孔爆破法中，根据起爆点在装药中的位置和数目，将起爆方式分为正向起爆、反向起爆和多点起爆。单点起爆时，如果起爆点位于装药靠近炮孔口的一端，爆轰波传向炮孔底部，称为正向起爆。反之，当起爆点置于装药靠近孔底的一端，爆轰波传至孔口，就称为反向起爆。当在同一炮孔内设置一个以上的起爆点时称为多点起爆。沿装药全长敷设导爆索起爆，是多点起爆的一个极端形式。

单点起爆时，炸药被起爆后，以爆破点为中心的爆炸应力波在岩体中传播。在岩体中

形成的应力场的几何形状，取决于爆轰波速度 $D$ 与岩体中应力波传播速度 $C_P$ 之比值。若 $D/C_P > 1$，形成的应力场成圆锥形状；若 $D/C_P \leqslant 1$，则应力场为球形，如图4-6所示。

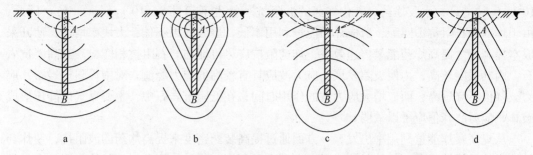

图4-6　炸药爆轰和应力波传播示意图

a—正向起爆，$\dfrac{D}{C_P} \leqslant 1$；b—正向起爆，$\dfrac{D}{C_P} > 1$；c—反向起爆，$\dfrac{D}{C_P} \leqslant 1$；d—反向起爆，$\dfrac{D}{C_P} > 1$

实践证明，反向起爆能提高炮孔利用率，减小岩石的块度，降低炸药消耗量和改善爆破的安全条件。反向起爆取得较好效果的原因有以下三点：

（1）提高了爆炸应力波的作用。由于从孔底起爆，爆炸应力波在传播过程中将叠加成一个高压应力波朝向自由面，这就在自由面附近形成强烈的拉伸应力波，从而提高了自由面附近岩石的破碎效果。正向起爆与它恰恰相反，叠加后的应力波不是指向自由面，而是指向岩体内部，使应力波的能量被无限岩体所吸收，降低了对岩石的破碎作用。

（2）增长了应力波的动压和爆轰气体静压的作用时间。正向起爆和反向起爆后，爆炸应力波向自由面传播，并在自由面产生反射。由于反向起爆的应力波比正向起爆增加了在炮孔中的传播距离，因此，反向起爆比正向起爆推迟了一段时间。这段时间内在岩石应力波和爆轰气体作用下，能进一步扩大和延伸裂隙。

（3）增大了孔底的爆破作用。岩石抵抗爆破的阻力随着孔深而增大，孔底部抗爆阻力最大，要破碎这部分岩石需要消耗较多的能量。若采用正向起爆，孔口容易过早产生裂隙，爆炸气体容易沿裂隙逸出，作用在孔底的压力会明显降低，而且爆炸气体作用时间也缩短了，影响孔底部分岩石的破碎效果。而采用反向起爆时，爆炸气体在岩石破裂之前一直被密封在炮孔内，所以作用在岩石上的压力较高，作用时间也较长，因此有利于岩石的破碎。

我国目前深孔台阶爆破时，大多采用多点起爆，每孔装两个起爆药包，分别置于距孔口和孔底各1/3处，可以大幅度提高爆炸能量利用率。

### 4.7.2　炸药与岩石的匹配及对爆破作用的影响

岩石的波阻抗反映了应力波使岩石质点运动时，岩石阻止波能传播的作用。岩石波阻抗对爆破能量在岩石中的传递效率有直接影响，通常认为炸药的波阻抗与岩石的波阻抗相匹配时，炸药传递给岩石的能量最多，在岩石中引起的应力最大，可获得较好的爆破效果。

关于炸药岩石阻抗匹配问题，目前一般是根据一维平面应力波的正入射理论，认为当炸药阻抗与岩石阻抗相等时，即炸药岩石阻抗匹配系数等于1时，炸药爆炸后其冲击波全部透射到岩石中去，能量传递系数最高。但在矿山爆破工程中，一般的中、高阻抗岩石其波阻抗约在 $1 \times 10^7 kg/(m^2 \cdot s)$ 以上，而目前普遍采用的硝铵炸药，其波阻抗仅为 $3.6 \times 10^6 kg/(m^2 \cdot s)$，水胶炸药、乳化炸药的波阻抗一般也不超过 $5 \times 10^6 kg/(m^2 \cdot s)$。因此，由于炸药岩石阻抗不匹配，造成炸药能量利用率低，爆破效果不佳，大块率增加，使开采成本提高。为提高炸药能量传递效率，炸药阻抗应尽可能与岩石阻抗相匹配。对高阻抗岩石，因其强度较高，为使裂隙发展，应力波应具有较高的应力峰值；对中等阻抗岩石，应力波峰值不宜过高，而应增大应力波的作用时间；在低阻抗岩石中，主要靠气体静压形成破坏，应力波峰值应予以减弱。

从提高爆炸能量利用率出发，一方面通过提高装药密度来提高炸药的波阻抗，使炸药的波阻抗尽量接近岩石的波阻抗；另一方面也可利用应力波作用和爆炸气体作用的全过程的能量有效利用率来衡量炸药和岩石的合理匹配。具体做法如下：

（1）对于弹性模量高、泊松比小的致密坚硬岩石，选用爆速和爆压都较高的炸药，保证相当数量的应力波能传入岩石，产生初始裂隙。

（2）对于中等坚固性岩石，选用爆速和威力居中的炸药；对裂隙较发育的岩石，由于内部难以积蓄大量的弹性能，初始应力波不易起破碎作用，宜用爆压中等偏低的炸药。

（3）对于软岩、塑性变形大的岩石，应力波大部分消耗在空腔的形成，而且岩石本身弹性模量低，宜用爆压较低、爆热较高的炸药。

在一定的岩石和炸药条件下，采用不耦合装药也可以增加炸药用于破碎和抛掷岩石能量的比例，提高炸药能量的有效利用率，改善岩石破碎的均匀度，降低大块率，提高装岩效率；还能降低炸药消耗量，有效地保护围岩免遭破坏。

## 4.8　爆破过程的数值模拟

### 4.8.1　概述

模拟是真实过程或系统在整个时间内运行的模仿。为了科学地研究这些系统，需要给出一系列关于系统如何工作的假设。通常，把这些采用数学公式或逻辑关系的假设构造成模型，用这种模型试验以取得相应系统行为的某些结果。这就是真实过程或系统的动态模仿。如果结构模拟的关系很简单，可用数学方法，如微积分、概率论、代数方程等来求解，称为分析解。但是，很多真实过程太过复杂，以至于不允许用分析的方法计算真实模型值，在此条件下只能采用模拟的方法求得模型解。爆破过程是一个极其复杂的系统，由于爆破过程的瞬时性、模糊性，相关因素的多样性，决定了只能用模拟的方法，而且只能用计算机模拟的方法才能快速地获得模型解。爆破过程的数值模拟就是采用模拟方法，以不同的数值方法为手段，求得爆破过程或系统的模型解。它对于深入了解岩石爆破现象及其机理有着重要的意义。数值模拟不再是理论分析和实验研究的辅助手段，而是独立于它们的基本研究活动。数值模拟和实验、理论分析已成为认识爆炸力学甚至整个力学问题的三种有效方法，被称为"三位一体"的研究途径。

爆破过程的数值模拟要达到的目的有四个方面：（1）裂纹的产生和扩展；（2）预测爆破块度的组成和爆堆形态；（3）爆破效果的评价与参数的优化；（4）模拟和再现爆破

过程。

## 4.8.2 数值模拟的步骤

爆破过程的数值模拟和其他数值模拟一样，分为四个步骤。

### 4.8.2.1 定义问题

任何模拟问题的第一个步骤都是定义问题，这包括确定不同类型的有关变量。例如：

（1）确定基本的不可控变量；

（2）识别一个或数个决策变量；

（3）决定数个或一个性能指标。

于是，问题可表达为：根据基本的不可控变量，取什么样的决策变量可使系统优化，对于爆破过程来说，影响爆破效果的因素或不可控变量有三个方面、20余个参数。例如：

（1）岩石性质：岩石力学性质包括岩石强度、泊松比、弹性模量、内摩擦角。岩石（体）结构面包括断层、劈理和节理。

（2）炸药特性：炸药密度、爆速、猛度、爆力、殉爆距离。

（3）爆破参数：孔距、排距、孔深、超深。

（4）起爆方式：多点顺序起爆、多排孔毫秒起爆、秒延期时间。

（5）装药结构：连续装药、间隔装药等。

为了简化计算，可以从中选择几个有代表性的参数作为决策变量进行运算，以达到系统最优。衡量爆破系统最优的指标既可以是一个也可以是多个。通常，单个指标是指电铲铲装效率，多个指标有以下 5 个方面、8 个指标，亦称性能指标（表 4-3）。

表 4-3　衡量爆破系统的性能指标

| 5 个方面 | 8 个指标 | 5 个方面 | 8 个指标 |
|---|---|---|---|
| 爆破质量 | 大块率 | 爆堆形态 | 前冲距离 |
| | | | 后冲距离 |
| | 平均块度 | | 根底率 |
| 爆破成本 | 爆破成本 | 爆破有害效应 | 爆破震动速度 |
| | | 爆堆松散程度 | 电铲铲装效率 |

### 4.8.2.2 建立模型

爆破模型的建立是计算机模拟爆破的核心问题。建立模型必然要涉及下列三个问题：一是岩石破碎过程中应力波和爆炸气体各自所起作用；二是在炸药爆炸能作用下，岩石的断裂和破碎是如何发生的；三是影响破碎诸因素的分析及相关函数式的建立。

总之，建立模型就是要确定炸药特性、岩石性质、爆破工艺和爆破效果各有关参数之间的数学表达式。目前国内外的爆破数学模型有多种多样。按建立模型的方法分类有理论模型、经验模型和二者结合的综合模型。按破坏准则分类有能量准则模型和强度准则模型。按爆炸能量主要来源分类有应力波拉伸模型和爆炸气体膨胀压拉伸模型。按研究对象分类有连续、均质各向同性介质和裂隙介质模型。在裂隙介质模型中又有断裂扩展模型和连续介质损伤模型，等等。表 4-4 为国外比较成熟的爆破数学模型。

表 4-4　国内外主要爆破数学模型

| 模　型 | 作　者 | 目　的 | 方　法 | 参　数 |
|---|---|---|---|---|
| BCM（bedded crack model）1981 年 | 马戈林（Margolin） | 研究破碎形成 | 断裂力学和动态应变 | 爆轰基本参数；动态应变参数 |
| MAG-FRAG 1983 年 | 麦克林（Mchlugh） | 岩石破裂的产生和扩展 | 裂纹产生和扩展的统计 | 裂纹分布和弹性波传播特性 |
| SHALE | Adams Demth | 岩石破碎的本质 | 用以说明破碎机理的应力波和气体模型 | 爆轰参数，破碎分布，弹性参数和断裂韧性参量 |
| KUSZ 1983 年 | 库斯兹莫尔（Kuszmaul） | 模拟岩石断裂 | 损伤力学方法 | 除一般岩石性能尚需损伤参量 |
| Work Index | 邦得（Bond） | 露天矿破碎预测 | 根据能量、体积平衡 | 平均块度尺寸，能量消耗 |
| BLASPA 1963 年以来 | 法夫罗（Fabreau） | 详细爆破设计及破碎预测 | 由于爆炸气体和冲击作用而产生的破碎动态模型 | 能量因数，岩石分类和爆炸参数 |
| Kuz-Ram 1973 年 | 库兹涅佐夫（Kuznezov） | 台阶爆破平均块度尺寸的预测 | 爆破参数与平均块度的经验公式 | 能量因数，岩石分类和爆炸参数 |
| Harries 1973 年以来 | 哈里斯（Harries） | 岩石破裂、隆起、破碎块度和爆堆的预测 | 动态应变引起的炮孔周围岩石破碎 | 爆破震动和岩石的动载特性 |
| 爆破设计准则 1978 年 | 兰格福斯（Longefors） | 岩体爆破设计准则 | 爆破设计经验模型 | 岩石破碎参数，爆破几何参数及炸药特性 |
| 块状岩石破碎模型 1977 年、1983 年、1990 年 | 盖玛（Gama） | 构造体岩石的破碎预测 | 多面体的块状描述，破碎作用理论和能量消耗 | 岩石结构，能量消耗，破碎作用特性 |
| 可爆性指数 1986 年 | 利利（Lily） | 普通露天矿爆破设计指南 | 破碎与岩石参数的相关式 | 岩体分类，爆破设计 |
| SABREX 1987 年 | ICI 炸药集团（包括澳大利亚、加拿大各分公司） | 预测台阶爆破效果 | 计算机图解计算法，炸药与岩石相互作用原理 | 岩石力学参数，爆破几何参数，炸药、爆破器材及钻孔的单位成本 |
| JKM RC 1988 年 | 克莱因（Kleine）勒安（Leung） | 破碎度预测，炸药选择和爆破设计 | 破碎理论应用到原岩矿块 | 矿岩块度尺寸分布，能量分布和破碎特性 |

国内外主要爆破程序见表 4-5，主要有以下五个：

（1）BLASAP 程序：由加拿大 R. Favreau 博士编写。主要用来实现炸药和露天矿爆破的优化。并进一步开发了三维计算机辅助设计 BLASTCAD 系统。

（2）SABREX 爆破模拟程序：由英国 ICI 公司编制。是一种模块式程序，功能强，适应露天和地下采矿爆破设计。

（3）PBS 程序：由美国精确爆破服务公司编制，包括 20 种爆破设计和振动控制程序。

（4）BLASTE 程序、DYNOVIEV 程序和 DYNACAD 程序：这三种计算机程序都是美国戴诺-诺贝尔公司编制的，分别用于模拟爆堆构形在内的露天爆破、控制并操作其他程序以及模拟井下爆破。

（5）CAROM 程序：由美国桑迪亚实验室（Sandia）开发，可预测岩石的运动规律和爆堆形态。该实验室与 ICI 公司、J. P. Tidmna 和钟汉荣还联合研制了 DMC 爆破计算模型。

**表 4-5　国内外主要爆破应用程序**

| 程　序 | 数值方法 | 维　数 | 坐 标 系 |
|---|---|---|---|
| SWAP | MC | 1 – D | Lagrangian |
| WONDY | FD | 1 – D | Lagrangian |
| TOUDY | FD | 2 – D | Lagrangian |
| DUFF | FD | 1 – D | Lagrangian |
| HEMP | FD | 1, 2, 3 – D | Lagrangian |
| ST EALTH | FD | 1, 2, 3 – D | Lagrangian |
| PRONTO | FD | 2, 3 – D | Lagrangian |
| MESA | FD | 2, 3 – D | Eulerian |
| PAGOSA | FD | 3 – D | Eulerian |
| JOY | FD | 3 – D | Eulerian |
| DYNA | FE | 2, 3 – D | Lagrangian |
| CALE | FD | 2 – D | Lagrangian |
| CAVEAT | FD | 2, 3 – D | Eulerian |
| CTH | FD | 2, 3 – D |  |
| PICES | FD | 2, 3 – D | CEL |
| CRALE | FD | 1, 2 – D | ALE |
| AFTON | FD | 1 – 3 |  |
| CSQ Ⅱ | FD | 2 – D | Eulerian |
| BPIC-2 | FE | 2 – D | Lagrangian |
| BPIC-3 | FE | 3 – D | Lagrangian |
| NIKE-2D, 3D | FE | 2, 3 – D |  |
| 计算机应用程序 |  |  |  |
| ZEUS |  |  | Lagrangian |
| AUTODYN | FE | 2 – D |  |
| TDL MADER | FD | 2 – D | Lagrangian |

此外，还有澳大利亚 C. K. McKenzie 等研制的爆破优化程序；P. 安德鲁斯研制的三维井下爆破设计软件（BLASTCAD）等。在这一阶段，国内爆破界的研究也异常活跃，如大冶铁矿爆破参数优化系统；马鞍山矿山研究院在基本完成对澳大利亚 G. 哈里斯爆破数学

模型分析研究的基础上，于 1983 年在国内首次推出"露天矿台阶爆破矿岩破碎过程的三维数学模型"。首钢水厂的爆破 CAD 系统；核工业部第六研究所研制的爆破料度模型系统（LAST），等等。

#### 4.8.2.3 运行模型

为了在计算机上运行模型，就必须选择合适的数值方法和编写计算机专用程序，程序设计是实现数值方法的工具。在爆炸力学中常用的数值方法有：有限元法（FEM）、有限差分法（GDM）和离散元法（DEM）等。近年来还有人用非连续变形分析法（DDA）进行了建筑物拆除爆破的数值模拟。

数值方法和程序的开发密切相关，新的数值方法不仅扩大了实用程序的应用范围，而且提高了解决问题的能力；同时，程序研究的每一个进步都为数值方法提供了更为方便、可靠的平台和开发工具。国外已开发出许多爆炸力学程序。

目前，国内爆破界从国外引进的大型商用程序有 LS-DYNA、AUTODYN、EPIC 等。例如应用较多的 LS-DYNA 程序是一个显示非线性动力分析通用的有限元程序，可以求解各种二维、三维非弹性结构的高速碰撞、爆炸等大型动力响应。国内用 LS-DYNA 程序进行的硐室爆破、药壶爆破的数值模拟都取得了较好的效果。

#### 4.8.2.4 模型的验证

通过运行模型还可以检验模型，看其行为是否类似现有系统，若模拟模型不能令人满意，就必须返回来重新建立其他的模型，并重复此过程，直到找到一个确实类似于现有系统模型为止。只有到此时，才能进行最后一个阶段，即用模型做实验来反映现有系统所设想的变化，这样就能预测这些设想系统的性能。实验是检验模型正确与否的不可缺少的步骤。

目前，国外爆破数学模型已经在不同爆破作业中获得实际应用，尤其是 SABREX 模型、HARRIES 模型和 JKMRC 模型等应用得更为广泛。但我国在这方面与国外仍存在一定的差距。

### 4.8.3 典型的爆破模型介绍

岩石爆破过程的数值模拟不仅有利于深入认识爆破现象及其产生发展的机理，提高爆破理论研究水平，而且还能更好地指导工程实践，推动爆破参数的优化设计。随着计算机技术的飞速发展和数值计算的长足进步，数值模拟方法已经成为爆炸力学问题研究的主要手段之一，并在岩石爆破理论和技术研究领域取得了令人瞩目的成果。如 SHALE 程序被用于层状岩体（BCM）爆破过程模拟，DYNA$^{2D}$ 和 PRONTO 被用于岩石损伤爆破模拟计算等。

（1）DYNA 程序。该程序是由美国 Lawrence Livermore National Laboratory（LLNL）的 J. O. Hallquist 教授主持研究的材料动态响应数值计算程序。它应用有限元方法计算了非线性结构材料的大变形动力响应，采用四节点单元进行离散化，处理对称和平面应变问题。引入沙漏黏性控制零能模态，并应用中心差分法进行时间积分，可以求解各种二维和三维非弹性结构的高速碰撞、爆炸和模压等大变形动力响应问题。该程序的接触-撞击算法可以处理材料交界面的缝隙和滑动，并能提供多种材料模型和状态方程，因而非常适合于进行岩石爆破数值模拟计算。将修正的 TCK 损伤模型加入到 DYNA 程序的用户自定义的材料模型中对台阶双孔爆破问题进行模拟，可以得到对称平面上不同时刻的损伤及 Von Mises 等小应力分布图。

（2）SHALL 程序。将岩石爆破分形模型（以下简称 FDM）装进 SHALL 程序中，就形成了建立在分形损伤理论模型基础上的爆破过程数值模拟程序。整个程序由 39 个子程序块组成。子程序块中以 PHASE1 功能块为核心，不同材料的性质和本构关系的影响将在此功能块中起作用。程序中使用了材料编号系统，以便适应各种介质不同状态下的计算要求。

（3）有限元-离散元复合分析的裂纹扩展模型。典型的有限元-离散元复合分析模型，能够对大量分离体的变形、断裂、破碎、运动以及它们之间的相互作用进行分析。有限元-离散元复合分析方法更适用于局部裂纹破碎的处理和裂纹的生成处理，包含平滑裂纹和单个裂纹的处理两个方面。

（4）MBM$^{2D}$ 的爆破力学模型。McHugh 和 Brinkmann 经过一系列计算和实验，得出如下几个重要结论：1）拉应力作用下在炮孔附近产生径向短裂纹，应力场单独作用导致的岩石破碎是有限的；2）动态爆生气体配合应力场作用产生裂纹，爆生气体的主要作用是引起裂纹长度增加 5~10 倍，裂纹数量增加 50%；3）爆生气体渗透进裂纹，裂纹内气体压力引起裂纹扩展；4）有金属衬炮孔爆破中破碎岩石只有无衬时的 10%，同样抛掷速度减小 5~8 倍。这些结果表明爆生气体在产生破岩和抛掷过程中起决定性作用。根据以上观点，McHugh 和 Brinkmann 建立了分别求解岩石断裂离散元和控制爆炸产生物气流的 MBM$^{2D}$ 模型，使相对独立的爆生气体模型与岩石动力学模型耦合于每个时间步长的解决方法。模型包括：爆轰模型、单裂纹中的一维气体方程、破裂岩石中的二维气体方程、气流与离散元的耦合和抛掷模型等。

# 5 地下工程爆破

地下工程爆破包括井巷隧道掘进爆破和地下空间工程爆破技术，其施工方法主要有两种，即综合机械化施工法和炮孔爆破法。炮孔爆破法虽然具有工序不连续、作业配套设备多、组织管理复杂等缺点，但目前它仍然是岩石隧道和井巷工程施工的基本方法，如探矿巷道掘进、开拓和采矿巷道的掘进或地下硐室的爆破开挖、露天小台阶爆破，几乎全部都采用炮孔爆破法；露天深孔爆破时钻孔平台的平整和清理、大块岩石和矿石的二次破碎、沟渠及桥涵基础开挖的石方爆破、清刷岩石边坡和处理孤石和危石等，也都要用炮孔爆破法，而且在中坚硬岩石爆破中是一种经济合理的方法。掘进爆破技术在很大程度上依赖于爆破技术和凿岩设备的进展。从经济、安全和环境方面出发，要求掘进爆破能够保持准确的断面、改善炸药使用的安全性、提高炮孔利用率和在不同地质条件下的适应性。掘进爆破技术的发展主要体现是在掏槽爆破技术、全断面微差爆破技术、周边控制爆破技术等方面。

## 5.1 炮孔爆破

炮孔爆破又称浅孔爆破，所用炮孔直径小于 50mm，孔深在 5m 以内，用浅孔进行爆破的方法叫做浅孔爆破法，是目前工程爆破的主要方法之一。

在矿山巷道掘进爆破中，将横断面积尺寸大于 $35m^2$ 的称为大断面巷道，面积在 $10 \sim 35m^2$ 的称为中等断面巷道，面积小于 $10m^2$ 的称为小断面巷道。在各类矿山、水电、水利部门的各类巷道中，中小断面巷道的掘进占有很大的比例。

浅孔爆破法使用的凿岩机械主要是手持式带气腿的凿岩机。常采用 YT-30、YT-24、7655、YTP-26 型等，它们以压缩空气为动力，进行湿式凿岩。炸药一般多采用 2 号岩石硝铵炸药，有水的炮孔常用含水硝铵炸药（如水胶炸药、乳化炸药），或采取防水措施进行爆破。药卷直径为 $32 \sim 35mm$，少数情况下采用 $25 \sim 30mm$ 的小直径药卷或 $38 \sim 45mm$ 的大直径药卷。

浅孔爆破的爆破参数（$W$、$a$、$q$、$Q$、$L$ 等）应根据矿（岩）石特性、使用条件和爆破材料等因素来确定。

浅孔爆破在施工前，应清理工作面，如查清炮孔数目，清除炮孔内积水或泥渣等，方能进行装填。每个炮孔的装药量应严格按设计要求装填，装药系数 $\psi(m/m)$ 为

$$\psi = L_Z / L_K \tag{5-1}$$

式中　$\psi$——装药系数，即每米孔深的装药长度；

$L_Z$——装药长度，m；

$L_K$——炮孔深度，m。

装药后剩余部分炮孔填塞炮泥并加以捣固。起爆药包一般放置于孔底第二个药卷位置，雷管聚能穴朝向孔口，进行反向爆破；或将起爆药包置于孔口第二个药卷位置，雷管

聚能穴朝向孔底，正向爆破。实践经验证明反向爆破比正向爆破的效果好得多。

### 5.1.1 巷道掘进爆破

炮孔爆破法是巷道掘进中使用的最基本的爆破方法。爆破效果的好坏直接影响巷道掘进施工的质量、速度和成本，合理地布置工作面上的炮孔和正确确定爆破参数是取得良好爆破效果和加快掘进速度的重要保证。

巷道掘进工作面上的炮孔，按其作用的不同，可分为掏槽孔、辅助孔和周边孔。炮孔的爆破顺序一般是掏槽孔先爆，辅助孔、崩落孔次之，周边孔最后起爆。周边孔的爆破次序一般为顶孔、帮孔、底孔。有时为避免拉底现象，底孔间距应适当减小，药量要适当加大，可同时起到"翻渣"作用。

掘进爆破与一般的台阶爆破不同，它只有一个可供岩石移动的自由面，所以爆破岩石所受的夹制作用更大，这就要求必须开创一个可供岩石破碎并能使它从岩体中抛出的移动空间，即第二自由面，这通常通过掏槽爆破来获取。掏槽孔爆破时，由于只有一个自由面，破碎岩石的条件非常困难，而掏槽的好坏又直接影响其他炮孔的爆破效果，所以它是掘进爆破的关键。因此，必须合理选择掏槽形式和装药量，使岩石完全破碎形成槽腔和达到较高的掏槽孔利用率。

为了提高其他炮孔的爆破效果，掏槽孔应比其他炮孔加深 150 ~ 200mm，装药量增加 15% ~ 20%。

掏槽孔应根据掘进岩体的条件和断面大小进行布置，通常布置在断面中央偏下，并尽量选择有弱面的地方。掏槽爆破炮孔布置有许多不同的形式，归纳起来可分为斜孔掏槽、直孔掏槽和混合掏槽。

#### 5.1.1.1 掏槽形式

掏槽爆破是井巷掘进爆破工程中的重要技术内容，是决定爆破进尺和炮孔利用率的主要因素。它的作用是形成槽腔，为后爆孔创造自由面和岩石破碎补偿空间。掏槽一般分为直孔和斜孔两种，各有不同的适用范围和优缺点。从爆破技术的难易程度来看，直孔掏槽较为复杂，要求严格。为了提高掘进速度，隧道或井巷爆破中炮孔深度有不断增加的发展趋势，因此，直孔掏槽爆破理论与技术成为研究重点。

A 直孔掏槽

直孔掏槽钻孔深度不受巷道断面宽度的限制，可以实现较大的单循环进尺。

在直孔掏槽中，一种含有空孔，另一种不含空孔。空孔为槽腔的形成提供自由面和岩石破碎补偿空间。含空孔的直孔掏槽一般要求重型钻孔设备，要求掘进面无积水。因立井掘进工作面一般有水，因此，这种掏槽不适用。它常常应用于隧道平巷掘进中。

直孔掏槽分为两大类：一是无空孔直孔掏槽，1993 年中国矿业大学北京研究生部首次将无空孔分阶、分段直孔掏槽爆破成功应用于平巷掘进。宗琦、付菊根、唐建华等学者先后对无空孔直孔掏槽进行过研究。无空孔直孔掏槽虽然对钻孔设备没有特殊要求，但装药结构的复杂性和各部分装药起爆时差对爆破器材的苛刻要求，在一定程度上影响了该方法的广泛应用。另一类是空孔直孔掏槽，利用空孔作为槽孔起爆时的初始自由面和岩石破碎的补偿空间，为辅助孔大量崩落岩石创造条件。空孔直孔掏槽对钻孔精度要求高，如钻孔精度不能达到要求，可能降低炮孔利用率，甚至导致掏槽失败。但由于该方法装药结构简单，操作方便而在许多巷道掘进工程中得以应用。实践表明：空孔的个数、空孔的尺寸、空孔与槽孔的距离等参数对掏槽效率有重要影响。

平行空孔直线掏槽亦称直孔掏槽，直孔掏槽的特点是所有炮孔都垂直于工作面，炮孔之间距离较近且保持相互平行。其中有一个或数个不装药的空孔，空孔的作用是给装药孔创造自由面和作为破碎岩石的膨胀空间。直孔掏槽主要有以下几种形式：

（1）角柱状掏槽。掏槽孔按各种几何形状布置，使形成的槽腔呈角柱体或圆柱体，所以又称为桶形掏槽，常用的形式有菱形掏槽、五星掏槽、三角柱掏槽等，见表5-1。装药孔和空孔数目及其相互位置与间距是根据岩石性质和掘进断面来确定的。空孔直径可以等于或大于装药孔的直径。大直径空孔可以形成较大的人工自由面和碎胀空间，炮孔间距可以扩大。

（2）螺旋掏槽。所有装药孔围绕中心空孔呈螺旋状布置，并从距空孔最近的炮孔开始顺序起爆，使槽腔逐步扩大，见表5-1。此种掏槽方法在实践中取得了较好的效果，其优点是可以用较少的炮孔和炸药获得较大体积的槽腔，各后续起爆的装药孔易于将碎石从腔内抛出，但是，若延期雷管段数不够，就会限制这种掏槽的应用。

表 5-1　直孔掏槽方式、特点及适用条件

| 掏槽方式 | 布 置 图 | 特点及适用条件 |
|---|---|---|
| 菱形掏槽 | 　单空孔<br><br>　双空孔 | （1）孔距：单空孔型：$f = 4 \sim 6$，$a = 150mm$，$b = 200mm$；$f = 4 \sim 8$，$a = 100 \sim 130mm$，$b = 170 \sim 200mm$；<br>（2）$f > 8$，采用双空孔型：$a = 100 \sim 130mm$，$b = 170 \sim 200mm$，$c = 100mm$；<br>（3）孔深宜小于2.5m，装药系数0.6～0.7；<br>（4）分两段起爆，单孔型也可以同时起爆；<br>（5）适用于中硬以下的较小断面巷道；巷道断面大和岩石较硬时，可采用双空孔型；<br>（6）为加强底部岩石破碎和抛出，可考虑空孔底部少量装药后起爆 |

| 掏槽方式 | 布 置 图 | 特点及适用条件 |
|---|---|---|
| 五星掏槽 | 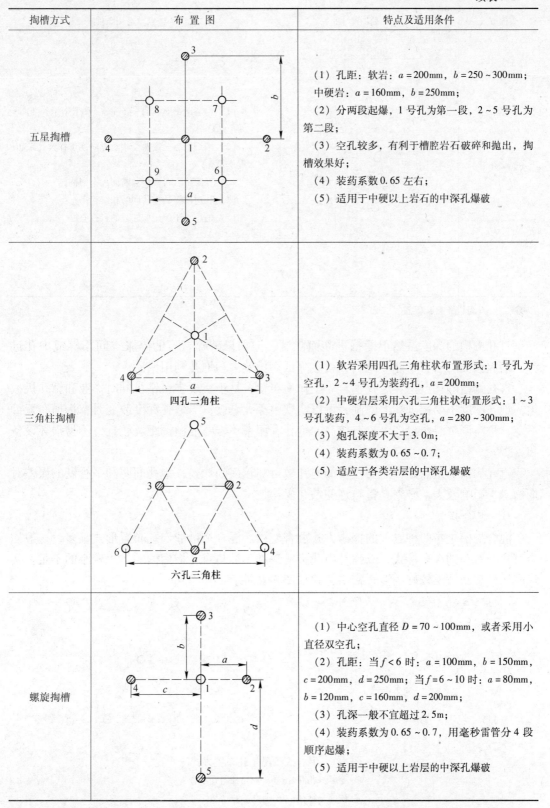 | （1）孔距：软岩：$a=200\mathrm{mm}$，$b=250\sim300\mathrm{mm}$；中硬岩：$a=160\mathrm{mm}$，$b=250\mathrm{mm}$；<br>（2）分两段起爆，1 号孔为第一段，2～5 号孔为第二段；<br>（3）空孔较多，有利于槽腔岩石破碎和抛出，掏槽效果好；<br>（4）装药系数 0.65 左右；<br>（5）适用于中硬以上岩石的中深孔爆破 |
| 三角柱掏槽 | 四孔三角柱<br><br>六孔三角柱 | （1）软岩采用四孔三角柱状布置形式：1 号孔为空孔，2～4 号孔为装药孔，$a=200\mathrm{mm}$；<br>（2）中硬岩层采用六孔三角柱状布置形式：1～3 号孔装药，4～6 号孔为空孔，$a=280\sim300\mathrm{mm}$；<br>（3）炮孔深度不大于 3.0m；<br>（4）装药系数为 0.65～0.7；<br>（5）适应于各类岩层的中深孔爆破 |
| 螺旋掏槽 | | （1）中心空孔直径 $D=70\sim100\mathrm{mm}$，或者采用小直径双空孔；<br>（2）孔距：当 $f<6$ 时：$a=100\mathrm{mm}$，$b=150\mathrm{mm}$，$c=200\mathrm{mm}$，$d=250\mathrm{mm}$；当 $f=6\sim10$ 时：$a=80\mathrm{mm}$，$b=120\mathrm{mm}$，$c=160\mathrm{mm}$，$d=200\mathrm{mm}$；<br>（3）孔深一般不宜超过 2.5m；<br>（4）装药系数为 0.65～0.7，用毫秒雷管分 4 段顺序起爆；<br>（5）适用于中硬以上岩层的中深孔爆破 |

| 掏槽方式 | 布 置 图 | 特点及适用条件 |
|---|---|---|
| 螺旋掏槽 | | （1）中心两个空孔直径 57mm，炮孔连在一起呈两个螺旋形；<br>（2）围绕中心孔按两个相对方向逐步扩大孔距布置掏槽孔；<br>（3）孔距依岩石性质和断面大小调整；<br>（4）相对两组掏槽孔同时相继起爆；<br>（5）适用于坚硬、韧性强的岩石巷道 |

注：1~6 为炮孔起爆顺序。

直孔掏槽的深度虽然不受掘进断面限制，但如果破碎岩石的碎胀空间不够或炮孔过深，槽腔深部的岩石不能被抛出，就会降低掏槽效果和炮孔利用率。

直孔掏槽的优点是：炮孔垂直于工作面布置，易于实现多台钻机同时作业和钻孔机械化；炮孔深度不受掘进断面限制，可以实现中深孔爆破；当炮孔深度改变时，掏槽布置可不变，只需调整装药量即可；有较高的炮孔利用率；岩石的抛掷距离较近，不易损坏设备和支护。

直孔掏槽的缺点是：需要较多的炮孔数目和较多的炸药；炮孔间距和平行度的误差对掏槽效果影响较大，必须具备熟练的钻孔操作技术。

B 混合掏槽

混合掏槽是指两种以上的掏槽方式混合使用。混合掏槽的炮孔布置形式很多，一般均为直孔与斜孔的混合形式，以弥补斜孔掏槽深度不够与直孔掏槽槽腔体积较小的不足。实际应用较多和效果较好的混合掏槽方式如图 5-1 所示。

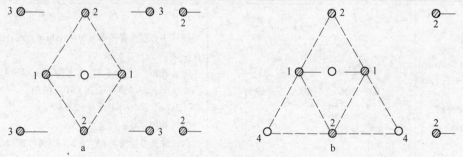

图 5-1 混合式掏槽炮孔布置方式

a—菱形斜孔混合；b—三角柱斜孔混合

1，3—斜孔；2—直孔；4—空孔

一般直孔布置在槽腔内部，斜孔作垂直楔形布置，与工作面的夹角以75°～85°为宜；斜孔孔底与直孔孔底距离大约0.2m，斜孔装药系数为0.5～0.7；直孔装药系数为0.7左右。

在遇到岩石坚硬或掘进断面较大时，可采用复式楔形掏槽。复式楔形掏槽也称为V形掏槽，是在浅孔楔形掏槽的基础上发展起来的。只要钻孔精确达到深度和角度要求，按设计装药，一般均能取得良好的效果，适用于单线铁路隧道全断面爆破开挖，以及中硬岩以上的中深孔隧道爆破。图5-2a为二级复式楔形掏槽，炮孔深度为2.5～3.0m；图5-2b为三级复式楔形掏槽，炮孔深度为3.0～3.5m。上下排距为50～90cm，硬岩取小值，软岩取大值；在硬岩中爆破时，最好采用高威力炸药（如乳化炸药等）；排数通常只用上下两排即可，岩石十分坚硬时可用三排或四排。在设计中应注意以下几个技术问题：

（1）楔形掏槽在断面较宽时，应当尽量缩小掏槽角，要尽量加大第一级掏槽孔的水平间距。

（2）楔形掏槽在炮孔较深时（大于2.5m），其底部加强装药应保持炮孔全长的1/3长度，前部装药集中度可以减为底部的40%～50%或换成威力较低的炸药，炮泥装填长不少于40cm。

（3）楔形掏槽孔每级均应尽量同时起爆，级间间隔时差以25～50ms较合适，以保证前段爆破的岩石破碎与抛掷。

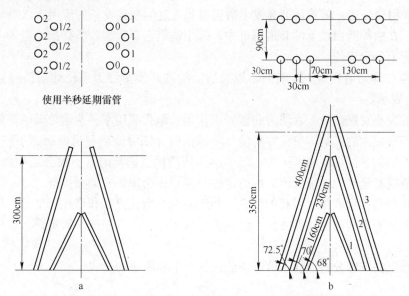

图5-2 复式楔形掏槽

在地下工程的爆破施工过程中，选择合理的掏槽形式应考虑以下几方面的因素：地质条件的适应性、施工技术的可行性、爆破效果的可靠性和经济合理性等，要根据具体情况进行具体分析，并结合爆破实践不断进行调整，选择最优的掏槽形式和掏槽孔爆破参数，从而获得最好的掏槽效果。

### 5.1.1.2 爆破参数

爆破参数的选取对掘进爆破的效果和质量起着决定性的影响作用。爆破参数主要有：

掘槽方式及其参数、单位炸药消耗量、炮孔深度、炮孔直径、装药直径、炮孔间距、炮孔数目等。在选取这些爆破参数时，不仅要考虑岩石性质、地质状况和断面尺寸等因素，而且还要考虑这些参数间的相互关系及其对爆破效果和爆破质量的影响。

（1）炮孔直径。炮孔直径的大小直接影响钻孔速度、炮孔数目、单位炸药消耗量、爆落岩石的块度和井巷轮廓的平整性。一般根据药卷直径和标准钻头直径来确定炮孔直径。当采用耦合装药时，装药直径即为炮孔直径；不耦合装药时，装药直径一般指药卷直径。工业炸药的最小直径不应小于25mm，否则爆炸不稳定或发生拒爆。在矿山平巷和隧道掘进爆破中，一般都采用药卷装药，标准药卷直径为32mm或35mm，为确保装药顺利，炮孔直径一般为38~42mm。在小断面巷道（$S \leq 4\text{m}^2$）掘进中，采用25~30mm小直径炮孔，配合使用轻型高频凿岩机、压气装药和高威力炸药，也可获得良好的爆破效果。

（2）炮孔深度。炮孔深度是指炮孔底到工作面的垂直距离，而沿炮孔方向的实际深度称为炮孔长度。

炮孔深度的大小，不仅影响着每个掘进工序的工作量和完成各工序的时间，而且影响爆破效果和掘进速度。它是决定每班中掘进循环次数的主要因素。为了实现快速掘进，在提高机械化程度、改进掘进技术和改善工作组织的前提下，应力求加大孔深并增多循环次数。根据我国快速掘进的经验，采用深孔多循环，能使工时得到充分利用，增加凿岩和装岩时间，减少装药、爆破、通风和准备工作的时间。目前，在我国巷道掘进中孔深以1.5~2.5m用得最多。随着新型高效率凿岩机和先进的装运设备的运用，以及爆破器材质量的提高，在中等断面以上的巷道掘进中，采用凿岩台车凿岩，将孔深增至3~3.5m，这在技术经济上是合理的。

（3）单位炸药消耗量。爆破1m³原岩所需的炸药质量称为单位炸药消耗量，通常以$q(\text{kg/m}^3)$表示。

该值的大小对爆破效果、凿岩和装岩工作量、炮孔利用率、巷道轮廓的平整性和围岩的稳定性都有较大的影响。单位炸药消耗量偏低时，则可能使巷道断面达不到设计要求，岩石破碎不均匀，甚至崩落不下来。当单位炸药消耗量偏高时，不仅会增加炸药的用量，而且可能造成巷道超挖、降低围岩的稳定性，甚至还会损坏支架和设备。

单位炸药消耗量取决于岩石的性质、巷道断面、炮孔直径和炮孔深度等多种因素，关系复杂，尚无完善的理论计算方法。在掘进爆破工作中，常根据国家定额选取或用经验公式计算。

常用修正的普氏公式计算$q$值，该公式具有下列简单的形式

$$q = 1.1 k_0 \sqrt{\frac{f}{S}} \tag{5-2}$$

式中　$q$——单位体积炸药消耗量，$\text{kg/m}^3$；

　　　$f$——岩石坚固性系数，或称普氏系数；

　　　$S$——断面大小，$\text{m}^2$；

　　　$k_0$——炸药爆力校正系数，$k_0 = 525/P$，$P$为选用炸药的爆力，mL。

确定了单位炸药消耗量后，根据每一掘进循环爆破的岩石体积$V$，按式（5-3）计算出每一循环所使用的总炸药量：

$$Q = qV = qSL\eta \tag{5-3}$$

式中    $V$——每循环爆破岩石体积，$m^3$；

       $S$——巷道掘进断面，$m^2$；

       $L$——炮孔深度，m；

       $\eta$——炮孔利用率。

将式（5-3）计算出的总药量，按炮孔数目和各炮孔所起作用与作用范围加以分配。掏槽孔爆破条件最困难，分配较多，崩落孔分配较少。在周边孔中，底孔分配药量最多，帮孔次之，顶孔最少。

（4）炮孔数目。根据岩石性质、断面尺寸和炸药性质等，按炮孔的不同作用对炮孔进行合理布置，最终排列出的炮孔数即为一次爆破的总炮孔数。炮孔数目的多少，直接影响着凿岩工作量和爆破效果。合理的炮孔数目应当保证有较高的爆破效率，即炮孔利用率在90%以上，爆下的岩块和爆破后的轮廓，均能符合施工和设计要求。

炮孔数目的选定主要取决于掘进断面、岩石性质及炸药性能等因素，确定炮孔数目的基本原则是在保证爆破效果的前提下，尽可能地减少炮孔数目。通常可以按式（5-4）估算：

$$N = 3.3 \sqrt[3]{fS^2} \tag{5-4}$$

式中    $N$——炮孔数目。

（5）炮孔间距。炮孔间距的确定一般是根据一个掘进循环所需要的总装药量计算出总炮孔数目后，再按巷道断面的大小及形状均匀地布置炮孔。平巷掘进中，掏槽孔有多种不同的形式，炮孔间距也有所不同。周边孔的孔口至轮廓线的距离一般为 100～250mm，在坚硬岩石中取小值；周边孔的孔口间距则为 500～800mm，底孔的间距取小值。辅助孔的间距为 400～600mm。

（6）炮孔利用率。炮孔利用率是合理选择爆破参数的一个重要准则。炮孔利用率定义为每掘进循环的工作面进度与炮孔长度之比。炮孔利用率一般为 0.85～0.95。

### 5.1.1.3 炮孔布置

除选择合理的掏槽方式和爆破参数外，为保证安全，提高爆破效率和爆破质量，还需要合理布置工作面上的炮孔。

炮孔布置的方法和原则如下：

（1）工作面上各类炮孔布置的原则是"抓两头、带中间"。即首先选择适当的掏槽方式和掏槽位置，其次是布置好周边孔，最后根据断面大小布置崩落孔。

（2）掏槽孔的位置会影响岩石的抛掷距离和破碎块度，通常布置在断面的中下部，并考虑较均匀地布置崩落孔。在岩层层理明显时，炮孔方向应尽量垂直于岩层的层理面，掏槽孔深度应比其他炮孔深10%。

（3）周边孔布置在断面轮廓线上，按光面爆破要求，各炮孔要相互平行，孔底落在同一平面上。但为了打孔方便，通常向外（或向上）偏斜一定角度，一般为3°～5°。底孔孔口一般在底板线上 150～200mm，孔底低于底板线 100～200mm；底孔向下倾斜，以利于钻孔，保证爆破后不留"硬坎"。周边孔的深度不应大于崩落孔。

（4）崩落孔以掏槽孔形成的槽腔为中心，分层均匀布置在掏槽孔和周边孔之间。布置时应根据断面大小和形状调整抵抗线和炮孔间距，以求炮孔数目少且能均匀。有时可适当调整掏槽孔位置或在掏槽孔旁增加辅助孔，以使崩落孔布置合理。并根据断面大小和形状调整好最小抵抗线和邻近系数。崩落孔的抵抗线和孔间距应根据装药直径、岩层可爆性和块度要求确定。

崩落孔最小抵抗线 $W$ 可按式（5-5）计算：

$$W = r_c \sqrt{\frac{\pi \varphi \rho_0}{mq\eta}} \qquad (5\text{-}5)$$

式中　　$r_c$——装药半径，mm；

　　　　$\varphi$——装药系数；

　　　　$\rho_0$——炸药密度，kg/m$^3$；

　　　　$m$——炮孔邻近系数，在 0.8 ~ 1.0 之间；

　　　　$q$——单位耗药量，kg/m$^3$；

　　　　$\eta$——炮孔利用率，%。

同层内崩落孔间距一般为 600 ~ 800mm。

### 5.1.1.4　装药结构

装药结构是指炸药在炮孔内的装填情况。装药结构形式根据装药连续与否可分为连续装药和间隔装药；根据药卷和炮孔的耦合情况可分为耦合装药和不耦合装药；根据起爆方向不同可以分为正向起爆装药、反向起爆装药；另外，还有堵塞装药结构和无堵塞装药结构等多种形式。一般掘进炮孔较浅，多采用连续、不耦合、反向起爆装药结构。

深孔爆破时，为提高炮孔利用率和块度均匀性，可采用间隔装药结构。试验表明，在较深的炮孔中采用间隔装药可以使炸药在炮孔全长上更均匀地分布，从而使岩石破碎块度均匀。采用空气柱间隔装药，可以增加用于破碎和抛掷岩石的爆炸能量，提高炸药有效能量的利用率，降低炸药消耗量。采用间隔装药时，一般可分为 2 ~ 3 段，若空气柱较长，不能保证各段炸药的正常殉爆，要采用导爆索连接起爆。在光面爆破中，若没有专用的光面爆破炸药时，可以在装药与炮泥之间设置空气柱，以取得良好的爆破效果。

大量试验结果表明，对于混合炸药，特别是硝铵类混合炸药，在细长连续装药时，如果不耦合系数选取不当，就会发生爆轰中断，在炮孔内的装药会有一部分不爆炸，这种现象称为间隙效应或管道效应。间隙效应不仅降低了爆破效果，而且在瓦斯工作面进行爆破作业时，若炸药发生燃烧，还会有引起瓦斯爆炸的危险。

## 5.1.2　竖井掘进爆破

### 5.1.2.1　竖井工作面和炮孔布置

在圆形断面竖井内，炮孔多呈同心圆排列，布置圈数取决于井筒直径和岩石坚固程度，一般为 3 圈、4 圈或 5 圈。炮孔布置应尽量做到布置最少的炮孔达到最佳的爆破效果。根据爆破作用不同，井筒炮孔种类有掏槽孔、周边孔和崩落孔三类。靠近开挖中心的 1 ~ 2 圈为掏槽孔，最外一圈为周边孔，其余为辅助孔。

掏槽孔的作用在于向深部掘进岩石，并为其他炮孔的爆破提供第二个自由面，是决定爆破有效进尺的关键。掏槽孔多布置在井筒工作面的中心，掏槽孔圈径当采用直孔掏槽时可取 1.2 ~ 1.6m，孔数为 5 ~ 7 个；当采用机械化钻架钻孔时可取 1.6 ~ 2.0m；当采用锥形掏槽时可取 1.8 ~ 2.0m。掏槽孔应较崩落孔和周边孔加深 200mm。

立井工作面炮孔参数选择和布置基本上与平巷相同。在圆形井筒中，最常采用的是圆锥掏槽和筒形掏槽。前者的炮孔利用率高，但岩石的抛掷高度也高，容易损坏井内设备，而且对打孔要求较高，要求各炮孔的倾斜角度相同且对称；后者是应用最广泛的掏槽形式。采用筒形掏槽形式有利于多台凿岩机同时操作且便于操作，爆破效率高，岩石块度均匀，岩石抛掷高度小，不易崩坏吊盘和井下凿井设备。当炮孔深度较大时，可采用二级或三级筒形掏槽，每级逐渐加深，通常后级深度为前级深度的 1.5~1.6 倍。

辅助孔介于掏槽孔和周边孔之间，可布置多圈，其最大一圈与周边孔的距离应满足光爆层要求，以 0.5~0.7m 为宜。其余辅助孔的圈距取 0.6~1.0m，按同心圆布置，孔距 0.8~1.2m 左右。

周边孔布置有两种形式：

（1）采用深孔光面爆破时，将周边孔布置在井筒轮廓线上，孔距取 0.4~0.6m。为便于打孔，炮孔略向外倾斜，孔底超出轮廓线 0.05~0.1m。

（2）采用非光面爆破时，将炮孔布置在距井帮 0.15~0.3m 的圆周上，孔距 0.6~0.8m。炮孔向外倾斜，使孔底落在掘进轮廓线上。

### 5.1.2.2 竖井掘进爆破参数设计

爆破参数主要包括：炮孔深度、药包直径、炮孔直径、抵抗线（或圈距）、孔距、装药系数、炮孔数目和炸药消耗量等，应根据井筒施工的地质条件、岩石性质、施工机具和爆破材料等因素综合考虑、合理确定。

（1）炮孔深度。目前，竖井掘进的炮孔深度，当采用人工手持钻机钻孔时，以 1.5~2.0m 为宜；当采用伞钻钻孔时，以 3.2~4.2m 为宜。发展趋势是采用中深孔爆破，钻孔设备可采用伞形钻架及其配套的导轨式独立回转风动凿岩机或液压凿岩机，孔深可达 4m 左右。

（2）药包直径和炮孔直径。

1）药包直径。一般硝铵炸药药卷直径为 25mm、35mm，乳化炸药为 32mm、35mm 和 45mm。竖井掘进在中硬以下岩石时，宜选取 35mm 的药包直径；在中硬以上岩石时，宜选取 45mm 的药包直径。

竖井周边孔采用光面爆破时，宜选取 25mm、32mm 的药包直径，采用不耦合或间隔装药结构，以缓冲作用于孔壁上的爆轰压力。

2）炮孔直径。在深孔爆破中采用直径 $\phi 55mm$ 的炮孔直径，对掏槽孔和崩落孔选用 $\phi 45mm$ 的药卷直径，周边孔根据光面爆破的要求选用 $\phi 35mm$ 的药卷直径。对手持式风钻，可采用直径 $\phi 42mm$ 的常规钻头，对掏槽孔和崩落孔选用 $\phi 35mm$ 的药卷直径，周边孔根据光面爆破的要求选用 $\phi 25~32mm$ 的药卷直径。

3）炮孔间距。立井工作面上的炮孔，包括掏槽孔、崩落孔和周边孔，均布置在以井筒中心为圆心的圆周上，周边孔爆破参数应按光面爆破设计。崩落孔的圈数和各圈内炮孔间距，根据崩落孔最小抵抗线和邻近系数的关系来调整。一般崩落孔的圈距为 700~900mm，紧邻周边孔的一圈崩落孔应保证周边孔的圈距满足光面爆破要求的最小抵抗线值。

周边孔孔距与周边孔的抵抗线 $W$ 之比称为密集系数。坚硬岩石的周边孔密集系数一般取 1.0~0.8，在软岩和层理发育的岩层中取 0.8~0.6。周边孔的孔距一般在 400~600mm 之间。

（3）井筒炮孔数目。分别计算崩落孔和周边孔的炮孔数，加上掏槽孔数目就是每个循环的炮孔总数目。

（4）炸药消耗量。由于掏槽孔、崩落孔和周边孔的爆破条件以及爆破作用各不相同，因此应分别计算各类炮孔的装药量，然后将各类炮孔的装药量相加即可求得一循环的总装药量和爆破单位岩石体积的炸药消耗量。

爆破单位岩体的炸药消耗量计算公式为

$$q = \frac{Q}{SL\eta} \tag{5-6}$$

式中　$Q$——掘进每一循环的总装药量，kg；

　　　　$S$——井筒掘进断面，$m^2$。

炸药消耗量与岩石性质、井筒断面大小和炸药性能等因素有关。单位炸药消耗量在工程应用中可参考预算定额或根据类似工程选取。

### 5.1.2.3　竖井掘进爆破网路

竖井掘进爆破过去主要采用电雷管起爆网路。常用的爆破网路主要有并联、串并联、闭合正向并联（图5-3）和闭合反向并联爆破网路（图5-4）。

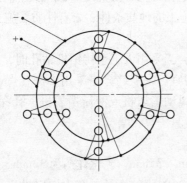

图5-3　闭合正向并联网路

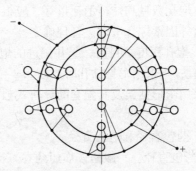

图5-4　闭合反向并联网路

由于闭合反向并联网路电流分布最均匀，起爆可靠，竖井爆破大多采用此种方式；闭合正向并联网路电流分布较均匀，竖井爆破常采用；反向并联网路电流分布较差，但布线简单，有时也有采用；串并联网路现场采用较少。

竖井爆破通常采用非电导爆管雷管的起爆系统。用一发或两发电雷管引爆若干发捆绑非电导爆管雷管，再由捆绑非电导爆管雷管引爆炮孔中的雷管。炮孔中导爆管每12~15根一簇，用瞬发电雷管引爆或导爆管雷管引爆，整个工作面的电雷管最多不超过10个，用普通起爆器即可爆破。

### 5.1.2.4　钻孔机具

竖井掘进的钻孔工作，目前多数采用风动凿岩机，如YT-23轻型凿岩机以及YGZ-70导轨式重型凿岩机。前者用于人工手持打孔，后者用于配备伞形钻架打孔。普通手持式风钻的最优钻孔深度为2.5m，在1.8m以内钻爆最快；超过2.5m时，钻速开始有明显下降；超过3.5m，易夹钎子，操作困难，而且钻孔精度不够。

我国竖井井筒掘进中深孔爆破的主要钻孔设备是配有重型凿岩机的伞形钻架，炮孔深度一般为3~5m，接杆后，最大深度可达6m。用伞形钻架钻孔具有机械化程度高、劳动强度低、速度快和工作安全等优点。我国伞钻主要型号有 FJD-6、FJD-6.7、FJD-9、FJD-9A 等四种，配合 YGZ-70 型独立回转气动凿岩机，可以钻直径为 55mm，深为 3.2~4.2m 的炮孔。

### 5.1.2.5　工程实例

#### A　工程概况

乌鞘岭隧道芨芨沟竖井位于 5 号斜井轴线上，距右线正洞 223.9m，是为加快施工速度及解决施工通风而设。竖井设计井口高程 3050m，井深 466.6m，井筒直径 6.0m，掘进断面 26.4m$^2$，衬砌后净断面直径 5.1m。

井身表土段为坡积层、黏土层及碎石土、泥岩、砂岩互层；基岩段以砂岩为主，间夹少量页岩及薄煤层，节理发育，岩体破碎；最大涌水量为 120m$^3$/d。

#### B　施工方法

井筒施工采用机械化配套短段掘砌混合作业；基岩段钻爆采用 FJD6A 型伞钻钻孔，HZ-6 型离机控制式中心回转抓岩机装渣，3m$^3$ 吊桶、3.5m 大型提升机运输、座钩式翻渣装置、溜槽、自卸车出渣，MJY 型单缝式整体滑移金属模板浇筑混凝土，系列稳车集中控制悬挂井内设备，配套风、水、电、通信、照明等设施。

#### C　掘进爆破

##### a　凿岩机具及爆破器材的选择

采用 FJD-6A 型伞钻，配备 6 台 YGZ-70 型独立回转式凿岩机，选用 $\phi$30mm 中空六角钢钻杆，$\phi$55mm 十字形合金钢钻头。

选用 T220 型岩石水胶炸药，规格 $\phi$45mm×400mm。水胶炸药具有猛度大，适应性强，装药便利等特点。雷管采用 1、3、5、7、9 段别的抗水、抗杂散电流毫秒电磁雷管，反向不耦合连续装药，串并联连线，电磁发爆器起爆。

##### b　炮孔布置及爆破参数选择

爆破采用光面、光底、减震、缓冲击、深孔低抛控制爆破技术。爆破设计参数为：周边孔间距 400~600mm，每圈布孔 28 个；掏槽孔采用二阶复式直孔掏槽技术，一阶槽孔深 4.2m，圈径 600mm，布孔 4 个，二阶掏槽孔深 4.2m，圈径 1.2m，布孔 7 个；辅助孔布置 2 圈，孔深 4.0m，第 1 圈圈径 2.2m，布孔 12 个，第 2 圈圈径 4.0m，布孔 16 个，整个爆破断面共布孔 67 个。炮孔布置如图 5-5 所示，爆破参数见表 5-2。

表 5-2　爆破参数

| 序号 | 名　称 | 孔数/个 | 孔深/m | 孔距/mm | 角度/(°) | 圈径/m | 药量/kg·圈$^{-1}$ | 雷管段数 | 起爆顺序 |
|---|---|---|---|---|---|---|---|---|---|
| 1 | 一阶掏槽孔 | 4 | 4.2 | 424 | 90 | 0.6 | 19.7 | 1 | Ⅰ |
| 2 | 二阶掏槽孔 | 7 | 4.2 | 521 | 90 | 1.2 | 34.3 | 3 | Ⅱ |
| 3 | 一圈辅助孔 | 12 | 4.0 | 569 | 90 | 2.2 | 59 | 5 | Ⅲ |
| 4 | 二圈辅助孔 | 16 | 4.0 | 780 | 90 | 4.0 | 65.6 | 7 | Ⅳ |
| 5 | 周边孔 | 28 | 4.0 | 560 | 88 | 5.8 | 28.9 | 9 | Ⅴ |
| | 合　计 | 67 | | | | | 207.6 | | |

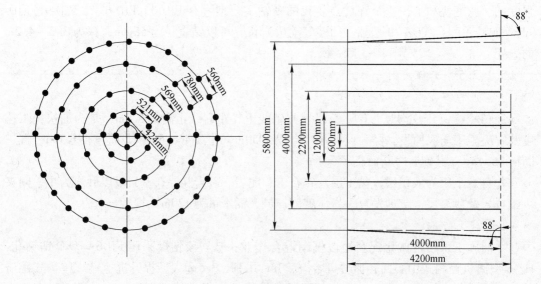

图 5-5 竖井炮孔布置

预期爆破效果：炮孔利用率为 88.5%，循环进尺为 3.54m，单位炸药消耗量为 2.2kg/m³，雷管消耗量为 0.72 个/m³。

　　c 钻孔及爆破

为了保证每个钻孔的尺寸、位置，钻孔采用分区、定人、定钻、定孔位、定时间，严格实行岗位责任制，严格按爆破设计进行操作，提高钻孔精度，减小钻孔误差，要求所有钻孔底基本处于同一平面上，保证爆破效果。装药采用定人分区，各自负责本区扫孔、装药、连线工作，并按本区爆破进尺及效果进行独立考核。

为防止远离起爆药卷的炸药部分拒爆，采用同段双雷管起爆方法起爆；采用 PNJ2 型炮泥机制作黏土炮泥，将装完药剩余长度全部封闭，增加爆轰应力的作用时间，充分破碎岩石，减小爆破块度，提高装渣速度。

### 5.1.3 隧道掘进爆破

隧道的开挖方法有钻爆法、盾构法和掘进机法等，由于钻爆法对于地质条件适应性强，开挖成本低，特别适用于坚硬岩石隧道，破碎地层及短隧道的施工，因此钻爆法仍是当前国内外常用的隧道开挖方法。

钻爆法又称矿山法，它是以钻孔、爆破工序为主，配以机械装渣、出渣，完成隧道断面开挖的施工方法。

#### 5.1.3.1 隧道开挖方法

隧道开挖方法和隧道爆破方案密切相关，隧道开挖方法主要根据地质条件、机械设备、隧道断面积、埋深、环境条件和工期决定。目前经常采用的矿山法中大致有全断面法、台阶法和分部开挖法。

#### 5.1.3.2 隧道掏槽爆破技术

掏槽爆破是隧道开挖的重要环节，成功与否直接决定隧道爆破效果，掏槽的深度决定隧道循环进尺。和巷道掘进一样，隧道掘进掏槽分为斜孔掏槽和直孔掏槽。

直孔掏槽种类很多，有龟裂掏槽、小直径中空掏槽、螺旋掏槽、菱形掏槽、大直径中空孔掏槽等。下面介绍常用的中空孔直孔掏槽：

（1）小直径中空直孔掏槽（图5-6）。在软岩、中硬、节理裂隙较发育的岩层中，大多采用小直径中空直孔掏槽。小直径中空直孔掏槽，中间留一个不装药的空孔，周围4个孔同时起爆，掏槽孔间距一般软岩时取大值，硬岩时取小值。装药系数一般取炮孔深度的60%～80%。

（2）五梅花小直径中空直孔掏槽（图5-7）。这是一种常用的掏槽方式，适用于中硬岩石的爆破开挖。一般掏槽深度比小直径中空直孔掏槽深。

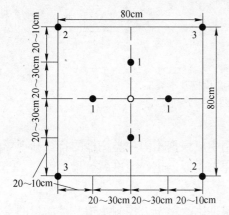

图5-6　小直径中空直孔掏槽

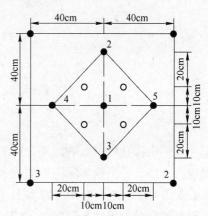

图5-7　五梅花小直径中空直孔掏槽

在1号孔的周围设置4个距离很近的小直径空孔作为1号孔的自由面，1号孔起爆后，在掏槽中心形成一个孔洞，形成新的自由面，逐步扩大成槽腔。装药系数一般为炮孔深度的90%。

（3）大直径中空直孔掏槽，作业中要控制好掏槽孔的间距，控制钻孔精度，爆破时使用毫秒雷管，按设计起爆顺序起爆，才能达到好的掏槽效果。

图5-8所示为几种典型的大直径中空直孔掏槽形式。

菱形掏槽

$$L_1 = (1.0 \sim 1.5)D \qquad (5-7)$$

$$L_2 = (1.5 \sim 1.8)D \qquad (5-8)$$

螺旋掏槽

$$L_1 = (1.0 \sim 1.5)D \qquad (5-9)$$

$$L_2 = (1.5 \sim 2.0)D \qquad (5-10)$$

$$L_3 = (2.5 \sim 3.0)D \qquad (5-11)$$

$$L_4 = (3.5 \sim 4.5)D \qquad (5-12)$$

对称掏槽

$$W = 1.2D \qquad (1 \text{个空孔}) \qquad (5-13)$$

$$W = 1.2 \times 2D \qquad (2 \text{个空孔}) \qquad (5-14)$$

$$b = 0.7a \qquad (5-15)$$

式中　$D$——大直径中空直孔的直径，装药系数一般取炮孔深度的 85%～90%。图 5-8 中
　　　大直径中空直孔可以是 1 个、2 个或 3 个，根据具体情况确定。

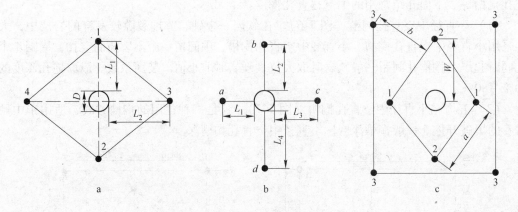

图 5-8　大直径中空直孔掏槽基本类型
a—菱形；b—螺旋形；c—对称形

　　上述几种中深孔掏槽爆破技术，在实际应用中应根据不同种类掏槽的特征和现场的具
体情况进行选择，并根据实际掏槽的效果加以完善，取得更好的爆破效果。

### 5.1.3.3　隧道光面和预裂爆破技术

　　光面爆破和预裂爆破是控制隧道超欠挖，保证围岩稳定，控制隧道开挖质量的主要技
术措施。

　　光面爆破主要针对周边一层岩体的爆破，要在爆落岩体的同时形成光滑、平整的边
界，因而其爆破参数的设计计算与辅助孔、掏槽孔爆破存在一定的差别。主要爆破参数
有：最小抵抗线、炮孔密集系数、不耦合系数、线装药系数、孔距与起爆时差。光面爆破
主要参数的确定，既要满足光面爆破的技术要求，又要保证隧道快速掘进的需要。技术要
求就是减少对周边围岩的扰动，超欠挖小，炸药用量少，爆落石块符合已配备机械装渣要
求；掘进速度快就是尽量少打孔，节约打孔时间。因此要从最小抵抗线与炮孔密集系数、
不耦合系数、线装药密度、爆破进尺等几个方面进行研究。

　　(1) 最小抵抗线与炮孔密集系数。周边炮孔和最外层主爆孔之间的岩层称为光爆层，
光爆层的厚度就是周边孔的最小抵抗线。光爆层的厚度 $W$ 与周边孔的间距 $E$ 之间的比值
$K$ 称为周边孔的密集系数。密集系数过大，爆破后可能在光爆孔间留下岩埂，造成欠挖，
达不到岩石光面爆破效果，反之则可能造成超挖。实践中多取 0.5～0.8，就是最小抵抗
线大于孔距，尤其在坚硬岩石中密集系数皆小于 1。

　　光爆层的厚度还与巷道开挖的断面有关，大断面的拱顶跨度大，光爆孔受到的夹制作
用小，岩体比较容易落下，此时光爆层厚度可以大一些。小断面的坑道，光爆层受到的夹
制作用大，其厚度宜小一些。

　　光爆层的厚度还与岩石的性质和地质构造有关，坚硬完整的岩石，光爆层宜薄一些，
而松软破碎的岩石，光爆层宜厚一些。

　　为了加快施工进度，减少打孔的数量，节约打孔时间，压缩循环时间，周边孔间距大

一些可以少打孔，缩短循环时间，在炮孔密集系数不变的情况下，最小抵抗线也要增大，由此导致周边孔装药量的增加，造成炮孔周边局部岩石扰动过大，影响围岩的稳定。

（2）不耦合系数。不耦合系数（$K_v$）是指炮孔直径与药包直径之比。光面爆破采用药包直径小于炮孔直径的方法，因而不耦合系数大于1，这种装药方法称为不耦合装药，且因药包与孔壁间存在空隙，故亦称为空隙间隔装药。不耦合系数 $K_v$ 的取值一般介于 1.5 ~ 3.0，此时可使炮孔壁岩石上受到的冲击压力不大于岩石的极限抗压强度，可获得良好的光面爆破效果，采用最多的是 $K_v = 2.5$。

根据不耦合系数的大小和选用药卷的直径，光面爆破孔的装药结构通常有两种形式，即径向不耦合连续装药结构和径向、轴向不耦合间隔装药结构。

（3）线装药密度。线装药密度 $q_0$（kg/m）是指单位长度炮孔的装药量，又称装药集中度，可由式（5-16）计算

$$q_0 = \pi/4 \cdot d_1^2 \Delta \tag{5-16}$$

式中　$\Delta$——炸药密度，kg/m³；

　　　$d_1$——药卷直径，m。

因为 $K_v = d_2/d_1$，$d_2$ 为炮孔直径，则

$$q_0 = \pi/4 \cdot d_2^2/K_v^2 \cdot \Delta \tag{5-17}$$

如果采用了炮孔内各药包间也保持一定间隙的装药结构，则 $q_0$ 值的计算采用等量代换。譬如，当采用既有径向又有轴向间隔的装药结构时，应按"当量药包"去计算 $q_0$ 值。

在施工中，为了控制爆破引起的裂隙发展，保持岩石新壁面完整和稳固，要在保证炮孔连心线上岩石得以破裂贯通的前提下，尽可能减少炸药量。另一方面就是选定适宜的线装药密度，一般将线装药密度取为 0.05 ~ 0.3kg/m，其中软岩为 0.07 ~ 0.12kg/m，中硬岩为 0.1 ~ 0.15kg/m，硬岩为 0.15 ~ 0.25kg/m。

在进行爆破设计时，按具体爆破条件计算光爆孔的线装药密度

$$q_0 = KK_1K_2W \tag{5-18}$$

式中　$K$——炮孔密集系数，$K = E/W$，$E$ 为光爆孔孔间距；

　　　$K_1$——岩性系数，一般取：软岩为 0.5 ~ 0.7，中硬岩为 0.75 ~ 0.95，硬岩为 1.0 ~ 1.5；

　　　$K_2$——炮孔深度系数，一般为 0.5，每加深 1m 增加 0.2。

表 5-3 和表 5-4 为隧道光面爆破的参数表。

表 5-3　隧道光面爆破参数一般参考值

| 岩石类别 | 炮孔间距 $a$/cm | 抵抗线 $W$/cm | 密集系数 $(n = a/W)$ | 线装药密度 /kg·m⁻¹ | 适 用 条 件 |
|---|---|---|---|---|---|
| 硬　岩 | 55 ~ 70 | 60 ~ 80 | 0.7 ~ 1.0 | 0.30 ~ 0.35 | 炮孔深度 1.0 ~ 3.5m，炮孔直径 40 ~ 50mm，药卷直径 20 ~ 25mm |
| 中硬岩 | 45 ~ 65 | 60 ~ 80 | 0.7 ~ 1.0 | 0.20 ~ 0.30 | |
| 软　岩 | 35 ~ 50 | 40 ~ 60 | 0.5 ~ 0.8 | 0.07 ~ 0.12 | |

表5-4 国内部分水工隧洞开挖的光面爆破参数

| 工程名称 | 岩 性 | 不耦合系数 | 线装药密度 $q/g \cdot m^{-1}$ | 炮孔间距 $a/cm$ | 最小抵抗线 $W/cm$ | 密集系数 $m$ |
|---|---|---|---|---|---|---|
| 隔河岩引水隧洞 | 石灰岩、页岩 | 2.25 | 150~200、50~100 | 40~50 | 60~70 | 0.65~0.75 |
| 三峡茅坪溪泄水隧洞 | 花岗岩 | 2.25 | 300 | 50 | 70 | 0.71 |
| 天生桥一级引水隧洞 | 泥岩、砂岩 | 1.56 | 250~300 | 40~50 | 50~60 | 0.67~0.83 |
| 广蓄引水隧洞 | 花岗岩、片麻岩 | 1.92 | 289 | 60 | 70 | 0.86 |
| 鲁布革电站引水洞 | 石灰岩、白云岩 | 2.0 | 425 | 60 | 100 | 0.6 |
| 东江电站导流洞 | 花岗岩 | 2.0 | 485 | 56 | 70 | 0.8 |
| 太平驿电站引水洞 | 中硬岩 | | 360 | 50~60 | 50~60 | 1.0 |
| 察尔森水库输水洞 | 软岩 | | 300 | 40~50 | 50~60 | 0.8~1.0 |

#### 5.1.3.4 隧道掘进爆破设计

隧道爆破设计内容包括炮孔布置图及装药参数表、综合技术指标和编制说明等。

（1）炮孔布置图：应有开挖断面的炮孔正面布置图，内容包括炮孔间距、抵抗线、断面尺寸、起爆顺序、装药量。炮孔一般对称布置，图中应标出起爆顺序和单孔装药量，掏槽孔一般应单独画出施工大样图。

炮孔布置复杂时，应增加掏槽部位炮孔布置的水平剖面图，并应标明炮孔方向、角度与深度。

（2）装药参数表包括炮孔名称与编号、炮孔参数、单孔装药量、雷管段号与装药结构、必要的说明。

（3）技术经济指标包括周边孔钻爆参数、工程量、材料消耗、其他技术指标。

（4）设计说明包括设计依据、设计的适用条件、施工要求与注意事项、机具材料的有关说明、安全注意事项、其他必要的补充附图，如装药结构图、爆破网路连接图、钻孔分工顺序图等。

#### 5.1.3.5 工程实例

A 工程概况

秦岭终南山特长公路隧道（K64＋820—K82＋840）位于陕西省长安与柞水两县之间的秦岭山区，穿越秦岭山脉，全长18020m，为两座平行的双车道公路隧道，中线间距30m。隧道埋深均在600m以上，最大埋深1640m，隧道围岩以花岗岩和混合片麻岩为主，石英含量高，岩石坚硬，岩体完整，岩石抗压强度在82~325MPa之间，绝大部分在150~300MPa之间。围岩有Ⅱ、Ⅲ、Ⅳ及Ⅴ类围岩，以Ⅳ及Ⅴ类围岩为主，隧道穿越地层复杂多变。隧道建筑限界：单洞净宽为10.5m，限高为5.0m，内轮廓净宽为10.92m，净高为7.6m。

隧道采用钻爆法施工，除Ⅱ类围岩用台阶法施工外全部采用全断面开挖，运用自制多功能钻孔台架，楔形掏槽、光面爆破技术。

隧道前期采用凿岩台车组织施工，后期采用人工台架风钻钻孔，掘进工序主要有测量、画线、布孔、台车就位、拉电缆、钻孔、装药、台车避炮、人员撤出、爆破、通风、找顶、清危岩、出渣等工序。隧道采用2台三臂凿岩台车钻孔，采用无轨运输，配备

PC300-6 型挖掘机 （0.3m³）、WA470 （3.0m³）、CAT966F （3.0m³） 装渣机作业，8 台 20t 奔驰汽车、6 台 15t 尼桑汽车运输，循环时间为 580min，循环进尺为 4.3m，月进尺要求平均 250m 以上。

B  光面爆破技术

钻孔采用自制简易钻爆台车，台车采用轮胎式行走，分四层平行作业，采用国产 YT28 型风钻打孔，第一层（最顶层）、第二层各布置 6 台风钻，第三、四层各布置 8 台风钻，共 28 台同时作业，6 台 20m³/min 空压机供风。

（1）最小抵抗线和炮孔密集系数。秦岭终南山隧道开挖断面大于 80m²，Ⅲ类围岩光爆孔间距 $E$ 取 45cm，最小抵抗线 $W$ 取 55cm；Ⅳ类围岩光爆孔间距 $E$ 取 50cm，最小抵抗线 $W$ 取 65cm；Ⅴ类围岩光爆孔间距 $E$ 取 55cm，最小抵抗线 $W$ 取 65cm。即光爆孔密集系数 $K$：Ⅲ类围岩为 0.82，Ⅳ类围岩为 0.77，Ⅴ类围岩为 0.85。

（2）不耦合系数。秦岭终南山隧道围岩主要为 Ⅳ、Ⅴ类混合片麻岩，石英含量高，石质完整、坚硬，岩石干抗压强度大部分在 150～300MPa 之间，按一般岩石隧道不耦合系数 $K_v$ 取 2.5 比较合适，由于秦岭终南山隧道围岩坚硬的特殊性，$K_v$ 取 1.25 较为合适，即炮孔直径 40mm，装 32mm 的药卷光面爆破效果很好。

（3）线装药密度。秦岭终南山隧道在进行爆破设计时，按式（5-18）计算。Ⅲ类围岩 $q_0 = 0.18$kg/m，Ⅳ类围岩 $q_0 = 0.28$kg/m，Ⅴ类围岩 $q_0 = 0.3$kg/m。

（4）起爆时差。两相邻光爆炮孔因雷管误差会导致不能同时起爆，存在起爆时差。这种时差在 10ms 内时，有利于贯通裂隙的形成。

C  钻爆设计

Ⅲ、Ⅳ、Ⅴ类围岩开挖采用全断面开挖，多层作业平台风钻群钻钻孔，光面爆破。

（1）全断面开挖地段每循环炸药用量。

$$Q = qSL \tag{5-19}$$

式中  $q$——爆破岩石单耗药量，kg/m³；

  $S$——巷道断面面积，Ⅲ类围岩 96.18m²，Ⅳ类围岩 87.02m²，Ⅴ类围岩 84.48m²；

  $L$——孔深，Ⅲ类 2.0m，Ⅳ、Ⅴ类 3.5m。

$q$ 取值范围为：Ⅲ类围岩 1.0kg/m³ 左右，Ⅳ类围岩 1.2kg/m³ 左右，Ⅴ类围岩取 1.25kg/m³ 左右。其中：掏槽孔药量增加 30%，辅助孔取（0.55～0.6）$q$。

（2）炮孔数目。

$$N = 0.0012qS/(ad^2) \tag{5-20}$$

式中  $q$——单位用药量，kg/m³；

  $S$——开挖断面面积，m²；

  $a$——炸药装填系数，取 $a = 0.7$；

  $d$——药卷直径，取 0.032m。

断面面积 $S$ 为 84～96m²，实际布孔为Ⅲ类围岩 186 个，Ⅳ类 166 个、Ⅴ类 160 个。其中Ⅲ类围岩炮孔布置图如图 5-9 所示，楔形掏槽孔布置图如图 5-10 所示，爆破设计主要技术参数见表 5-5～表 5-7。

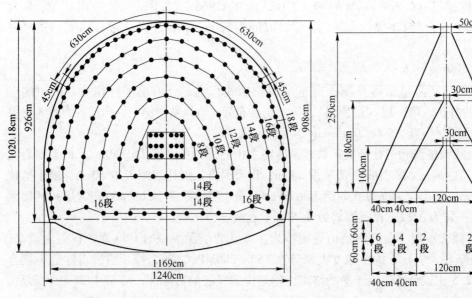

图 5-9 Ⅲ类围岩炮孔布置图     图 5-10 Ⅲ类围岩三级楔形
掘槽孔布置图

表 5-5 Ⅲ类围岩装药参数

| 炮孔名称 | 孔深/m | 炮孔个数 | 非电段数 | 每孔药量/kg | 药量/kg | 非电雷管个数 |
|---|---|---|---|---|---|---|
| 周边孔 | 2 | 55 | 18 | 0.35 | 19.25 | 55 |
| 内圈孔 | 2 | 29 | 16 | 1.1 | 31.9 | 29 |
| 辅助孔 | 2 | 65 | 14/12/10/8 | 1.2 | 78 | 65 |
| 掘槽孔 | 2.5 | 18 | 2/4/6 | 0.6/1.0/1.5 | 18.6 | 36 |
| 二台孔 | 2 | 9 | 14 | 1.1 | 9.9 | 9 |
| 底 孔 | 2 | 10 | 14/16 | 1.2 | 12 | 20 |
| 合 计 | | 186 | | | 169.65 | 197 |

表 5-6 Ⅲ类围岩光爆孔爆破参数

| 项 目 | 光爆孔间距 $E$/cm | 周边孔抵抗线 $W$/cm | $E/W$ | 线装药密度 /kg·m$^{-1}$ | 堵塞长度 /cm | 起爆方式 |
|---|---|---|---|---|---|---|
| 光面爆破 | 45 | 55 | 0.82 | 0.18 | 30 | 毫秒雷管传爆 |

表 5-7 Ⅲ类围岩主要技术经济指标

| 项 目 | 炮孔总个数 $N$/个 | 开挖断面面积 $S$/m$^2$ | 炸药总量 $Q$/kg | 钻孔总长度 $L$/m | 比装药量 $K$/kg·m$^{-3}$ | 比钻孔量 /m·m$^{-2}$ |
|---|---|---|---|---|---|---|
| 全断面 | 186 | 96.18 | 169.65 | 367.8 | 0.98 | 3.82 |

　　Ⅳ类围岩隧道炮孔布置图如图 5-11 所示。Ⅳ类围岩隧道三级楔形掘槽孔布置图如图 5-12 所示。爆破设计主要技术参数见表 5-8 ~ 表 5-10。

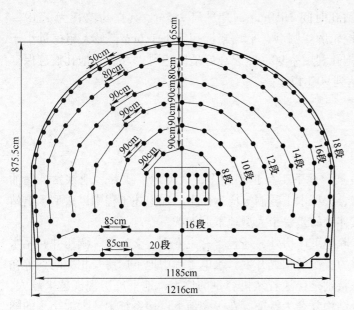

图 5-11 Ⅳ类围岩炮孔布置图

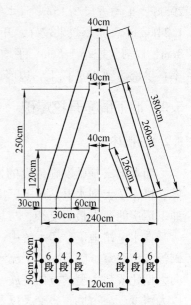

图 5-12 Ⅳ类围岩楔形
掘槽孔布置图

表 5-8 Ⅳ类围岩装药参数

| 炮孔名称 | 孔深/m | 炮孔个数 | 非电段数 | 单孔装药量/kg | 药量/kg | 非电个数 |
|---|---|---|---|---|---|---|
| 周边孔 | 3.5 | 47 | 18 | 0.98 | 46.06 | 47 |
| 内圈孔 | 3.5 | 25 | 16 | 2.9 | 72.5 | 25 |
| 辅助孔 | 3.5 | 52 | 14/12/10/8 | 2.9 | 150.8 | 52 |
| 掘槽孔 | 3.8 | 18 | 2/4/6 | 4/2.8/1.0 | 46.8 | 36 |
| 二台孔 | 3.5 | 11 | 14 | 1.7 | 18.7 | 11 |
| 底 孔 | 3.5 | 13 | 16 | 2.2 | 28.6 | 26 |
| 合 计 | | 166 | | | 363.46 | 197 |

表 5-9 Ⅳ类围岩光爆孔爆破参数

| 项 目 | 光爆孔间距 $E$/cm | 光爆孔抵抗线 $W$/cm | $E/W$ | 线装药密度 /kg·m$^{-1}$ | 堵塞长度 /cm | 起爆方式 |
|---|---|---|---|---|---|---|
| 光面爆破 | 50 | 65 | 0.78 | 0.28 | 30 | 毫秒雷管传爆 |

表 5-10 Ⅳ类围岩主要技术经济指标

| 项 目 | 炮孔总个数 $N$/个 | 开挖断面面积 $S$/m$^2$ | 炸药总量 $Q$/kg | 钻孔总长度 $L$/m | 比装药量 $K$/kg·m$^{-3}$ | 比钻孔量 /m·m$^{-2}$ |
|---|---|---|---|---|---|---|
| 全断面 | 166 | 87.02 | 363.46 | 563.96 | 1.19 | 6.48 |

D 爆破效果

秦岭终南山隧道爆破,平均钻孔深度 3.5m,每循环炮孔总数 160 个,平均装药量

295kg，平均进尺3.15m，平均钻孔时间3h50min，月进尺285m，其炸药单耗为1.19～1.24kg/m³。光爆效果较好，开挖轮廓线圆顺，平均超挖一般小于6cm，最大超挖量小于8cm，局部欠挖小于5cm；平均炮孔利用率90.6%，较好地段达到95.8%；炮孔痕迹保存率：拱部达到94%以上，边墙达到90%以上。

## 5.2 地下硐室开挖爆破

### 5.2.1 概述

随着国家基础设施建设的发展，地下工程越来越多，大型地下矿井、地铁站、储油库、机库及大型水电站地下厂房、大型水工隧洞等应运而生。在上述工程中以大型水电站地下厂房的建设最为复杂，与其伴生的是一个大型地下洞库群。

在水电站地下厂房系统中，除地下厂房外，还包含有主变硐、交通硐、调压井、尾水硐等大型硐室。随着一些干流水力资源的相继开发，水电工程中地下厂房及相关硐室等在向大型化或超大型的方向发展，特别是伴随着装机容量的增大，地下厂房规模越来越大，以大跨度、高边墙、多交叉以及结构复杂为特征。在很多地下厂房系统中，大大小小的隧洞和地下空间交织在一块，形成庞大、复杂的地下硐室群。例如龙滩水电站在不到0.5km²的山体内布置了113条硐室，这些硐室以平、斜、竖的形式相贯，形成庞大而复杂的地下硐室群，石方开挖量达356万立方米；小湾水电站在不到0.3km²的区域里布置近百条硐室，总长度近17km，构成一个超大型的地下工程系统。对于大型地下硐室的施工，最常采用的手段仍是钻孔爆破法。

### 5.2.2 开挖方法

当前水电站地下厂房一般采用"平面多工序，立体多层次"的开挖方法，对于属于超大断面的地下厂房，一般采用台阶法分层开挖，分层的高度一般为8～10m。首先在充分利用施工通道的基础上，考虑厂房的结构特点、施工机械性能以及相邻硐室的施工需要，确定合理的分层方案，然后大体上遵循自上而下的顺序逐级开挖。同时可考虑在厂房上层开挖的同时由下部施工通道进入厂房施工，实现立体交叉施工。厂房上部顶拱的开挖利用凿岩台车钻孔，周边光面爆破，因为厂房跨度大，所以施工中采用导硐（中导硐或者两侧导硐）超前的方式；厂房中部开挖则利用液压钻或潜孔钻凿大孔径竖直孔，梯段爆破开挖，这样可以大大提高爆破效率，同时为了减轻爆破震动对岩锚梁及边墙的影响，一般会采取边墙预裂或者预留保护层等措施；厂房下部则主要利用引水隧洞和尾水洞作为施工通道，开挖仍以台阶爆破为主，但由于厂房下部基坑结构复杂，所以可能会采用不同的钻爆方式。

可供使用的施工通道有排风洞、交通洞、引水隧洞下平段及尾水支洞，根据施工通道控制范围可将厂房从上至下分为三大部分：上部，主要利用排风洞作为施工通道；中部，以交通洞为施工通道；下部，以引水隧洞下平段和尾水支洞作为施工通道。

首先确定上部顶拱开挖高度，顶拱层从排风洞进入施工，其下部高程必须与排风洞持平，并且考虑凿岩台车的控制范围，高度上不能太大，分层高度不宜大于10m，在顶拱开挖时，下部要留有适当的厚度，以保证岩锚部分岩体不受扰动，一般顶拱层开挖下部轮廓线距岩锚梁顶部 2~3m。

### 5.2.3 地下厂房分层开挖

下边以溪洛渡水电站地下厂房开挖为例说明地下硐室群的分层开挖。

#### 5.2.3.1 工程概况

溪洛渡水电站采用全地下式厂房,电站共装机18台(两岸各布置9台),单机容量700MW。机组间距为34m,主厂房最大跨度为31.9m。主厂房布置在拱坝上游山体中,与电站进水口靠近,采用单机单管供水,不设上游调压井,仅设尾水调压室。地下厂房由进水口、引水洞、主副厂房、母线洞、主变室、电缆出入井、通风洞、尾水管及连接洞、尾水调压室、尾水洞以及地面开关站等组成。主厂房尺寸为 430.26m×31.90m×75.10m(长×宽×高),主变室尺寸为 336.02m×19.80m×26.5m(长×宽×高),尾水调压室尺寸为 300.0m×26.5m×95.0m(长×宽×高)。主厂房、主变室和尾水调压室的跨度大、边墙高、规模大,构成厂房的三大硐室群。尾水调压室顶拱中心线与厂房机组中心线间距为149m,主变室顶拱中心线与厂房机组中心线间距为76m。

#### 5.2.3.2 开挖方法

在三大主硐室中主厂房跨度大、边墙高、技术复杂,是控制总工期的关键,施工工期非常紧张。实际开挖过程中实施了"立体多层次、平面多工序"的施工方法,结合施工期安全监测采取合理的开挖方法和适时有效的支护措施,确保了顶拱层、岩锚梁、高边墙和高边墙穿洞等关键部位的围岩稳定。

主厂房开挖高度为75.6m,共分10层施工,除顶拱层为12.1m厚外,其余层厚均为6~9m,其中最重要的是第1、3层。第1层为顶拱层,采用先进行中导硐开挖与顶拱支护、两侧扩挖和系统支护及时跟进的施工方案,即先进行顶拱层两半幅光面爆破,掘进60~80m后,下层两半幅开挖跟进,采用先预裂爆破后梯段爆破的方法(侧墙端预留3m保护层),最后进行保护层光面爆破。支护严格按照稳定性要求实施,以确保下层施工的安全。图5-13为溪洛渡地下厂房硐室分层开挖示意图。

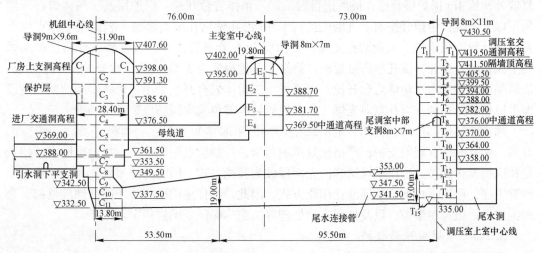

图 5-13 溪洛渡地下厂房硐室分层开挖示意图

（1）顶拱层开挖。主厂房顶拱层分导硐和两侧扩挖两部分顺序施工，导硐宽 9.00m、高 9.60m。顶拱层施工采取先中导硐支护和永久安全监测仪器埋设，再两侧扩挖成型，钻孔采用简易钻爆台车配气腿钻，根据围岩条件，钻孔深度为 2.5~3.5m。由于扩挖断面较大，分两个区域一次爆破开挖。为了确保周边成型好、光爆残痕率高、岩面平整，周边光爆孔孔距均采用 35cm，光爆孔分段爆破，并与相邻主爆孔间隔时间尽量短（不大于 25ms）。

（2）中下部开挖。厂房Ⅱ、Ⅳ层的开挖，由于位于厂房岩锚梁层附近，为了有效地及时支护，控制和减小变形，采取了分层高度在 4~5m 的浅层梯段爆破，层高 8~10m 的分为两个小层开挖。具体为边（端）墙预留 4m 厚保护层预裂爆破成型，中部施工预裂拉槽，然后梯段爆破开挖，最后进行保护层开挖。边（端）墙预裂采用 100B 型贴边钻机钻孔，梯段孔采用液压钻钻孔，保护层采用手风钻水平爆破挖除。Ⅳ层以下的分层开挖采取边墙永久预裂爆破成型，中部梯段爆破全幅或半幅开挖，分层高度为 6m 左右。中下层分层开挖利用母线洞、压力管道和尾水支洞作为施工通道，其中第Ⅸ层（锥管段）采用中部打溜渣井，分两小层三区开挖溜渣的方法，分层高度约 4m。第Ⅹ层（肘管段）开挖上游侧预留厚 3m 左右的保护层，然后再用手风钻水平光面爆破挖除。

（3）主厂房岩锚梁层开挖方法。主厂房第三层为岩锚梁层，要通过严密控制使开挖按照设计边线成型，同时保护好岩体不受爆破震动影响而产生损伤破坏。为保证岩台成型，开挖时采用控制爆破技术，开挖前精心进行爆破设计与试验，确定爆破参数，严格控制钻爆的单响药量。岩锚梁部位的开挖采用预留保护层的开挖方式，保护层与中部槽挖采取预裂爆破分开，保护层厚度为 4.5m。钻孔精度是保证爆破效果最重要的因素之一，采用红外线激光定位技术，精确测放轮廓线。进一步的设计优化和调整，使得岩锚梁开挖爆破半孔率达到了 98.9%，岩面不平整度为 5.1cm，平均超挖为 4.6cm；上直立墙、斜面、下直立墙光爆孔 3 个孔在一条直线上，达到优良样板工程标准，满足设计要求。同时，这些地下硐室开挖施工的关键技术减小了围岩的爆破损伤，保障了围岩稳定。

岩锚梁位于第Ⅲ层，采取分两小层开挖，先进行中部拉槽梯段爆破开挖，然后进行下直墙外预留 4m 保护层开挖，最后进行岩锚梁三角体岩台开挖。保护层及三角体岩台开挖采用以下方案：中槽开挖前下直墙先进行 100B 潜孔钻钻孔预裂爆破；岩锚梁上拐点以上直墙设计轮廓线采用手风钻钻孔光爆，并预埋 PVC 管进行保护。下直墙以外的保护层采用手风钻钻垂直孔，浅孔小药量爆破，第一次开挖高度为 3.5m，第二次开挖至本层底板，最后剩下岩锚梁小三角体岩台开挖。岩锚梁小三角体岩台开挖采用三角体斜墙面及上直墙面手风钻打斜孔和垂直孔双向光爆。岩台地质缺陷部位采取固结灌浆进行处理。

除重点结构部位外，对围岩地质缺陷洞段，采取"短进尺、弱爆破、及时支护"的方案，必要时结合超前支护；严格控制单响药量，控制质点振动速度在规定范围内。特别是在层面发育部位，采用手风钻竖向光面爆破为开挖方式，同时将样架验收作为一道专项检查工序，形成了可推广的标准化作业方式。因此，不良地质段实施了超前地质勘探，合理施工，严格控制爆破，以及加强支护处理等措施，保证了围岩稳定。

### 5.2.3.3 爆破试验数据

**A 爆破试验的目的和内容**

为了确定左岸地下厂房开挖施工的钻爆参数和爆破网路，保证施工质量、安全和高效，在大规模开挖施工前期进行了爆破试验，主要有：预裂爆破试验，中部槽挖梯段爆破试验，保护层开挖（光面爆破）爆破试验、岩台开挖爆破试验，爆破震动效应试验和围岩松动圈测试。根据提供试验部位的时间，除了岩台开挖爆破试验在副厂房第Ⅱ层进行外，其他试验均先在尾调室第Ⅱ层开挖中进行，参照推荐的尾调室钻爆参数、装药结构和爆破网路，在主厂房第Ⅱ层和第Ⅲ层开挖前期进行复核试验，优化和确定钻爆参数和爆破网路，并最终应用于实际施工中。

B 爆破试验成果

（1）预裂爆破。孔径90mm，孔距80cm（永久预裂实际施工采用70cm），孔深8.5m（超深0.5m），预裂长度20~30m；岩石完整部位的线装药密度为550~610g/m，岩石破碎部位的线装药密度为500~560g/m；采用非电爆破网路，各孔用导爆索连接，最后一并连入网路，火雷管起爆。

（2）梯段爆破。梯段爆破炮孔直径为1490mm，中部主爆孔间排距为2.3m×2.0m，缓冲孔间排距为2.0m×2.0m，梯段高度4.5m，梯段长度8m，炸药单耗为0.5~0.6kg/m³，$\phi$70mm乳化药卷连续装药，梯段的最大单段药量为27kg。

（3）保护层开挖（光面爆破）爆破试验。1）垂直开挖爆破参数：台阶高度为3.0m，钻孔深度与台阶深度相一致；钻孔孔径为42mm，垂直孔布置，主爆孔炮孔间排距为1.5m×1.2m，缓冲孔的炮孔间排距为1.5m×1.0m；周边光爆孔间距为40cm，抵抗线为60cm，开挖长度为8m。2）水平开挖爆破参数：台阶高度为3.0m，钻孔孔径为42mm，水平孔布置，主爆孔炮孔间排距为1.3m×1.2m，缓冲孔的炮孔间排距为1.1m×1.0m；周边光爆孔间距为40cm，抵抗线为60cm，循环进尺为3.5m。3）装药结构及爆破网路：主爆孔和缓冲孔采用$\phi$32mm的乳化炸药连续装药，平均单耗为0.5~0.6kg/m³；周边光爆孔采用$\phi$25mm的乳化炸药间隔装药，线装炸药的密度为110g/m，堵塞长度均为1.1m；爆破网路采用非电雷管微差起爆网路。

（4）岩台开挖。岩台开挖尺寸与设计一致，采用垂直孔加斜孔的光面爆破，垂直孔和斜孔对接布置，间距15~18cm。采用手风钻钻孔，孔径均为42mm，垂直孔的孔距为30cm和35cm，相应的线装药密度分别为100g/m和115g/m，最小抵抗线为80cm，孔深为215.5cm；斜孔的孔距为30cm和35cm，相应的线装药密度分别为100g/m和120g/m，最小抵抗线为60~100cm，孔深为315.8cm；辅助孔间距为60~80cm，最小抵抗线为95cm，孔深为250.0cm，单耗为0.3~0.4kg/m³，循环进尺为4m。

（5）爆破震动效应试验。通过对爆源最近的混凝土、锚喷支护、洞壁和相邻硐室进行质点振动监测试验，绝大部分质点振动速度均小于7cm/s，其余均小于10cm/s，满足规范要求。

（6）围岩松动圈测试。通过对开挖爆破前后的岩壁进行声波测试表明，预裂爆破部位的围岩松动范围为1.2~1.5m，岩台部位围岩松动范围为13~15cm，均满足设计技术要求。

## 5.2.4 岩锚梁开挖爆破技术

### 5.2.4.1 岩锚梁施工主要技术要求

对岩锚梁部分的开挖，不仅要保证岩壁成形好，而且要求尽量减少爆破对锚固区围岩的震动影响。岩锚梁岩台开挖质量要求高，对岩台开挖的主要技术要求为：（1）爆破开挖的超挖小于20cm，岩面无爆破裂隙；围岩松动范围：Ⅱ类围岩小于40cm，Ⅲ、Ⅳ类围岩小于60cm；炮孔留痕率大于80%，岩面起伏差不大于15cm。（2）岩台斜面角度偏差不大于5°，岩锚梁范围内不允许欠挖；岩锚梁以下应严格控制超挖，宁欠勿超，局部欠挖应小于10cm。

#### 5.2.4.2  开挖方法

岩锚梁部位的开挖国内工程一般采用预留保护层的开挖方式，保护层与中部槽挖加一排预裂爆破孔分开，中心拉槽超前，两侧保护层开挖跟进；中槽边线采用潜孔钻进行预裂，上下游边墙下直墙外预留保护层厚度一般为4~5m，中槽开挖采用深孔梯段爆破。岩台上下直墙及斜面均采用光面爆破，微差起爆；岩锚梁混凝土浇筑前，对厂房第Ⅲ层周边进行预裂爆破。

#### 5.2.4.3  工程实例

下面以溪洛渡水电站右岸地下厂房岩锚梁开挖为例来说明岩锚梁层的一般开挖方法。

溪洛渡水电站位于四川省雷波县与云南省永善县接壤的金沙江溪洛渡峡谷中，发电厂房为地下式，分设在左右两岸山体内，总装机容量12600MW。右岸地下厂房设计开挖尺寸（长×宽×高）为443.34m×31.9m×75.6m，装有9台单机额定功率700MW的水轮发电机组。厂房吊车梁采用岩锚梁结构，岩锚梁顶宽为265cm，高为325cm；岩台上拐点设计高程为390.345m，下拐点高程为387.75m。岩台设计开挖宽度为175cm、高度为259.5cm，岩台斜面长度为312cm；设计结构断面如图5-14所示。

岩锚梁岩台部位出露的岩体是玄武岩，岩体坚硬，总体呈水平层状，围岩类别以Ⅱ、Ⅲ类为主。

2007年2月结合厂房Ⅲ层开挖进度安排，选择在岩台位置以外的部位进行了模拟岩台开挖专项爆破试验，岩台开挖质量满足设计提出的技术指标要求；并根据试验成果对施工方案和爆破参数做了进一步的优化和调整。岩锚梁模拟岩台开挖布置如图5-15所示。

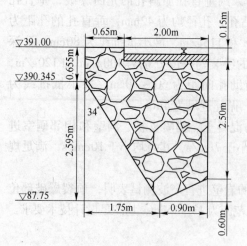

图 5-14  岩锚梁结构图

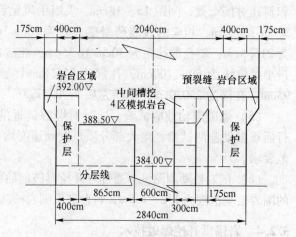

图 5-15  岩锚梁模拟岩台开挖布置示意图

岩锚梁开挖共分为4区进行（图5-16），开挖施工总体程序安排如下：Ⅲ层中槽预裂→Ⅲ1层中槽开挖→保护层1区开挖→Ⅲ2层中槽开挖→保护层2、3区开挖→下拐点保

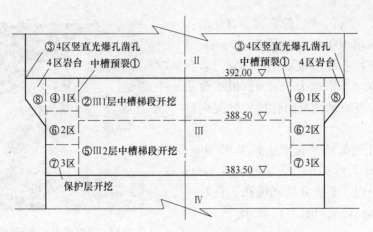

图 5-16 地下厂房岩锚梁开挖顺序
①~⑧—起爆顺序

护→4 区岩台开挖。

  Ⅲ层中槽施工预裂采用潜孔钻机进行凿孔，孔径 $\phi76mm$、孔距 80cm。中槽部位分两层采用 YT28 风钻水平开挖，孔径 $\phi42mm$、孔深 4.8m、孔距 2.5~2.8m（梅花形布置）、排距 0.8~1.2m，采用 32mm 药卷连续装药。

  1~3 区保护层开挖采用 YT28 风钻竖向光面爆破，4 区岩台采用风钻双向光爆成型。1 区保护层垂直光爆孔孔距 50cm，主爆孔孔距 90~120cm，排距 140~170cm。2、3 区保护层直光爆孔孔距 35cm，主爆孔孔距 120cm、排距 120cm。4 区岩台垂直光爆孔孔距 35cm，斜面光爆孔孔距 35cm。各区布孔参数如图 5-17 所示。

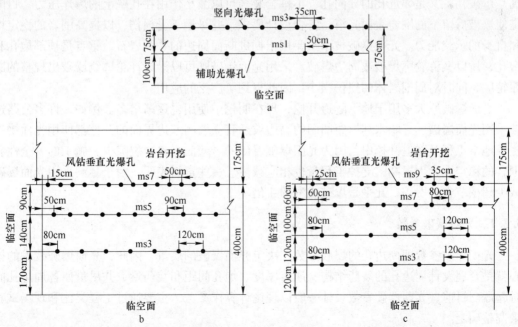

图 5-17 岩台各区炮孔布置
a—4 区；b—1 区；c—2、3 区

岩台 1 区、2 区、3 区保护层垂直光爆孔线密度分别采用 100g/m、52g/m、77g/m；4 区岩台垂直光爆孔线密度采用 54g/m，岩台斜面光爆孔线装药密度为 46g/m。根据前一循环的爆后成型质量情况结合地质情况进行个性化调整。

岩锚梁开挖爆破半孔率达到了 98.9%，岩面不平整度为 5.1cm，平均超挖 4.6cm；上直立墙、斜面、下直立墙光爆孔 3 孔在一条直线上。爆破效果如图 5-18 所示。

图 5-18　溪洛渡岩梁爆破控制与成型

## 5.3　光面爆破

控制开挖轮廓的爆破作业，可以在设计开挖断面内的岩体爆破之前进行，也可以在它之后进行。前一种情况就是预先沿设计轮廓线用爆破方法形成一条裂缝，这种方法称为预裂爆破；后一种情况则是在设计断面内的岩体爆破塌落以后才爆破轮廓炮孔，通常称为光面爆破。显然，两者的爆破条件是不完全相同的，预裂爆破时，药包在受夹制的状态下爆破，只有一个自由面，而光面爆破则有两个自由面。由于有各种不同条件的限制，在隧道和巷道中不常用预裂爆破技术，因为爆炸冲击能量在直接作用于孔间并形成控制裂隙面的同时，也会影响围岩，但是预裂爆破在大断面的隧道和硐室中也有成功的实例。

光面爆破是沿着设计轮廓线布置一排平行的炮孔，孔内采用不耦合装药，使每个炮孔既是爆破孔，又是邻近孔的导向孔，不耦合装药可以减小作用在孔壁上的爆炸压力，目的是使爆破后留下的围岩表面光滑，符合设计要求，并尽量不受损伤，以提高围岩的稳定性和自身的承载能力。光面爆破技术主要用于掘进断面周边的一圈岩石，重点是顶部炮孔和帮孔，所以又称轮廓爆破或周边爆破。采用光面爆破既可以沿设计轮廓线爆破出规整的断面轮廓，同时对周围岩体的损伤很小，因此得到了广泛的应用。

光面爆破原大多用于地下隧道开挖，现在明挖中使用也逐渐增多。例如，许多公路边坡采用光面爆破，三峡水利枢纽船闸的高边坡及直立墙闸室边界面的开挖都使用光面爆破法。地下工程及隧道开挖中，因为光面爆破爆出的岩壁面平整、裂隙少，施工的安全性和围岩的稳定性大大提高，支护工程量也相应减少。一些资料表明：由于隧洞采用光面爆破减少超挖节省的费用，几乎是爆破成本的 4 倍。

### 5.3.1　光面爆破参数

光面爆破参数即周边孔的爆破参数，决定光面爆破的质量，因此，光面爆破技术的核心就是合理设计周边孔的装药结构、崩落厚度、炮孔间距和装药量，并尽量使各周边孔同时起爆。目前，光面爆破参数设计一般以理论计算作参考，主要通过工程类比和现场试验来调整确定。

#### 5.3.1.1　装药结构

为确保周边孔爆破后形成光面且对围岩不造成损伤，装药结构的设计是至关重要的。

目前公认的是周边孔采用小直径、低猛度、爆轰稳定性好的低威力专用炸药，用不耦合装药或空气间隔装药结构来实现光面爆破。不耦合装药包括径向间隙不耦合和轴向长度不耦合装药，而后者又通常称为软垫层装药结构，不耦合介质多为空气或水等。不耦合系数选取的原则是使作用在孔壁上的压力低于岩石的抗压强度，而高于抗拉强度。

不耦合系数

$$K_v = \frac{d_b}{d_c} \qquad (5-21)$$

式中　$d_b$——炮孔直径；

　　　$d_c$——装药直径。

实践证明，$K_v = 1.5 \sim 4$ 时，光面爆破效果最好，多用 $K_v = 1.5 \sim 2.0$。

在不耦合装药条件下，炮孔壁上产生的冲击压力为

$$p_1 = \frac{\rho_0 D^2}{8} \left(\frac{d_c}{d_b}\right)^6 n \qquad (5-22)$$

令 $p_1 \le K_b \sigma_c$，可求得装药不耦合系数

$$K_v = \frac{d_b}{d_c} \ge \left(\frac{n \rho_0 D^2}{8 K_b \sigma_c}\right)^{\frac{1}{6}} \qquad (5-23)$$

式中　$\rho_0$，$D$——炸药的密度和爆速；

　　　$n$——压力增大倍数，$n = 8 \sim 10$；

　　　$\sigma_c$——岩石单轴抗压强度；

　　　$K_b$——体积应力状态下岩石强度增大系数。

实践表明，不耦合系数的大小因炸药和岩层性质不同，一般取 $1.5 \sim 2.5$。在实际施工中，周边孔装药结构常采用几种不同的形式。图 5-19a 为标准药径的空气间隔装药结构；图 5-19b 为小直径药卷间隔装药结构；图 5-19c 为小直径药卷连续装药结构，这是一种典型的光面爆破装药结构形式。

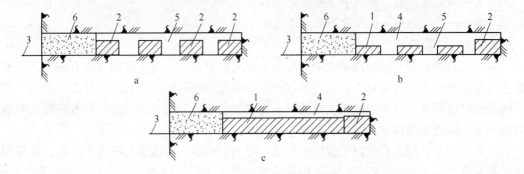

图 5-19　周边孔装药结构

1—$\phi$25mm 药卷；2—$\phi$32mm 药卷；3—导爆索（或脚线）；4—径向空气间隔；5—空气间隔；6—堵塞

### 5.3.1.2　炮孔间距

合适的炮孔间距应使炮孔间形成贯穿裂缝。根据应力波干涉观点，得到合适的炮孔间距是以两孔在连线上叠加的切向应力大于岩石的抗拉强度为原则，若作用于炮孔壁上的初

始应力峰值为 $p_1$，则在相邻装药连线中点上产生的最大拉应力为

$$\sigma_\theta = \frac{2bp_1}{\bar{r}^a} \tag{5-24}$$

将 $\bar{r} = \dfrac{E}{d_b}$、$\sigma_\theta = \sigma_t$ 代换后，由式（5-24）可求得炮孔间距

$$E = \left(\frac{2bp_1}{\sigma_t}\right)^{\frac{1}{a}} d_b \tag{5-25}$$

式中　$a$——应力波衰减系数，$a = 2 - b$，$b$ 为切向与径向应力比例系数，$b = \dfrac{\mu}{1-\mu} = 0.33$，

　　　　$\mu$ 为泊松比；

　　　$\sigma_t$——岩石抗拉强度。

根据实践经验，$E$ 一般为炮孔直径的 $10 \sim 20$ 倍。

### 5.3.1.3　邻近系数和最小抵抗线

光面爆破炮孔的最小抵抗线是指周边孔至邻近崩落孔的垂直距离，或称光面爆破层厚度，是光面爆破主要的设计参数。光面爆破层厚度的理论计算很难，实际中多以现场试验和工程类比来确定。最小抵抗线过大，光面爆破层的岩石将得不到适当破碎；反之，则在反射波作用下，围岩内将产生较多的裂缝，影响围岩稳定。

光面爆破层厚度与周边孔间距有密切关系，通常一起综合考虑。将周边孔间距与光面爆破层厚度的比值称为周边孔密集系数 $m$，该比值应控制在 $0.8 \sim 1.0$ 之间，即周边孔间距不宜大于光面爆破层厚度，以确保先在周边孔间形成贯通裂缝。实际中根据岩层特性，光面爆破层厚度 $W$ 以 $500 \sim 700\text{mm}$ 为好。也可以采用下列经验公式来确定

$$W = \frac{q_b}{CEl_b} \tag{5-26}$$

式中　$q_b$——炮孔内的装药量；

　　　$C$——爆破系数，相当于炸药单耗值；

　　$l_b$，$E$——分别为炮孔长度和间距。

### 5.3.1.4　装药量

周边孔合理的装药量应该是既能使孔间形成贯通裂缝，将光面爆破层岩石破坏，又不致造成炮孔壁或围岩的破坏，即通过不耦合空隙的作用，药包对炮孔壁的冲击压力小于岩石的动态抗压强度。目前还缺乏实用的光面爆破装药量计算公式，一般参照掘进爆破的单位耗药量，周边爆破应适当减少装药量。

实际应用中，周边孔常以单位炮孔长度的平均装药量，即线装药密度来表示，且采用线装药密度来控制爆炸作用对炮孔壁面的破坏程度。工程应用中，当岩石坚固性系数 $f = 4 \sim 6$ 时，线装药密度为 $0.1 \sim 0.14\text{kg/m}$；当 $f = 8 \sim 10$ 时，线装药密度为 $0.14 \sim 0.25\text{kg/m}$。也可按式（5-27）计算：

$$q = 0.33ekW^2 \tag{5-27}$$

式中　$e$——炸药换算系数，$e = 320/P$，$P$ 为炸药的爆力，$\text{mL}$；

　　　$k$——爆出标准漏斗时的单位体积耗药量，$\text{kg/m}^3$。

光面爆破装药量也可依据经验数据，常用参数见表 5-11。

表 5-11 马鞍山矿山研究院光爆参数

| 岩 体 情 况 | 开挖部位及跨度/m | | 光爆孔参数 | | | | |
|---|---|---|---|---|---|---|---|
| | | | 炮孔直径/mm | 炮孔间距/mm | 最小抵抗线/mm | 炮孔密集系数 | 装药集中度/kg·m⁻¹ |
| 整体稳定性好，中硬到坚硬岩石 | 顶拱 | <5 | 35~45 | 600~700 | 500~700 | 1~1.1 | 0.20~0.30 |
| | | >5 | 35~45 | 700~800 | 700~900 | 0.9~1.0 | 0.20~0.25 |
| | 边墙 | | 35~45 | 600~700 | 600~700 | 0.9~1.0 | 0.20~0.25 |
| 整体稳定性一般或欠佳，中硬到坚硬岩石 | 顶拱 | <5 | 35~45 | 600~700 | 600~800 | 0.9~1.0 | 0.20~0.25 |
| | | >5 | 35~45 | 700~800 | 800~1000 | 0.8~0.9 | 0.15~0.20 |
| | 边墙 | | 35~45 | 600~700 | 600~800 | 0.9~1.0 | 0.20~0.25 |
| 节理裂隙发育、破碎、岩性松软 | 顶拱 | <5 | 35~45 | 400~600 | 700~900 | 0.6~0.8 | 0.12~0.18 |
| | | >5 | 35~45 | 500~700 | 800~1000 | 0.5~0.7 | 0.12~0.18 |
| | 边墙 | | 35~45 | 500~700 | 700~900 | 0.7~0.8 | 0.15~0.20 |

### 5.3.1.5 起爆时差

在掘进光面爆破中，起爆顺序分为正序起爆和反序起爆。反序起爆就是所谓的预裂爆破，先将周边孔起爆，而后再起爆掏槽孔和崩落孔。由于周边孔不在一条直线上，预裂爆破效果不佳，目前掘进爆破中已很少采用。光面爆破通常采用周边孔后爆的正序起爆，分全断面一次爆破和预留光面爆破层爆破。一般预留光面爆破层的爆破效果好一些，但需要二次起爆，实际中也较少采用。只有在掘进断面大、雷管段数不足或起爆能力不够时才考虑采用。

试验和工程爆破表明，周边孔同时起爆时，贯穿裂缝平整，微差起爆次之，秒延期起爆最差。同时起爆时，炮孔间的贯穿裂缝形成得较早，一旦裂缝形成，使其周围岩体内的应力下降，从而抑制了其他方向裂缝的形成和扩展，爆破形成的壁面就较平整。若周边孔起爆时差超过 0.1s 时，各炮孔就如同单独起爆一样，炮孔周围将产生较多的裂缝，并形成凹凸不平的壁面。因此，在光面爆破中应尽可能减小周边孔的起爆时差，选用同段同批次的雷管。

周边孔与其相邻炮孔的起爆时差对爆破效果的影响也很大。如果起爆时差选择合理，可获得良好的光面爆破效果。理想的起爆时差应该在先发爆破的岩石应力作用尚未完全消失，且岩体刚开始断裂移动时，后发爆破立即起爆。在这种状态下，既为后发爆破创造了自由面，又能形成应力叠加，发挥微差爆破的优势。实践证明，起爆时差随炮孔深度的不同而不同，炮孔越深，起爆时差应越大，一般在 50~100ms。

## 5.3.2 光面爆破的施工和质量检验标准

### 5.3.2.1 光面爆破的施工

光面爆破掘进时有两种施工方案，即全断面一次爆破和预留光面爆破层分次爆破。

全断面一次爆破时，按起爆顺序分别装入多段毫秒电雷管或非电塑料导爆管起爆系统起爆，起爆顺序为掏槽孔→辅助孔→崩落孔→周边孔，多用于掘进小断面单线隧道和巷道。

在大断面的隧道和硐室掘进时，可采用预留光面爆破层的分次爆破。采用超前掘进小断面导硐，然后扩大至全断面，这种方法又称为修边爆破。修边爆破的优点是根据最后留下光面爆破层的具体情况调整爆破参数，这样可以节约爆破材料，提高光面爆破效果和质量；其缺点是施工工艺复杂，增加了辅助时间。

为保证光面爆破的良好效果，除根据岩层条件、工程要求正确选择光面爆破参数外，精确的钻孔也极为重要，是保证光面爆破质量的前提。对钻孔的要求是"平"、"直"、"齐"、"准"。

炮孔要按照以下要求施工：

（1）所有周边孔应彼此平行，并且其深度一般不应比其他炮孔深。

（2）各炮孔均应垂直于工作面。实际施工时，周边孔不可能完全与工作面垂直，必然有一个角度，根据炮孔深度一般此角度取3°~5°。

（3）如果工作面不齐，应按实际情况调整炮孔深度及装药量，力求所有炮孔底落在同一个横断面上。

（4）开孔位置要准确，偏差值不大于30mm。对于周边孔开孔位置均应位于掘进断面的轮廓线上，不允许有偏向轮廓线里面的误差。

### 5.3.2.2 光面爆破质量检验标准

如何评定地下工程的光面爆破效果，目前国内尚无统一标准，应根据不同的用途（水工隧道、地下铁路、铁路隧道）、不同的技术要求，合理地拟定各项具体标准。

铁路隧道光面爆破的质量评定标准见表 5-12。

**表 5-12 铁路隧道光面爆破质量评定标准**

| 爆破后的检验项目 | 软弱围岩隧道 | 中硬岩隧道 | 硬岩隧道 |
| --- | --- | --- | --- |
| 爆破后围岩情况 | 围岩稳定，无大的剥落或明塌 | 围岩稳定，基本无剥落现象 | 围岩稳定，无剥落现象 |
| 对围岩的扰动深度/m | <1 | <0.8 | <0.5 |
| 平均线性超挖量/cm | 20~25 | 18~20 | 16~18 |
| 最大线性超挖量/cm | <25 | <25 | <20 |
| 两炮衔接台阶最大尺寸/cm | 20 | 20 | 15 |
| 局部超欠挖量/cm | 5 | 5 | 5 |
| 炮孔痕迹保存率/% | ≥50 | ≥70 | ≥80 |
| 炮孔利用率/% | 95 | 90 | 90 |
| 质点振动速度/cm·s$^{-1}$ | <5 | <8 | <12 |

## 5.3.3 影响光面爆破效果的因素

影响光面爆破效果的因素包括以下几方面：

（1）地质条件。工程地质状况对光面爆破效果的影响较大。采用光面爆破，在相同的爆破条件下，超欠挖量与岩石坚固性系数有较大的关系，它的值越大超欠挖量越小，值越小则超欠挖量越大；断层、大而密的节理、裂隙、岩脉均易导致大的超挖。裂隙发育程度及倾角，对光面爆破后形成平滑壁面有很大影响。当裂隙方向与要求爆出的岩面方向重合、垂直或岩体完整无裂隙时，效果最好；裂隙与光面爆破面斜交或几组裂隙相交，则易造成岩石沿节理面脱落。对裂隙少、整体性好、脆硬的岩体，光面爆破的参数可以适当加大，反之应适当减小。

不同的地质条件应采取不同的爆破方式及相应的钻爆参数。在硬岩、中硬岩且节理不发育、岩体较为完整的岩层中应采用中深孔进行爆破；反之，则采取浅孔光面爆破。在地质构造复杂、裂隙发育的部位，可适当减小炮孔间距，减小线装药密度等周边孔参数，以利于成型，减小爆破对围岩的扰动。

（2）钻孔精度。如何保证炮孔间距和最小抵抗线达到设计要求，保证爆破效果，钻孔精度的影响很大。钻孔精度与开孔的准确度、钻进方向的准确性、钻具的选取是否恰当以及测量放线的准确度等有很大的关系。

对于开孔产生的误差，可采用在掌子面上标出炮孔位置，或者设置炮孔排间距标尺，以减小或排除开孔误差。在同样的钻孔偏差角条件下，炮孔越深，孔底偏差越大，因此，炮孔越深越应注意控制钻进方向。为保证钻孔精度可对钻孔工进行专门的培训，以达到人人能熟练操作。在钻孔时可采取先钻凿一个标准孔，插入炮棍，其他孔与之平行钻进的方法，或选用能控制钻孔角度的凿岩台车。其次，钻机本身尺寸大小对钻孔精度也有影响，掘进爆破时，钻周边孔必须有一个外插角度，以保证凿岩机的操作净空（即两炮孔之间的衔接台阶宽度），这与凿岩机的型号及本身尺寸的大小有关。另外，还需要减少测量放线的误差，采用仪器测量的正常误差一般较小，可以满足要求；若采用挂中线靠肉眼瞄准的目测方法，则可能产生较大的误差；放线时间间隔太长造成的误差也很大。为减小或尽可能消除测量误差，尤其是半断面或全断面开挖爆破，应坚持每个循环都用仪器测量放线，并用五寸台式坐标法认真放出开挖轮廓。

（3）爆破技术本身。

1）炸药品种和装药量的影响。光面爆破所采用的炸药与主体爆破所用的炸药相比，爆速要低一些，密度要小一些，爆力要大一些，这样有利于实现光面爆破。炸药药卷的直径应根据炮孔的直径来选择，如前面所述不耦合系数一般为 $K_v = 1.25 \sim 2.0$。若采用间隔装药，以装药长度的平均线装药密度计，对岩石掘进爆破一般为 $0.1 \sim 0.3 kg/m$。装药尺度应根据岩体性质、钻孔参数、炸药类别综合考虑，过大容易破坏光面爆壁，过小则爆不下来。

2）起爆方法的影响。无论采用电雷管起爆还是非电雷管起爆都必须保证起爆成功。在不耦合系数较大的情况下，应绑扎一根导爆索，以免由于间隙效应引起爆轰中断现象发生。若起爆时差大于 0.1 s，则可认为是逐个炮孔单独起爆，所以，在光面爆破时应选用高精度的毫秒雷管。

3）装药结构与堵塞质量的影响。装药过于集中或者炸药沿炮孔全长分布不均匀都将影响光面爆破的质量。在有条件使用光面爆破专用炸药的情况下应优先考虑选用光面爆破炸药进行连续装药，孔底适当加大药量。若没有光面爆破专用炸药，通常选用导爆索和自制小药卷，绑扎在竹片上形成串状装药结构（孔底间隔应小一些）。在软岩中，还可以采用由导爆索束形成的装药结构。对光面爆破来说，炮孔的堵塞质量也很重要，应引起足够重视。

## 5.4 微差爆破

利用毫秒量级间隔，实现按顺序起爆的方法称为微差爆破。微差爆破是一种毫秒级的延期爆破，既不同于瞬发起爆，又异于秒延期爆破，相邻药包以极短的毫秒级时间间隔顺序起爆时，使各药包造成的能量场相互影响而产生一系列良好的爆破效果。微差爆破也叫毫秒爆破，是一种巧妙地安排各炮孔起爆次序与合理时差的爆破技术，是使用最广泛的一种爆破方法，常见于地下掘进爆破和露天台阶深孔爆破之中。微差爆破具有以下优点：

(1) 增加了破碎作用，能够减小岩石爆破块度，降低单位炸药消耗量。

(2) 能够降低爆破产生的地震效应，防止对围岩或地面建筑物造成破坏。

(3) 减小了抛掷作用，爆堆集中，既能提高装岩效率，又能防止崩坏支架或损坏其他设备。

(4) 在有瓦斯或煤尘爆炸危险的工作面采用总延期时间不得超过130ms的微差爆破，可实现全断面一次爆破，缩短爆破和通风时间，提高掘进速度。

### 5.4.1 微差爆破间隔时间

选择合理的微差间隙时间，是成功实现微差爆破的关键，但到目前为止，由于微差爆破破岩机理尚未定论，还不能完全从理论上计算，还需要在实践中不断总结，加以修正。

按应力波干涉假说，前苏联的波克罗夫斯基给出能增强破碎效果的合理间隔时间 $\Delta t$ 为

$$\Delta t = \frac{\sqrt{a^2 + 4W^2}}{C_p} \tag{5-28}$$

式中 $a$——炮孔间距，m；

$W$——最小抵抗线，m；

$C_p$——应力波传播速度，m/s。

按产生新自由面原理，前苏联学者哈努卡耶夫认为，前段装药爆破裂隙能使矿岩脱离岩体形成 $0.8 \sim 1.0$cm 宽的贯穿裂缝的时间为最优微差间隔时间，即

$$\tau = t_1 + t_2 + t_3 \tag{5-29}$$

式中 $t_1$——应力波传至自由面并返回所需的时间，ms，$t_1 = 2W/C_p$；

$t_2$——形成裂缝所需的时间，ms，$t_2 = 2W/C_2$，$C_2$ 为裂隙扩展速度，$C_2 = 0.05C_p$；

$t_3$——破碎的岩块离开原岩形成裂隙宽度 $s = 0.8 \sim 1.0$cm 时所需的时间，ms，$t_3 = s/v_a$，$v_a$ 为矿岩碎块平均运动速度，m/s。

兰格福斯总结瑞典应用的经验，提出在最小抵抗线为 $0.5 \sim 0.8$m 的条件下，能达到最优破碎的合理延期时间的经验公式：

$$\Delta t = 3.3KW \tag{5-30}$$

式中 $K$——各因素影响系数，$K = 1 \sim 2$。

相对于露天爆破来说，掘进爆破炮孔较浅，抵抗线较小，每次起爆的药量也较小。因此，微差间隔时间要比露天爆破时小。一些资料统计表明，一般微差时间多在 $25 \sim 75$ms 之间，当只存在一个自由面、孔深超过 $2.5 \sim 3.0$m 时，有时采用100ms，可见，其变化范围很大，故很难精确确定出微差爆破的合理延期时间。在具体条件下，能获得良好爆破效

果的合理延期时间，只能通过试验来确定。

### 5.4.2 微差爆破的安全性

在有瓦斯爆炸危险的工作面内进行爆破工作，以瞬发爆破最安全，但在这种情况下，全断面只能分次放炮。爆破次数越多对隧道开挖进度影响越大，爆破次数越少对爆破效果和振动作用影响越小。秒延期爆破，因其延期时间较长，在爆破过程中从岩体内泄出的瓦斯有可能达到爆炸极限，因而不能在有瓦斯爆炸危险工作面内使用。

微差爆破除能克服瞬发爆破的上述缺点外，只要总延期时间（即最后一段雷管的延期时间）不超过安全规程的规定限度，就不会引起瓦斯爆炸事故。

《爆破安全规程》规定：在有瓦斯与煤尘爆炸危险的煤层中，采掘工作面都必须使用煤矿炸药和瞬发电雷管。若使用毫秒延期电雷管时，最后一段的延期时间不得超过130ms。因此，在有瓦斯与煤尘爆炸危险的工作面采用微差爆破是防止瓦斯引爆的重要安全措施，爆破前必须严格检查工作面内的瓦斯含量，瓦斯浓度不得超过1%，并按安全规程规定进行装药、放炮。

# 6　露天工程爆破

在露天岩土工程爆破中，深孔台阶爆破和硐室大爆破是最常用的两种爆破技术。

深孔台阶爆破是矿业开采，铁路、公路路堑开挖，边坡开挖控制，大型水利枢纽工程基础开挖的基本手段。

随着深孔钻机和装运设备的不断改进，以及爆破技术的不断完善和爆破器材的日益发展，深孔爆破的优越性更加明显。从 20 世纪 70 年代开始，随着钻孔机具设备的更新、工业炸药和雷管质量的不断提高，新品种炸药和高精度、多段位毫秒延期电雷管以及非电导爆管雷管的广泛使用，以及计算机技术在工程爆破领域的广泛使用，有力地推动了露天台阶爆破技术的发展与水平的提高。

在钻孔爆破法不能满足生产需要的情况下，可以采用大量快速开挖的爆破方法，即硐室爆破法。硐室爆破是指采用集中或条形硐室装药爆破开挖岩土的作业方法，由于一次起爆的药量和爆落方量较大，故亦称为"大爆破"。工程实践表明，硐室爆破具有可以在短期内完成大量土石方的挖运工程，极大地加快工程施工进度；不需要大型设备和宽阔的施工场地；与其他爆破方法相比，其凿岩工程量少，相应的设备、工具及材料和动力消耗也少；经济效益显著等优点。但是也存在一次爆破药量较多、爆破作用和振动强度大、安全问题比较复杂、爆破块度不够均匀、二次爆破工作量大等缺点。

## 6.1　露天台阶预裂爆破

预裂爆破技术是随着深孔爆破技术的广泛应用而发展起来的，预裂爆破技术的成功应用保证了开挖工程的成型质量和边坡稳定。有资料表明，在铁路、水利等施工中，采用光面爆破、预裂爆破技术可使路堑爆破工程量减少 10% ~ 20%，其形成的光滑平整边坡无须做任何支护处理，同时也减少了线路运营过程中的边坡维护工程量。

### 6.1.1　预裂爆破参数设计计算

预裂爆破参数设计因其爆破不是以破碎为目的而有别于普通深孔爆破参数设计。预裂爆破参数的设计影响因素很多，如钻孔直径、炮孔间距、线装药密度、不耦合系数、装药结构、炸药性能、地质构造和岩石强度等。由于预裂爆破目的是形成一定宽度裂缝，其爆破参数应以钻孔直径、炮孔间距和线装药密度为关键参数。预裂爆破的理论研究还很欠缺，设计计算方法也很不完善，现在大多采用经验类比初步确定爆破参数，再由现场试验调整，逐步得到满意结果。

#### 6.1.1.1　钻孔直径

钻孔直径是根据工程性质、设备条件及其对爆破质量要求等来选择的。目前多采用小于 150mm 直径的钻孔。有时以台阶高度来确定，当台阶高度小于 4m 时，选用 38 ~ 45mm小直径钻孔；当台阶高度在 4 ~ 8m 时，选用 60 ~ 100mm 直径钻孔；当台阶高度大于 8m

时，选用与主炮孔相同的钻孔直径，一般选 150~250mm。此外，还可以根据不耦合系数和炸药直径来确定钻孔直径。近年来，大孔径的预裂爆破也有应用，黑岱沟露天矿采用孔径为 310mm 的预裂爆破，取得了较好的预裂效果。

### 6.1.1.2 炮孔压力

预裂孔爆破时，作用于炮孔的压力有三部分：爆生气体的膨胀压力；孔中原有空气冲击波波阵面压力；高速运动的压缩空气和爆生气体质点冲击孔壁产生的增压。由于空气冲击波压力及增压相对于总压力小得多，在计算时可以乘以适当的系数来代替空气冲击波压力及增压作用。下面先计算爆生气体膨胀压力 $p_1'$ 及爆生气体质点高速碰撞孔壁所引起的增压 $p_2'$。

**A 爆生气体膨胀压力 $p_1'$**

凝聚炸药瞬时爆炸，爆炸生成气体的初始平均压力为

$$p_0 = \frac{0.1}{2(K+1)} \cdot \frac{\rho_0}{g} D^2 \tag{6-1}$$

式中 $p_0$——爆炸生成气体初始平均压力，MPa；

$K$——炸药的绝热等熵指数，凝聚态炸药通常取值为 $K=3$；

$\rho_0$——炸药密度，$g/cm^3$；

$g$——重力加速度，$m^2/s$；

$D$——炸药的爆速，$m/s$。

由于预裂孔爆破都是采用不耦合装药，预裂孔爆破后，爆炸产生气体在孔内膨胀时，应遵循以下规律

$$\left.\begin{array}{l} p \geqslant p_L, pV^K = \text{const} \\ p < p_L, pV^\gamma = \text{const} \end{array}\right\} \tag{6-2}$$

式中 $p$——爆炸生成气体某一时刻瞬时压力，MPa；

$V$——爆炸生成气体膨胀过程中某一瞬时体积，$m^3$；

$p_L$——临界压力，即爆炸生成气体等熵膨胀过程中冷压强占主导地位的压力，一般取 $p_L = 0.2GPa$；

$K$——等熵指数，当 $\rho_0 \leqslant 1.2$ 时 $K = 2.1$；

$\gamma$——空气的绝热等熵指数，取 1.3。

设爆炸生成气体膨胀至孔壁时的压力为 $p_1'$、并设当气体压力为 $p_1'$、$p_L$、$p_0$ 时，相对应的气体体积为 $V_1$、$V_L$、$V_0$。$V_1$ 也是炮孔的体积，$V_0$ 也是炸药体积。

则由式（6-2）得

$$\frac{V_1}{V_0} = \frac{V_L}{V_0} \cdot \frac{V_1}{V_L} = \left(\frac{p_0}{p_L}\right)^{1/K} \cdot \left(\frac{p_L}{p_1}\right)^{1/\gamma}$$

即

$$p_1' = p_L \cdot \left(\frac{p_L}{p_0}\right)^{\gamma/K} \cdot \left(\frac{V_0}{V_1}\right)^\gamma \tag{6-3}$$

设炮孔的体积装药密度为 $q_V$（单位体积的装药量），则有 $V_0\rho_0 = V_1 q_V$，即

$$\frac{V_0}{V_1} = \frac{q_V}{\rho_0} \tag{6-4}$$

式（6-4）代入式（6-3）中有

$$p_1' = \frac{p_L}{\rho_0^\gamma} \cdot \left(\frac{p_0}{p_L}\right)^{\frac{\gamma}{K}} \cdot q_V^\gamma \tag{6-5}$$

由式 (6-5) 可知, 对某一具体预裂孔装药, 以上各参数都是已知的, 由此可求出 $p_1'$。

B 爆生气体质点高速碰撞孔壁所引起的增压 $p_2'$

爆生气体膨胀至孔壁时, 质点的运动速度为

$$U_1 = U_0 \cdot \frac{R_0}{R} = \frac{D}{K+1} \cdot \frac{R_0}{R} \tag{6-6}$$

式中 $U_1$——膨胀气体至孔壁时的质点运动速度, cm/s;

$\quad\quad$ $U_0$——爆炸生成气体开始膨胀时的质点速度, cm/s;

$\quad\quad$ $R_0$——药包半径, mm;

$\quad\quad$ $R$——炮孔半径, mm。

假设炮孔壁为刚性平面, 则炮孔壁受到的冲击压力 $p_2'$ 为

$$p_2' = \frac{1}{2} \cdot \frac{\rho_2}{g} \cdot U_1^2 = \frac{\rho_2 D^2}{2g(K+1)^2} \cdot \left(\frac{R_0}{R}\right)^2 \tag{6-7}$$

式中 $\rho_2$——爆生气体膨胀至孔壁时的密度, g/cm$^3$。

若认为炮孔沿轴向均匀装药, 则

$$\rho_2 = q_V \tag{6-8}$$

同时有

$$\frac{R_0}{R} = \sqrt{\frac{V_0}{V_1}} = \sqrt{\frac{q_V}{\rho_0}} = \frac{1}{K_v} \tag{6-9}$$

式中 $K_v$——不耦合装药系数。

将式 (6-8) 和式 (6-9) 代入式 (6-7) 中有

$$p_2' = \frac{D^2}{2\rho_0 g(K+1)^2} \cdot q_V^2 = p_0 \cdot \left(\frac{q_V}{\rho_0}\right)^2 \tag{6-10}$$

若不考虑岩体压力, 作用于炮孔周围岩石上的综合压力为

$$p' = p_1' + p_2' = \frac{p_L}{\rho_0^\gamma}\left(\frac{p_0}{p_L}\right)^{\frac{\gamma}{K}} \cdot q_V^\gamma + \frac{D^2}{2\rho_0 g(K+1)^2} \cdot q_V^2 = \frac{p_L}{\rho_0^\gamma}\left(\frac{p_0}{p_L}\right)^{\frac{\gamma}{K}} \cdot q_V^\gamma + p_0 \cdot \left(\frac{q_V}{\rho_0}\right)^2 \tag{6-11}$$

即

$$p' = p_L\left(\frac{p_0}{p_L}\right)^{\frac{\gamma}{K}} \cdot \left(\frac{q_V}{\rho_0}\right)^\gamma + p_0\left(\frac{q_V}{\rho_0}\right)^2 \tag{6-12}$$

预裂孔内采用不耦合装药, 炮孔内充满了空气 (炸药周围), 在前面计算中未考虑该空气冲击波及增压, 故应乘以系数 $C_f$, 近似取 $C_f = 1.1 \sim 1.2$。这样, 作用于炮孔壁上实际压力 $p$ 和冲击压力 $p_2$ 分别为

$$p = C_f p'; \quad p_2 = C_f p_2' \tag{6-13}$$

### 6.1.1.3 炮孔不耦合系数 $K_v$

对于预裂爆破, 为保证孔壁不出现压碎, 应满足要求

$$p \leqslant [\sigma_c] \tag{6-14}$$

同时在炮孔周围能形成一定数量的微小裂纹, 这样才能形成预裂纹, 应满足

$$p_2 \geqslant [\sigma_{td}] \tag{6-15}$$

式中 $[\sigma_c]$——岩石的极限抗压强度, MPa;

$[\sigma_{td}]$——岩石的动抗拉强度，MPa，一般为抗拉强度的 1.3~1.5 倍，而抗拉强度 $[\sigma_t] = [\sigma_c]/12$。

由式（6-11）~式（6-15）可得

$$p_L \cdot \left(\frac{p_0}{p_L}\right)^{\frac{\gamma}{k}} \cdot \left(\frac{1}{K_v^2}\right)^{\gamma} + p_0 \cdot \left(\frac{1}{K_v^2}\right)^2 \leqslant \frac{[\sigma_c]}{C_f} \atop p_0 \cdot \left(\frac{1}{K_v^2}\right)^2 \geqslant \frac{[\sigma_{td}]}{C_f} \right\} \tag{6-16}$$

根据给定的岩石和炸药类型，由其参数可确定 $K_v$ 的取值范围。

### 6.1.1.4 炮孔间距

炮孔间距直接关系到预裂缝壁面的光滑程度，主要受岩石抗压强度、波阻抗和孔径等因素影响，一般取孔径的 8~12 倍。

**A 根据爆炸应力波的作用确定炮孔间距**

在岩石断裂初期，炮孔周围具有应力场，由弹性理论可知：

$$\sigma_r = -p\frac{R^2}{r^2} \quad (r \geqslant R) \atop \sigma_\theta = p\frac{R^2}{r^2} \right\} \tag{6-17}$$

当 $\sigma_\theta$ 超过岩石的动抗拉强度时，岩石中将出现破坏裂纹，当 $\sigma_\theta < [\sigma_{td}]$ 时，裂纹停止发展。所以炮孔中初始裂纹半径为

$$r_0 = \sqrt{\frac{p}{[\sigma_{td}]}}R \tag{6-18}$$

初始裂纹形成以后，将在静态压力 $p_1$ 作用下进一步扩展。使裂纹贯穿形成裂缝的必要条件是：

$$p_1 \cdot 2R = (S - 2r_0)[\sigma_{td}] \tag{6-19}$$

即

$$S = 2r_0 + \frac{2p_1}{[\sigma_{td}]}R \tag{6-20}$$

式中 $S$——炮孔间距离；

$r_0$——初始裂纹长度，cm；

$p$——作用在孔壁上的实际压力，$p = K_t p'$，Pa；

$p_1$——炮孔内的准静态压力，$p_1 = K_t p_1'$，Pa；

$K_f$——压力增大系数，近似取 1.1~1.2；

$[\sigma_{td}]$——岩石的动抗拉强度。

由式（6-20）计算得出的孔间距为理论计算值。考虑到岩体内存在各种结构面如节理、裂隙等，同时也存在各种缺陷。因而初期裂纹形成之后，会更容易失稳和发展。同时，对原有裂纹也会产生相互作用，更容易形成预裂缝。在上述计算过程中，我们认为岩体是均匀的，得到的计算结果一般偏小，因此，在计算实际孔间距可乘以大于 1 的修正系数 $k_\delta$，$k_\delta = 1.1~1.5$。岩体完整性好时取大值，裂隙发育、破碎则取小值；岩石坚固时取大值，岩石松软时取较小值。实际孔间距 $S'$ 为：

$$S' = k_\delta \left( 2 \sqrt{\frac{p}{[\sigma_{td}]}} \cdot R + \frac{2p_1}{[\sigma_{td}]} \cdot R \right) \tag{6-21}$$

式中 $k_\delta$——孔距修正系数，$k_\delta = 1.1 \sim 1.5$。

B 根据炮孔直径和不耦合系数确定钻孔间距

根据炮孔直径 $d$ 和不耦合系数 $K_v$ 确定钻孔间距是马鞍山矿山研究院总结出的计算公式

$$a = 19.4d(K_v - 1)^{-0.523} \tag{6-22}$$

良山铁矿采用的经验公式为

$$a = rD_r \sqrt{\frac{2\mu\rho}{(1-\mu)\sigma_t}} \tag{6-23}$$

式中 $r$——钻孔半径；

$D_r$——炸药爆轰速度；

$\mu$——岩石泊松比；

$\rho$——炸药密度；

$\sigma_t$——岩石的极限抗拉强度。

### 6.1.1.5 线装药密度

线装药密度是指炮孔装药量与装药长度的比值，即单位长度炮孔装药量。线装药密度直接影响预裂缝是否形成和孔痕率的大小。确定线装药密度的方法有理论计算法，经验公式计算或工程类比法。

（1）线装药密度 $q_1$ 的计算

$$q_1 = \frac{1}{1000}\pi R^2 \cdot q_V = \frac{1}{1000}\pi R^2 \cdot \frac{\rho_0}{K_v^2} \tag{6-24}$$

式中 $q_1$——线装药密度，kg/m；

$R$——炮孔孔径，mm；

$q_V$——体积装药密度，g/cm³；

$\rho_0$——炸药的密度，g/cm³；

$K_v$——不耦合装药系数。

（2）三峡工程预裂爆破经验公式为

$$q_1 = 3(da)^{1/2}\sigma_c^{1/3} \tag{6-25}$$

式中 $d, a$——分别为炮孔直径和间距；

$\sigma_c$——岩石抗压强度。

该公式适用不耦合系数为 2~4 的情形。

（3）根据岩石极限抗压强度 $\sigma_c$ 和钻孔半径 $d$ 的经验计算公式为

$$q_1 = 2.75(C\sigma_c)^{0.53}d^{0.38} \tag{6-26}$$

式中 $C$——修正系数。

该公式适用条件和范围：岩石抗压强度 $[\sigma_c] = 10 \sim 150\text{MPa}$，孔径 $d = 46 \sim 170\text{mm}$。

（4）以岩石的抗压强度和孔距为自变量的经验公式

$$q_1 = 0.36\sigma_c^{0.36}a^{0.67} \tag{6-27}$$

此公式的使用范围为：岩石抗压强度，$\sigma_c = 10 \sim 150\text{MPa}$，孔径 $d = 2r = 46 \sim 170\text{mm}$，

$a = 40 \sim 130 \text{cm}$。

（5）以孔径和不耦合系数为自变量的经验公式：

$$q_1 = \frac{\pi}{4} \cdot \frac{d^2}{K_v^2} \cdot \rho \tag{6-28}$$

表6-1为中孔径深孔预裂爆破时建议选取的数值。

表 6-1　中孔径深孔预裂爆破参数经验数值

| 岩石性质 | 岩石抗压强度/MPa | 钻孔直径/mm | 钻孔间距/m | 线装药量/g·m⁻¹ |
|---|---|---|---|---|
| 软弱岩石 | < 50 | 80 | 0.6 ~ 0.8 | 100 ~ 180 |
| | | 100 | 0.8 ~ 1.0 | 150 ~ 250 |
| 中硬岩石 | 50 ~ 80 | 80 | 0.6 ~ 0.8 | 180 ~ 300 |
| | | 100 | 0.8 ~ 1.0 | 250 ~ 350 |
| 次坚石 | 80 ~ 120 | 90 | 0.8 ~ 0.9 | 250 ~ 400 |
| | | 100 | 0.8 ~ 1.0 | 300 ~ 450 |
| 坚石 | > 120 | 90 ~ 100 | 0.8 ~ 1.0 | 300 ~ 700 |

注：药量以2号岩石铵梯炸药为标准；间距小和节理裂隙发育时取小值，反之取大值。

### 6.1.2　预裂爆破效果的评价标准

预裂爆破效果的评价标准为：

（1）裂缝必须贯通，壁面上不应残留未爆落岩体。

（2）相邻孔间壁面的不平整度小于 ±15cm。

（3）为使壁面达到平整，钻孔角度偏差应小于1°。

（4）壁面应残留有炮孔孔壁痕迹，且应不小于原炮孔壁的1/3 ~ 1/2。

（5）残留的半孔率，对于节理裂隙不发育的岩体应达到85%以上；对于节理裂隙较发育的岩体，应达到50% ~ 85%；对节理裂隙极发育的岩体，应达到10% ~ 50%。

为了保护预裂面的完整性，在它前面设置1~2排缓冲孔（一排居多）。缓冲孔的抵抗线较主炮孔小，间距和装药量也应适当减小。

## 6.2　露天台阶爆破

台阶爆破是指爆破工作面以台阶形式推进完成爆破工程的爆破方法，也称为深孔爆破或梯段爆破。台阶爆破通常在一个事先修好的台阶上进行，每个台阶有水平和倾斜两个自由面，在水平面上进行爆破作业，爆破时岩石朝着倾斜自由面的方向崩落，然后形成新的倾斜自由面。露天台阶爆破按孔径、孔深的不同，可分为深孔台阶爆破和浅孔台阶爆破。通常将孔径大于75mm、孔深大于5m的钻孔称为深孔台阶爆破；反之，则称为浅孔台阶爆破。

### 6.2.1　微差爆破技术

随着工程控制爆破技术的发展，微差爆破技术成为主流技术。微差爆破也叫微差控制爆破，是指在爆破施工中采用延期雷管，以毫秒级时差顺序起爆各个（组）药包的爆破技术。其原理是把普通齐发爆破的总炸药能量分割为多个较小的能量，采取合理的装药结构，最佳的微差间隔时间和起爆顺序，为每个药包创造多面临空条件，将齐发大量药包产生的地震波变成一长串小幅值的地震波，同时各药包产生的地震波相互干涉，从而降低地震效应，把爆破震动控制在给定水平之下。

### 6.2.1.1　微差爆破作用原理

微差爆破虽然在国内外应用多年，但因其作用时间较短，因而至今尚未总结出一个能准确指导生产实践的微差爆破理论。综合目前国内外的研究资料，微差爆破的基本原理有以下几点：

(1) 应力增强作用。炸药在岩体中爆炸后，周围的岩石产生变形、位移，处于应力集中状态中。微差爆破时，先起爆的药包在岩体中形成的应力状态还未消失，后起爆的药包又在岩体中形成新的应力状态，两个应力的叠加可使合应力增强，因而改善了固体介质的破碎效果。

(2) 增加自由面作用。先起爆的炮孔爆破使其附近的岩石产生径向裂隙。径向裂隙发展到一定程度时，后起爆的炮孔再起爆，则这些径向裂隙就成为新的自由面。自由面的增加，有利于后起爆炮孔的破碎作用，爆破的破碎范围就可增大，因此可扩大孔间距，增大破碎体积，从而减少了炸药消耗量。

(3) 岩体介质相互挤压碰撞作用。先起爆炮孔爆破的岩石碎块尚未落下，便与后起爆的碎块发生相互挤压碰撞，利用其动能产生补充破碎，并使爆堆不散比较集中。这样，不仅充分利用了炸药的能量，而且使介质进一步破碎，因而提高了爆破质量，易于控制爆堆，减小了岩块抛散距离和范围。

(4) 地震波相互干扰作用。由于两个相邻炮孔的起爆顺序是异步的，相邻炮孔间先后以毫秒时间差起爆，因此爆破产生的地震波能量在时间上和空间上都是分散的。只要选择恰当的微差时间间隔，使先后起爆的地震波相互作用，产生干扰，可以使地震波效应减弱。这样就可减轻爆破震动对周围环境和岩体稳定性的影响。

### 6.2.1.2　爆破网路设计

为了提高爆破效果和爆破安全，台阶爆破主要采用微差爆破技术。深孔微差爆破技术包括孔内微差技术和孔外微差技术两种。

孔内微差爆破技术就是在爆破孔外采用同段雷管起爆（或使用导爆索），孔内延期雷管按不同时差顺序起爆，实现各个炮孔爆炸的爆破技术。该爆破技术优点是完成装药后连线简单、炮孔准爆程度高；缺点是装药过程复杂，必须认真核对每个炮孔的雷管段别。孔外微差爆破技术就是在爆破孔内采用同段雷管起爆（或使用导爆索），孔外延期雷管按不同时差顺序起爆，实现各个炮孔爆炸的爆破技术。该爆破技术优点是装药过程简单，无须核对每个炮孔内的雷管段别；缺点是完成装药后连线复杂，必须认真核对每个炮孔的段别。由于在大量多排的爆破工程中；前排起爆后，存在飞石后翻现象和前排爆破产生的冲击波的影响，此时如果后排炮孔尚未激发，容易砸断后排爆破网路，导致瞎炮。

深孔台阶微差爆破技术的核心就在于毫秒间隔时间的确定。关于毫秒间隔时间目前多采用半理论、半经验公式计算。

爆破网路设计就是利用爆破器材对整个爆破工作面炮孔进行起爆先后顺序的安排与计划。

A 深孔爆破网路分类

常采用的起爆器材包括电雷管、非电导爆管雷管、继爆管和导爆索等。深孔爆破网路可分为电爆网路、非电起爆网路和导爆管与导爆索联合起爆网路。

（1）电爆网路。电爆网路是以瞬发电雷管和延期电雷管为主要起爆元件，起爆器、照明电、动力电源、干电池、蓄电池和移动发电机为外部能源，由端线、连接线、区域线和母线连通形成的爆破网路。

电爆网路可采用串联电爆网路、并联电爆网路和混联电爆网路。电爆网路的核心是如何合理设计保证每个电雷管通过足够的电流值，并获得足够的起爆能量。

（2）非电起爆网路。非电起爆网路是以非电起爆器材导爆管雷管、导爆索和继爆管等组成的，完成单排或多排炮孔顺序爆破的爆破网路。导爆索网路是由导爆索和继爆管组成，由于导爆索爆速达 6500m/s，所以由继爆管来控制起爆时差，但由于其爆破时的噪声太大，一般在台阶爆破中也不采用。因此，非电起爆网路多采用以导爆管和导爆管雷管为主要起爆元件的起爆网路。

导爆管起爆网路中激发元件是用来激发导爆管的，有击发枪、电容击发器、普通雷管和导爆索等，在现场多使用后两种。实验证明，在保证绑扎质量的前提下，一根导爆管雷管可以激发 50 根导爆管，且导爆管长度可以根据现场情况定制，具有很大优越性。常用的导爆管的连接方式有簇联和四通联结两种。簇联就是俗称的"大把抓"，是用一枚或多枚雷管将更多根导爆管用绑扎绳和工业胶布紧紧缠裹在一起，以实现爆炸能的连续传递。四通联结是一种形似梨形的塑料薄壳结构，外口部可以插入 4 根导爆管。在四通里面的 4 根导爆管 1 根为传入导爆管，3 根为传出导爆管，传出导爆管可以直接引爆炸药或向下一个四通传递。

（3）导爆管与导爆索联合起爆网路。在炮孔内外分别采用导爆管雷管和导爆索连接形成的爆破网路，可以采用炮孔外传爆元件由导爆索负担，炮孔内微差由导爆管雷管来实现的孔内微差方式，也可以采用炮孔外传爆元件由导爆管雷管来实现微差，炮孔内由导爆索引爆炸药的孔外微差方式。在实践中，孔内微差时，导爆索与导爆管尽量垂直联结，并用软土编织袋加以保护，避免导爆索爆炸产生的冲击波对导爆管雷管的影响；孔外微差时，为安全准爆，需要对后排炮孔的导爆管雷管用软土编织袋加以防护。

B 起爆顺序

尽管深孔台阶爆破布孔方式只有方形、矩形和三角形等几种，但是起爆顺序因爆破器材选择、地形地势变化和爆破技术的不同而不同，归纳起来其基本形式有以下几种：

（1）逐排起爆顺序。逐排起爆就是依照炮孔布置以一个临空自由面为首排，依次按照爆破网路设计的起爆时差各排顺序爆破，如图 6-1 所示。主要优点是设计、施工简便，爆堆比较均匀、整齐，是最基本的一种起爆顺序形式。

（2）V 形起爆顺序。在多排炮孔中，以台阶临空面中部为首段起爆，然后按照 V 形顺序设计起爆时差顺序起爆的方式，称为 V 形起爆，如图 6-2 所示。该种起爆方式，先从爆区中部爆出一个空间，改变后面起爆炮孔的最小抵抗线，为后段炮孔的爆破创造自由面。该起爆顺序的优点是岩石向中间崩落，加强了碰撞和挤压，有利于改善破碎质量，也是最基本的一种起爆顺序。由于碎块向自由面抛掷作用小，多用于挤压爆破和掘沟爆破。

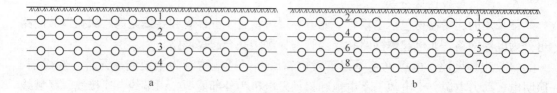

图 6-1 排间起爆顺序

a—排间全区顺序；b—排间分区顺序

（3）梯形起爆顺序。该种起爆顺序实质是 V 形起爆顺序的变化，只是在首段起爆的炮孔数由一个变成多个而已，如图 6-3 所示。该起爆顺序具备 V 形起爆顺序的优点，适用于路堑拉槽爆破。

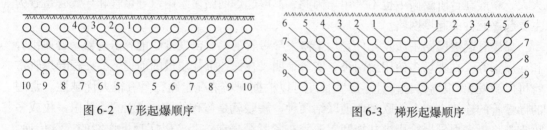

图 6-2 V 形起爆顺序

图 6-3 梯形起爆顺序

（4）波浪式起爆顺序。波浪式起爆顺序实质是逐排起爆顺序与 V 形起爆顺序的结合，是在临空面有多个小 V 形按照逐排起爆的顺序向后延伸，其爆破顺序犹如波浪。其中相邻两排孔对角相连，称为小波浪式；多排孔对角相连，称为大波浪式，如图 6-4 所示。

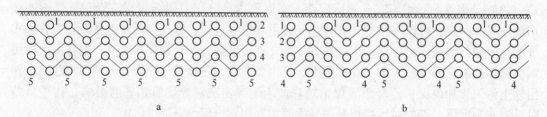

图 6-4 波浪式起爆顺序

a—小波浪式；b—大波浪式

（5）对角线起爆顺序。亦称斜线起爆，是逐排起爆顺序的变化，该种起爆顺序首排起爆不是从台阶推进方向临空面开始，而是从爆区侧翼开始，起爆的各排炮孔均与台阶坡顶线相斜交，为后爆炮孔相继创造了新的自由面。其主要优点是减少了后冲，有利于下一爆区的钻爆工作，适用于开沟和横向挤压爆破，如图 6-5 所示。

虽然起爆顺序方式多样，但起爆顺序的确定应依据爆破地形、地质条件和爆破器材的种类、数量以及施工人员技术水平等因素综合考虑确定。

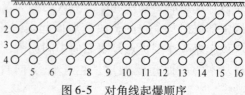

图 6-5 对角线起爆顺序

### 6.2.2 宽孔距小抵抗线爆破技术

宽孔距小抵抗线爆破技术是以加大孔间距、减少排间距（即最小抵抗线）、增大炮孔密集系数、利用爆破漏斗理论改善爆破效果的一种爆破技术。该项技术早期由瑞典 U. Langefors 提出，20 世纪 80 年代开始，我国也进行了研究和推广，至今已取得明显的效果。该项爆破技术无论在改善爆破质量，还是降低单耗、增大延米爆破量方面都具有明显的优点。

#### 6.2.2.1 宽孔距小抵抗线爆破机理

（1）增大爆破漏斗角，形成弧形自由面，为岩石受拉伸破坏创造有利条件。增大孔间距，减小最小抵抗线，则爆破漏斗角随之增大。由于每个爆破漏斗增大，就为后排孔爆破创造了一个弧形且含有微裂隙的自由面。实验表明，弧形自由面比平面自由面的反射拉伸应力作用范围大，应力叠加效果明显，有利于促进爆破漏斗边缘径向裂隙的扩展，破碎效果好。

（2）防止爆炸气体过早泄出，提高炸药能量利用率。由于孔距增大，爆炸气体不会造成相邻炮孔之间的裂隙过早贯通而出现爆生气体的逸散，从而增加爆生气体作用时间，提高了炸药能量利用率。

（3）增强辅助破碎作用。由于抵抗线减小，弧形自由面的存在，既可使拉伸碎片获得较大的抛掷速度，又可延缓爆炸气体过早逸散的时间，使其有较大的能量推移破碎的岩体，有利于岩块的相互碰撞，增强了辅助破碎作用。

#### 6.2.2.2 炮孔密集系数的选取

宽孔距小抵抗线爆破技术主要以炮孔密集系数的变化来实现，而关于炮孔密集系数 $m$ 值的选取，目前尚无统一的计算公式，可以依照工程类比经验取值或根据工程的实际试验值选取。一般认为 $m = 2 \sim 6$ 都可取得良好的爆破效果，个别情况也可以取 $6 \sim 8$。但是，在工程实施上为保证取得良好爆破效果，需要注意两点：（1）保证钻孔质量（孔位、孔深）。（2）临空面排孔的 $m$ 值选取至关重要，必须保证第一排炮孔能够取得良好的爆破效果。通常，要确保首排爆破不留根底。之后再依次布置 $m$ 值增大的第二排、第三排等炮孔。

宽孔距小抵抗线爆破技术的其他参数可以参照深孔台阶爆破选取。

### 6.2.3 逐孔起爆技术

目前国内矿山中较成熟的微差爆破技术是使用普通毫秒导爆管雷管加起爆弹作为起爆手段，实现了孔内延期、孔底反向起爆，爆破震动、爆破块度和爆破飞石得到一定程度的控制。但随着露天矿机械化作业程度的提高，采用普通的毫秒导爆管雷管时由于其强度较低，在利用装药车进行装药过程中容易因外界因素（如装药车碾压、连接过程中的误差、延时过长引起先爆孔对后爆孔网路破坏等）的影响，使整个网路的安全性降低；同时由于目前我国生产的普通毫秒导爆管雷管名义延期时间多以 5ms 或 25ms 的倍数递增，孔间存在微差时间重合的情况，很难满足实际工程中的需要，爆破效果相对难以控制，当同段起爆的炮孔数量比较多时，导致段药量增大，达不到有效控制爆破地震效应的目的。

近几年来，国内应用"逐孔起爆微差爆破技术"以及随之出现的新型爆破器材"高强度、高精度导爆管雷管"很好地解决了上述问题，在露天矿爆破生产实际中得到了检验，极大地推动了微差爆破技术的发展。

逐孔起爆技术是指爆区内处于同一排的炮孔按照设计好的延期时间从起爆点依次起爆，同时，爆区排间炮孔按另一延期时间依次向后排传爆，从而使爆区内相邻炮孔的起爆时间错开。在爆破区域的布孔水平面内，处于横向排和纵向列上的炮孔分别采用不同的延期时间，但通常位于一排或一列中的炮孔具有相同的地表延期时间间隔。从起爆点开始二维平面内每个炮孔的起爆时间按孔、排间延期时间累加实现，相对于周围炮孔各自独立起爆。这样，爆破过程在时空发展上按某一起爆等时线向前推进，直至爆破过程完毕。实践证明，在相同的条件下，选择适当的延期时间可以在很大程度上改善爆破效果。

逐孔起爆技术能充分发挥炸药能量，具有爆破效果好、振动小和综合效益显著的特点，并且为更科学的爆破参数优化提供了理论依据。逐孔爆破技术以高强度、高精度复合导爆管毫秒雷管作为起爆及传爆元件进行起爆网路的铺设，孔内采用高段位延时毫秒雷管进行起爆，孔外采用低段位延时毫秒雷管连接，是实现单孔孔间微差起爆的一种爆破技术。逐孔爆破技术实现了单孔顺序起爆，将最大一段起爆药量限制在一个炮孔的最大装药量范围内，从而大幅度降低了爆破地震波的危害，同时改善爆破效果。

逐孔起爆是一种特殊的微差爆破技术，在爆破过程中，每个炮孔的起爆都是相对独立的，炮孔由起爆点按顺序依次起爆，先爆炮孔为后爆炮孔创造更多的自由面，使爆炸应力波充分反射，提高炸药能量利用率，降低爆破震动，并使矿岩破碎体在移动过程中发生相互碰撞与挤压，达到改善破碎效果的目的。

### 6.2.3.1　逐孔起爆作用原理

逐孔起爆微差爆破技术在国外矿山中已经有多年成功的使用经验，其技术核心是单孔延时起爆，是依靠高强度、高精度导爆管雷管，实现爆区内任何一个炮孔爆破时，在空间和时间上都是按照一定的起爆顺序单独起爆，这样人为地为每个炮孔准备最充足的自由面。

逐孔起爆作为一种延期爆破，使相邻药包以极短的毫秒级时间间隔顺序起爆，使各药包产生的能量场相互影响、并充分利用先爆药包创造的有利条件而产生良好的爆破效果。与其他微差起爆技术相比，逐孔起爆技术是减震效果最为突出的一种手段，常见于地下矿山深孔爆破和露天台阶深孔爆破。在城市基础拆除中，由于周围建筑物（构筑物）的防护及城市环保要求，逐孔起爆技术的应用也越来越普及。

逐孔起爆技术的作用机理与微差爆破原理相似，以露天台阶深孔爆破为例对目前公认的观点加以论述。

（1）先起爆的炮孔相当于单孔漏斗爆破，在压缩波和反射拉伸波以及爆炸气体的作用下，在矿岩中形成爆破漏斗。这些漏斗沿其周边主裂隙与原岩分离。但此阶段岩石尚未明显移动，孔内高温高压气体尚未消失，只在漏斗内产生较多交叉裂隙，漏斗外有微细裂隙生成。

（2）在第一组炮孔爆破漏斗形成后，第二组微差延发的炮孔紧接着起爆。先形成的爆破漏斗的周边和爆破漏斗之外的微裂隙是后继炮孔爆破的自由面。因此，后起爆炮孔的最小抵抗线和爆破作用方向发生改变，加强了入射压缩波和反射拉伸波在自由面方向的破碎作用。随着自由面数的增加和夹制性的减少，爆破能量可充分利用，破碎矿岩，使矿岩块度降低，有利于改善爆破效果。

（3）先起爆的一组炮孔的爆破作用在岩体内形成的应力场尚未消失，后一组炮孔立即起爆，两组炮孔爆破产生的应力波相互叠加，增强了应力波的作用，并延长了作用时间，加强了破碎效果。

（4）当前一组炮孔爆落的矿岩飞散尚未回落时，后一组炮孔爆下的矿岩朝向新形成的补充自由面方向飞散，互相碰撞，利用其动能产生补充破碎，并使爆堆不散、比较集中。

（5）由于两组炮孔的起爆顺序是相间布置的，相邻炮孔间先后以毫秒时差间隔起爆，因此爆破产生的地震波能量在时间上和空间上是分散的。地震效应所以能够减弱，主要是通过错开主震相的相位来实现，这样，即使初震相或余震相可能叠加，但仍不至于超过原来的峰值振幅（主震相最大振幅）。

6.2.3.2 逐孔微差起爆技术

工程实践中用到的逐孔起爆方法主要有三种：孔内延期逐孔起爆、孔外接力逐孔起爆、孔内外联合逐孔起爆。

A 爆破器材

高强度、高精度导爆管雷管是实现逐孔起爆的技术关键，为尽快发展该项技术，从2000年开始，国内一些爆破器材研究单位，如阜新圣诺化工有限责任公司、Orica公司等，对高强度高精度导爆管雷管（以下简称"双高"导爆管雷管）开展了系统的研究，并先后取得了一些可喜的成果。阜新圣诺化工有限责任公司率先实现了"双高"导爆管雷管的工业化生产，并于2005年通过辽宁省国防科工委组织的专家会议鉴定。

非电起爆系统"逐孔起爆"技术的核心技术指标是雷管的延期时间精度，而在这方面目前我国与国际先进水平仍存在着较大的差距。研制"双高"导爆管雷管重点要从延期药配比、混药工艺、延期元件制造工艺、雷管装配结构等方面入手，这几年国内民爆器材生产厂家在高精度雷管研究方面取得了突破性进展。

"双高"导爆管雷管除应具备高强度、高延期时间精度特性以外，还应具备适当的输出能量（如地表雷管能使起爆网路可靠传爆，孔内雷管能将起爆具可靠引爆）、抗水、抗油、耐温性能及适当的机械强度。经优化设计后，研制的"双高"导爆管雷管的结构满足了上述要求。

为方便使用者，分别设计了甲、乙两种类型的连接块。其中甲型连接块是为露天矿山大型爆破设计的，尤其对起爆炮孔数在150孔以上的爆区。该连接块具有操作快速、便捷的特点，每个连接块一次最多可连接6根导爆管，能够满足利用导爆管雷管实现逐孔起爆的技术要求。乙型连接块的设计主要考虑的是网路的可靠性，其各功能孔间距的设计均经过了严格的试验，能够在其中一发雷管瞎火，而另一发雷管半爆的极端情况下仍确保爆破网路的可靠爆轰，特别适合于需要高度可靠性的爆破网路。由于其连接操作较甲型连接块相对烦琐，因而更适用于一次爆破炮孔数小于150孔的爆破网路连接。

B 逐孔起爆网路设计

逐孔起爆网路设计中，有孔内延期和孔外延期两种情况，根据爆破规模，借助爆破器材，灵活使用两种延期方式，可设计出多种形式的复杂起爆网路。设计起爆网路时，需要了解和分析非电毫秒雷管的名义延期时间与爆破合理微差时间，选择适当的地表延期雷管，并对设计的起爆网路进行可靠性计算。

要实现逐孔起爆技术，从网路设计的角度分析，通常有两种方式实现：一是在所有孔内装同一段位的雷管，孔间和排间都用低段位雷管进行接力；二是"孔间接力、排间段差"或者"排间接力、孔间段差"。

a 逐孔起爆网路设计

逐孔起爆技术网路设计，分为地表延期网路和孔内延期网路。其中，地表延期合理微差时间的选择是关键，而后者由于受雷管段数的限制，一般情况下选择的是同段雷管（如400ms雷管）。起爆方式是：通过地表延期网路引爆孔内的延期雷管，再引爆炸药。

（1）逐孔起爆顺序。在爆区第一排自由面多且适合爆堆整体移动的位置选择一个炮孔为起爆点，第一排炮孔为控制排，这个控制排为爆破建立孔间延时顺序，以后的起爆顺序由后返式雁行线上的地表延时控制，地表采用单管联结，孔内采用双管延时。值得注意的是，控制排传爆方向和各传爆列传爆方向应相反，它们之间的夹角必须大于90°。

（2）地表延期雷管的连接。首先连接各传爆列地表延期雷管，连接时从每列最后引爆的炮孔开始向控制排方向联结。每列连接完毕后即可联结控制排，也是从控制排最后引爆的炮孔开始向起爆点方向联结。地表延期雷管连接时，连接块的开口部分必须朝上，地表管塑料连接块两侧30cm的导爆管与地表管要成90°，并用小石块压规整。

b 逐孔起爆器材

目前，国内采用逐孔起爆技术的露天矿山普遍使用Orica（山东威海）爆破器材公司生产的非电导爆管雷管。该公司的导爆管使用复合材料制成，具有良好的抗拉、抗折和耐压性能，抗拉强度不低于9.98MPa，导爆管与雷管连接处抗静拉力不低于8N，该产品分地表和孔内两种系统，在实际应用中，可根据具体条件选择导爆管雷管的延期时间和规格。

此外，Orica公司针对其高精度导爆管雷管产品，还开发了SHOTPLAN爆破设计软件。该软件由文件、编辑、显示、计算模拟、窗口和材料数据打印等组成，可以完成炮孔参数的设定、爆孔数量、逐孔间隔、时间设计、松散度优化、起爆点和起爆方向的选择、起爆网路的连接方式、起爆器材数量的确定，以及打印图纸等。同时，通过该软件的演示功能，可模拟每次起爆的过程，预设抛掷方向、爆堆形状、经济松散度。另外，可预演、分析间隔跳段、时间分摊、起爆孔数和起爆角度。使用SHOTPLAN爆破设计软件，可以方便及时地对起爆网路进行优化，并结合点燃阵面技术，进一步验证设计的准确性和可靠性。

C 起爆网路

根据国内外研究现状和工程应用情况，以下三种起爆网路在逐孔起爆过程中应用较为频繁，也取得了不错的爆破效果。

爆区只有一个自由面（如进行沟槽爆破）的情况下，一般采用V形网路，如图6-6所示；爆区有两个自由面的情况下一般采用斜线起爆网路，如图6-7所示；爆区采用三角形布孔时，采用三角形逐孔起爆网路，如图6-8所示。需要注意的是，为确保爆破效果与传爆可靠性，要求排传爆方向与列传爆方向相反，它们之间的夹角应大于或等于90°。

以上是三个典型的逐孔起爆网路，图中0为起爆点。当爆区形状不规则时，需要利用9ms、17ms和25ms地表延期雷管进行适当的调整。在网路联结设计中，地表网路利用连接块可实现整个网路的快速联结。

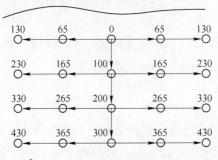

图 6-6 单自由面 V 形起爆网路

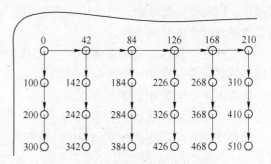

图 6-7 双自由面斜线逐孔起爆网路

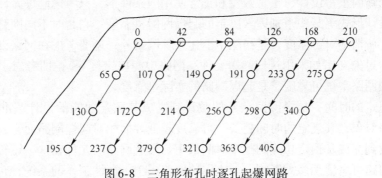

图 6-8 三角形布孔时逐孔起爆网路

### D 起爆网路安全性

在露天矿爆破中，一般认为爆破网路的非人为因素破坏主要有两方面的原因：爆破飞石将地表网路砸断或切断；起爆雷管爆炸后产生的金属飞片将传爆雷管切断。采用逐孔起爆技术在确保雷管精度的前提下，能够大大提高起爆网路的安全性就在于相对较好地解决了这两个问题。

图 6-6 是一个标准的方形逐孔起爆爆破地表网路连接示意图。由于孔内延期雷管普遍采用 400ms 延期时间间隔，因此当第 1 个起爆点处炮孔内雷管引爆炸药时，地表网路已经传爆到距离该炮孔 5 倍孔距左右的距离。而整个地表网路传爆结束也只需要 720ms 的时间，也就是说，地表延期雷管起爆时间总是超前距离该雷管位置 5 倍孔距左右的距离。第 1 个炮孔产生的飞石对爆破网路产生破坏所需要的时间 $t = t_升 + t_落$，即飞石飞起时间和落地时间之和，这个时间远远大于地表网路传爆完成所需要的时间。因此，即使爆破区形成了飞石，对地表传爆网路也不会构成大的威胁。

可能对地表网路造成破坏的是，地表传爆雷管本身爆炸时产生的雷管金属飞片。采用普通导爆管雷管作为地表传爆器材时，当雷管爆炸后，雷管本身产生的金属飞片运动速度可达到 2000m/s 以上，而导爆管内爆轰波传爆速度为 1600~2000m/s，这样金属飞片可能将后继的传爆导爆管切断，造成网路破坏。逐孔起爆的地表雷管针对雷管的起爆能力、外壳材质和底部形状等进行了特殊设计。在实际生产中，地表雷管选用的是 4 号雷管，雷管起爆药在确保足够起爆能的前提下采用低能起爆药，外壳材质弃用铁质法兰外壳，选用相对偏安全的铝质外壳；对地表雷管底部进行平底设计，弃用涡心设计，降低聚能效应，减小雷管底部产生金属射流和金属飞片的影响范围；设计了地表雷管联结块，不但方便了连接操作，同时也降低了金属飞片飞散能量和速度。通过上述措施，可以有效地降低地表延期雷管爆炸时产生金属飞片。

综上所述以及现场应用表明，虽然采用逐孔起爆技术时地表网路的结点增加，但是爆破网路的整体安全性和可靠性却较现场传统采用的簇联等连接方式大大提高。

### 6.2.3.3 起爆网路可靠性分析

#### A 起爆网路可靠性的定义和分类

起爆网路在规定的条件下和规定的时间内，完成起爆、延时等预定功能的能力，称为可靠性。"完成预定功能"是一随机事件，可以用概率定量表示，即可靠度。

起爆网路的可靠度按规定条件的不同可分为相对可靠度和绝对可靠度。所谓相对可靠度，是指在网路的正常设计、正常敷设和正常使用的条件下，只考虑起爆元件的可靠性及网路系统的设计形式等某些个别因素决定的起爆网路可靠度。它是对不同网路形式进行比较的指标值。所谓绝对可靠度，是指除了上述条件因素外，还要考虑在网路设计、敷设和使用中的人为过失（诸如采用过期起爆元件、网路中漏接错接等），即考虑了各种影响因素综合作用的网路系统可靠度，是起爆网路的实际可靠度。

定义中规定的时间，是指网路从开始敷设到完成其预定功能的设计基准期。一般而言，对于同一对象，其规定的时间越长，可靠度越低。而相对起爆网路而言，由于爆破网路从开始敷设到完成其预定功能的整个时间很短，组成网路的元件在这一短暂时间内的变化很小，对网路可靠度无多大影响；加之爆破网路属于一次性工作的系统，它与一些需连续工作的系统在可靠性问题上存在着差异。因此，在起爆网路的可靠度计算中，对于时间因素可忽略。水下及潮湿地区爆破网路敷设时间较长，则应限于在有效时间内起爆元件不失效这一特定情况。

#### B 影响非电起爆网路系统可靠度的因素

一般说来，非电起爆网路系统的可靠度由以下四个因素决定。

（1）起爆元件（器材）自身的可靠度。起爆元件包括：导爆管雷管、导爆管、导爆索及其连接元件等。由于起爆元件是构成起爆网路的物质基础，其起爆元件本身可靠度的高低，无疑对起爆网路系统的可靠度有直接影响。

（2）起爆网路敷设（连接）形式。对于不同的网路设计形式，其相对可靠度也不相同。网路的相对可靠度是根据起爆器材的质量和种类等因素，通过设计者的具体工作来确定的。在设计中，若采用合理的设计方式，即可使得整个起爆网路的相对可靠度达到较高值。反之，则有可能导致网路的相对可靠度很低，甚至造成网路部分拒爆。

（3）网路敷设工艺。网路敷设工艺是影响非电起爆网路可靠性的重要因素。它与网路的可靠度有显著的相关性，而要减少网路敷设时对其可靠度的影响，必须建立一套可靠的施工方法，包括：要有保证传爆雷管安全引爆非电导爆管的可靠方法和措施。传爆雷管起爆时，要有防止它破坏网路中其他后爆非电导爆管的工艺方法和技术措施。要有保证相邻支路不同段别不产生重段、串段的技术手段。

（4）施工技术管理。先进的起爆技术和方法需要通过人来实现，通过大量的现场调查发现，由人为操作失误造成网路漏连、错接而产生拒爆的事例较多，因此，这一因素的影响不可忽视。

上述四影响因素中除网路敷设形式属确定性外，其余三项是随机性因素。而且，由于网路敷设工艺及施工技术管理两项均属人的行为形成的随机事件，暂无科学的量化处理方法可供计算网路可靠度使用。所以可靠度计算，实际上是计算起爆元件和网路敷设形式两项因素所决定的起爆网路可靠度（概率值）。

网路敷设形式与网路系统组成元件自身的可靠性，二者是互为独立的两个事件。前者属确定性事件，后者是随机型事件。

#### 6.2.3.4 逐孔起爆时间间隔

**A 逐孔爆破微差间隔时间的选择原则**

**a 孔间微差间隔时间**

确定合理的微差间隔时间，对改善爆破质量和降低地震效应具有十分重要的作用，确定微差间隔时间主要应考虑岩石性质、孔网参数、岩体破碎和移动因素。微差间隔时间过长相当于单孔爆破漏斗发挥作用，甚至破坏爆破网路；微差时间过短，前一个炮孔尚未为下一个炮孔形成自由面，起不到微差爆破的作用。合理的微差间隔时间，即前一个炮孔为下一个炮孔形成自由面的时间，亦即炮孔前方岩石前移和回弹时间加上岩块脱离岩体的时间。

理论和实践证明，软岩应采用低猛度、低爆速的炸药并采用长微差间隔时间以增加应力波及爆破气体在岩体中的作用时间，硬岩及软弱夹层、裂隙发育的岩石应采用高猛度、高爆速的炸药，并采用短微差时间使爆破能量依次迅速释放，避免爆破气体泄漏及应力波迅速衰减。在试验研究中，将微差间隔时间分为两部分进行分析，即同一排炮孔间的微差时间及排与排间的微差时间。同一排炮孔间的延期时间称孔间延时；排与排间延期时间称排间延时。

**b 排间微差间隔时间**

为取得最佳抛掷效果，在多排爆破时，排与排之间的时间间隔必须足够长，这样可以使先爆岩石完全脱离原来位置，为后爆破岩石创造自由面，不会阻挡后面岩石的移动。如果排间延时低于某一临界值，爆破后，前排岩石阻碍使爆破后冲加重，爆堆变高，而爆堆底部由于夹制作用大，松散度较差，不利于电铲作业。还由于不同岩性岩石的动态反应时间不一，这一临界值变化比较大。根据相关文献的研究，当低于 8ms/m 抵抗线会发生爆后岩体阻塞现象，增加排间延时不会对爆破效果产生较大影响，但过大的排间延时会使先爆岩石抛下后停止，阻挡后排的岩石移动，不能发挥微差爆破排间炮孔应力波叠加及碎石相互挤压碰撞，改善爆破效果的作用。

**c 波阻对微差间隔时间的影响和选择**

爆破能量在岩石中释放和耗损与岩石的性质有关，波阻是岩石的本质性质，是影响应力波传播的本质因素，也必将影响其传播行为特征。因此，微差爆破最优间隔时间 $t$ 与孔网参数、岩石波阻等的相关关系，显得更为重要。图 6-9 反映了最优间隔时间随孔距 $a$ 减小和波阻 $\Omega$ 增大而缩短。因此，岩石物理特性和孔网参数对最优间隔时间的影响是一致的。

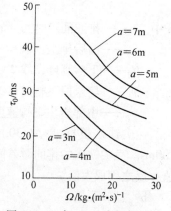

图 6-9 $\tau_0$ 与 $\Omega$、$a$ 之间的关系

**B 逐孔爆破微差间隔时间的确定**

为降低重要位置处的爆破震动，Tatsuya Heshibo 等提出了考虑电雷管起爆时差的延期时间优化设计方法。通过用计算程序模拟各炮孔爆炸产生的振动在某点的叠加，可以计算出该点的质点振动峰值速度（PPV），利用该点质点峰值速度与延期时间的关系，可以很容易确定获得最小质点峰值速度的微差时间。

**a 根据理论计算为依据的微差间隔时间**

（1）最佳孔间微差间隔时间。对于相当坚硬而脆的岩石，由于岩体中动态反应时间短，孔间延时时间必须缩短；对于孔隙多、塑性大的软岩，孔间延时必须加大，不合理的时间间隔会减弱应力波在自由面的拉伸强度，进而削弱对岩石的破坏作用。具体来说，如果孔间延时太短，裂隙将首先在炮孔间产生，岩体被推向较远的位置；如果孔间延时太长，炮孔单独发挥作用，爆堆块度变差。根据实际经验，硬岩的合理孔间延时为 3ms/m，而一般岩石的合理孔间延时为 3~8ms/m。

按长沙矿冶研究院根据大冶铁矿进行试验研究所建立的半经验公式，孔间微差间隔时间

$$t = (1 \sim 2)Q^{\frac{1}{3}} + \left(10.2\gamma_e \frac{D}{\gamma_r}C_r - 1.78\right)Q^{\frac{1}{3}} + \frac{S}{v} \tag{6-29}$$

式中　$t$——孔间微差间隔时间，ms；

　　$Q$——炮孔平均装药量，取 $Q = 140 \sim 480$kg；

$\gamma_e$，$\gamma_r$——分别为炸药和岩石的密度，分别取 $0.95 \sim 1.28$g/cm³ 和 $2.90$g/cm³；

$D$，$C_r$——分别为孔内炸药爆速和岩石纵波波速，分别取 $3600 \sim 3800$m/s 和 $5000$m/s；

　　$S$——岩石移动距离，取 10mm；

　　$v$——岩块平均移动速度，取 $2 \sim 5$mm/ms。

根据式（6-29）计算兰尖铁矿孔间间隔时间为 13~65ms，选用时间为 17ms、25ms、42ms 或 65ms；兰尖铁矿计算得出孔间间隔时间为：铵油炸药 13~46ms，乳化炸药为 15~65ms；药量大取大值，药量少取小值。

（2）最佳排间微差时间。根据实际情况，最大排间延时不应超过 15ms/m 抵抗线。

排与排时间的延期时间长短决定了爆堆的形状和松散度，合理松散度的排间延期时间与排距大小、岩石软硬有关。排间微差时间可以由以下半经验公式确定

$$t_0 = \left\{ -S_0 + \left[ S_0^2 + 2(v_1^2 - v_2^2)H_0/g \right]^{1/2} \right\} / (v_1 + v_2) \tag{6-30}$$

式中　$t_0$——排间间隔时间，ms；

　　$S_0$——前后排距，取 $6 \sim 10$m；

　　$H_0$——下落高度，取 $2 \sim 3$m；

　　$v_1$——堵塞段飞行速度，取 $15 \sim 20$m/s；

　　$v_2$——中部岩块飞行速度，取 $20 \sim 25$m/s。

兰尖铁矿根据式（6-30）计算出间隔时间范围为 62~147ms，一般选用 65ms 或 100ms。兰尖铁矿的排间微差间隔时间取值为 104~294ms，其中，孔径小或难爆矿岩取小值，反之则取大值。

**b 经验取值**

根据 Orica 公司经验曲线图确定孔间延期和排间延期间隔时间。

（1）孔间微差间隔。根据 Orica 公司爆破块度与孔间延期时间经验曲线图（图6-10），为使 2 个炮孔之间作用达到最大，取得较好的爆破效果，同一排最佳延期为每孔距延期时间为 3~8ms/m，对岩性较脆且硬度较高的岩石，孔间延期取小值，反之取大值。

（2）排间延期间隔时间。炮孔排间合理延迟时间决定了爆堆的形状和松散度，图6-11 所示为 Orica 公司松散度与排距延期时间的关系。

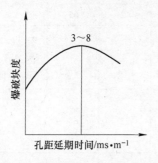
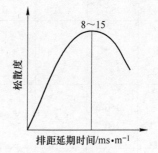

图6-10　孔距延期时间与爆破块度关系曲线　　图6-11　排距延期时间与松散度关系曲线

近些年来，根据大量的实验和试验，国外研究机构提出了单位孔距延期时间和单位排距延期时间的概念，认为当同排孔最佳延期时间在 3~8ms/m、排间最佳延期时间在 8~15ms/m 内选择时，可以达到最佳的破碎效果。

C　国内部分矿山逐孔爆破微差间隔时间的应用

根据目前现有资料，多数矿山以经验取值为主，在实践中逐渐改进后调整。表6-2 列出国内部分工程项目逐孔爆破实际应用的微差间隔时间。

表6-2　国内部分工程项目逐孔爆破实际应用的微差间隔时间

| 工程项目 | 岩石性质 | 钻孔直径/mm | 孔间距离/m | 排距或抵抗线/m | 微差时间的选取/ms·m⁻¹ | | 微差间隔时间/ms | | 延时导爆管 | |
|---|---|---|---|---|---|---|---|---|---|---|
| | | | | | 孔距 | 排距 | 孔间 | 排间 | 地表 | 孔内 |
| 庙沟铁矿 | 中硬 | 250 | 7.0 | 6.0 | 4 | 11 | 25 | 65 | | |
| | 硬岩 | 250 | 6.0 | 6.0 | 3 | 8 | 17 | 42 | | |
| 大孤山铁矿 | | 250 | 3.5 | 3.5 | 3~8 | 8~15 | 25 | 65 | 17.25, 65 | 400 |
| | | | 4.5 | 4.5 | 3~8 | | | | | |
| 齐大山铁矿 | | | 6.0~10.0 | 6.0~9.0 | 3~8 | 8~15 | 18~80 | 48~135 | 普通3段 | 跳段使用 |
| 船山石灰石矿 | 中硬 | 150 | 6.0~6.5 | 5.3~5.5 | | | 25 | 42 | 25 | 400 |
| | | 250 | 7.0~8.5 | 6.0~7.5 | | | 42 | 65 | 42 | 400 |
| 大连石灰石矿 | $f=8\sim12$ | 150 | 7.0 | 5.0 | 3~8 | 8~15 | 25 | 65 | | |
| | | 250 | 10.0 | 7.0 | 3~8 | 8~15 | 42 | 65 | | |
| 龙山冶金溶剂矿 | $f=6\sim8$ | 150 | 5.5 | 4.0 | 3~8 | 8~15 | 25 | 60 | 25 | 400 |

续表6-2

| 工程项目 | 岩石性质 | 钻孔直径/mm | 孔间距离/m | 排距或抵抗线/m | 微差时间的选取/ms·m$^{-1}$ | | 微差间隔时间/ms | | 延时导爆管 | |
|---|---|---|---|---|---|---|---|---|---|---|
| | | | | | 孔距 | 排距 | 孔间 | 排间 | 地表 | 孔内 |
| 永平铜矿 | 硬岩（难爆） | 200 | 6.0 | 7.0 | 2~5 | 10~20 | 25 | 65 | | |
| | 中硬 | 250 | 6.0 | 7.0 | 2~5 | 10~20 | 42 | 65 | | |
| 南芬铁矿 | | | | | 5 | 8 | | | 9，17，28，42，65，100 | 400 |
| 双马水泥张坝沟矿 | $f=$ 8~12 | 150 160 | 5.5 | 4.5~5.0 | 3~8 | 8~15 | 25 | 65 | | 500 |
| 酒泉西沟矿 | $f=$ 6~8 | 150 200 | | | | | 25 | 75 | | |
| 涞源钢铁厂 | $f=$ 8~10 | 150 170 | 6.0 | 4.0 | | | 42 | 100 | | |
| 某高速公路 | | 110 | 5.0 | 4.0~4.5 | 5 | 8~12 | 42 | 100 | | 400 |
| 宁朝公路 | | | 5.0 | 4.0~4.5 | 5 | 8~12 | | | | 400 |

#### 6.2.3.5 逐孔起爆技术进一步的研究和完善

（1）逐孔起爆技术可大大提高炸药的利用率，降低破碎块度，同时也存在着爆区局部块度过细的现象，这就需要对矿山原有爆破参数进行优化，扩大孔网参数，适当减少炮孔充填高度，提高单孔爆破率，从而达到提高炮孔利用率、获取更好经济效益的目的。

（2）逐孔起爆技术的关键是孔间和排间延时的精确性，因此需要在现有高强度导爆管精度基础上，进行更深入地研究，进一步减小雷管误差，提高雷管延时的精度。

（3）对于规模较小的爆破区，炮孔数目相对较少，能够实现炮孔在时间和空间上的独立起爆，爆破震动明显降低。但随着爆破区规模的扩大，雷管误差叠加可能导致同一时间有多个炮孔起爆的现象，同时，即使安全实现了炮孔的独立起爆，也可能出现"共振"现象，这都导致爆破震动达不到最小。因此，如何根据不同的岩石性质，综合考虑孔网参数、岩体破碎和移动等因素的影响，选取更为合理的孔间、排间微差延时时间，最终达到爆破时间段内爆破震动互相消减的最佳效果，也是需要深入研究的课题。

## 6.3 深孔台阶爆破施工技术

### 6.3.1 深孔凿岩方法与机具

在有条件的地方采用深孔凿岩爆破，不仅可以改善作业的环境和安全，而且还可以降低材料的消耗，提高爆破效率。常用的深孔凿岩方式有接杆式凿岩、潜孔式凿岩和牙轮钻进。

### 6.3.1.1 接杆式凿岩

接杆式凿岩工具通常在导轨式凿岩机上使用。其特点是钎杆随深孔的增加而加长，陆续使用一定标准的短钎杆（如1m、1.2m或3.6m等）接长，直至钻进到所需的深度。接杆式凿岩工具由钎头、钎杆、连接套筒（接头）和钎尾组成。

### 6.3.1.2 潜孔式凿岩

潜孔式凿岩属于深孔凿岩常用的一种形式，凿岩时凿岩冲击器随钻具一起潜入孔底。与此相对应的普通凿岩方式（凿岩冲击器置于孔外）则称为顶锤式凿岩。

潜孔钻机主要由冲击机构、回转供风机构、推进机构和排粉机构组成。其主要特点是，钻机置于孔外，只负担钻具的进退和回转，产生冲击动作的冲击器紧随钻头潜入孔底，故称为潜孔钻机。与接杆式凿岩相比，冲击功能量的传递损失小，穿孔速度不因孔深的增加而降低，故孔径和孔深都较大。适用于地下深孔和露天钻孔，其最大可钻探长度主要取决于推进力、回转力矩和排粉能力。表6-3列出了部分潜孔式凿岩的技术参数。

表6-3 国产潜孔钻机主要技术规格

| 技术规格 | 钻机型号 | | | | |
|---|---|---|---|---|---|
| | CLQ 80 | YQ 150A | KQ 150 | KQ 200 | KQ 250 |
| 钻孔直径/mm | 80～130 | 150～160 | 150～170 | 200～220 | 230～250 |
| 钻孔方向/(°) | 0～90 | 60～90 | 60～90 | 60～90 | 90 |
| 钻孔深度/m | 20 | 17.5 | 17.5 | 19 | 18 |
| 钻杆直径/mm | 60 | 108 | 133 | 168 | 203，210 |
| 钻杆长度/m | 2.5 | 9 | 10 | 10.2 | 10 |
| 回转速度/r·min⁻¹ | 0～120 | 60 | 21.7, 29.2, 42.9 | 13.5, 17.9, 27.2 | 22.3 |
| 回转扭矩/N·m | — | 11300 | 2960, 2500, 2180 | 5920, 4940, 1400 | 8620 |
| 提升力/kg | — | 1500 | 2500 | 3500 | 10000 |
| 提升速度/m·min⁻¹ | — | 16 | 10 | 12.5 | 15.5 |
| 行走方式 | 履带 | 履带 | 履带 | 履带 | 履带 |
| 排尘方式 | 湿式 | 干式 | 湿式 | 干式或湿式 | 干式或湿式 |
| 供风方式 | 管道 | 管道 | 管道 | 自备 | 自备 |
| 压气用量/m³·min⁻¹ | 9.5 | 13 | 15.4 | 22 | 30 |
| 功率/kW | 8.2 | 40 | 58.5 | 331 | 304 |
| 电源电压/V | 压气 | 380 | 380 | 3000或6000 | 6000 |
| 钻机质量/t | 4.5 | 12 | 14 | 41.5 | 45 |

潜孔式凿岩方式属于冲击-回转式凿岩，其工作原理主要有：

（1）推进机构将一定的轴向压力施加于孔底，使钻头与孔底相接触。

（2）风动马达和减速箱构成的回转供风机构使钻具连续回转，并将压气经中空钻杆输入孔底。

（3）冲击机构在压气的作用下，使活塞往返运动，冲击钻头，完成对岩石的冲击作用。

（4）压气将岩粉吹出孔外。

潜孔式凿岩的过程实质上是在轴向压力的作用下，冲击和回转联合作用的过程。冲击是断续的，回转是连续的，并且以冲击为主，回转为辅。

钻具包括钻头和钻杆。钻头与浅孔和接杆式凿岩所用的钻头相似，但与冲击器直接连接，连接方式有扁销和花键两种。按镶焊硬质合金的形状，潜孔钻头可分为刃片钻头、柱齿钻头和混合型钻头。其中刃片钻头通常制成超前刃式，而混合型钻头为中心布置柱齿，周边布置片齿的形式。钻杆有两根，即主钻杆和副钻杆，其结构尺寸完全一样，它们之间用方形螺纹直接连接，每根长约9m。

### 6.3.1.3 牙轮钻机

牙轮钻机是露天台阶爆破的主要穿孔设备之一，与其他类型的穿孔设备相比，具有穿孔效率高、成本低、安全可靠和使用范围广等特点，适用于各类岩石。牙轮钻机由回转、加压提升、行走、接卸钻具等机构组成。根据回转和加压方式的不同，牙轮钻机可分为底部回转间断加压式、底部回转连续加压式、顶部回转连续加压式三种基本类型。

钻机的工作原理是通过加压机构施加在牙轮上的压力使岩石承受压应力，同时回转机构使牙轮在岩石上产生滚动挤压，两种联合作用使岩石发生剪切破碎。钻孔时，回转机构带动钻杆，同时加压机构向孔底施加轴向压力；回转供风机构使压气通过中空钻杆从钻头的喷嘴喷向孔底，将破碎的岩渣沿钻杆与孔壁之间的环状空间吹至孔外。

## 6.3.2 施工组织设计

露天深孔爆破施工工艺包括定位、钻孔、装药、堵塞、敷设网路与起爆等。整个工艺过程的施工质量将会直接影响爆破安全与效果，因此，每一道工序都必须遵守《爆破安全规程》，以及相关操作技术规程的规定。

### 6.3.2.1 场地布局和台阶平整

深孔爆破施工首先要根据工地的地形条件和施工特点进行场地布局。场地布局包括各种施工机具（固定机具和活动机具）的安放、管线的架设与安装、运输道路的布局等。

施工所用炸药库、油库、料库、机修车间以及住地均应设置在施工工地500m以外的地方，在工地可以设置简易工具房和值班房。

为了使钻机能进入工地作业并按设计钻孔，在正式钻孔前先要平整施工台阶，台阶要事先规划好，并根据地形条件和使用钻机类型合理布设。台阶工作面要有足够的宽度并保持平坦，保证钻机安全作业、移动自如，并能按设计方向钻凿炮孔。如YQ-150A型钻机台阶宽度不小于10m，用拖拉机作为行走部分的钻机台阶宽度不小于8m；CLQ-80型深孔钻机台阶宽度不小于5m。

### 6.3.2.2 布孔和钻孔

布孔从台阶边缘开始，边孔与台阶边缘要保留一定距离以保证钻机安全工作。孔位根据设计要求测量确定，但孔位要避免布置在岩石表层松软、节理发育或岩性变化大的地方。

钻孔质量的好坏取决于钻孔机械性能、施工中控制钻孔角度的措施和工人操作技术水平，其中尤以工人操作技术水平最为重要。国外已经研制出保证钻孔精度的控制器，它在钻孔时能自动调整钻孔角度。钻孔偏斜误差不大于孔深的1%。

预裂孔的偏差直接关系到边坡面的超欠挖，控制钻孔质量是施工人员必须关注的问题。预裂孔的放样、定位和钻孔施工中角度的控制决定着钻孔质量。一般施工放样的平面误差不应大于5cm。钻孔定位是施工中的重要环节，对于不能自行行走的钻机，铺设导轨往往是必不可少的。钻孔过程中，应有控制钻杆角度的技术措施。

在钻孔作业结束后和装药爆破前要各检查孔壁和孔深一次。检查孔壁最简易的方法是利用镜子把阳光或灯光反射进孔内，直接观察孔壁的光滑和破碎程度。孔深可用软绳系上重锤测量。钻孔完毕，用专制孔盖将孔口封好，并用塑料布覆盖，防止雨水将岩粉冲入孔内。

### 6.3.2.3 装药

装药方法有人工装药法和机械化装药法。装药前，应仔细核对每个炮孔设计装药量，必须严格按照炮孔的设计药量进行装填。人工装填时，要注意炸药是否结块等炸药质量问题，严禁将块状炸药装填进炮孔，以防发生堵孔。在装药过程中，如发现堵塞，应停止装药并及时处理，在未装入雷管或起爆药柱等敏感的爆破器材以前，可用木制长杆处理，严禁用钻具处理装药堵塞的炮孔。在装药过程中要随时注意检查装药高度，以防堵塞长度不够。

深孔爆破最好使用综合装药法，即孔底用威力大、爆速高的炸药，上部用威力小、爆速低的炸药；或者孔底采用高装药密度，上部采用低装药密度。这是考虑到一般底部抵抗线较大，岩石夹制作用要求底部有较高的爆炸能量。如果仅仅使用一种炸药和一个装药密度，在这种情况下，整个孔的装药结构可以分为三种：

（1）连续装药结构。炸药从孔底装起，一直装到设计药量为止，然后进行堵塞。这种方法施工简单，但由于孔的上部不装药段（即堵塞段）较长，这部分的岩石容易出大块。特别是在梯段较高、坡面较陡、上部岩石坚硬时，大块率较高。这种装药结构适用于梯段较低，孔深小，表层岩石比较破碎或风化严重，上部抵抗线较小的深孔爆破。

（2）间隔装药结构。在钻孔中把炸药分成数段，使炸药的爆炸能量在岩石中比较均匀地分布。采用间隔装药可以改善爆破质量，提高装药高度，减少孔口不装药部分的长度，降低大块率。间隔装药时，应该把大部分炸药装在梯段爆破阻力最大的地方，孔中不装药部分要选在距梯段斜面最近之处（即抵抗线小的地方），或爆炸气体可能沿裂隙进出的地方。如果岩体是水平走向的层状岩石，那么装药部位应该位于较厚或较坚硬的岩层部位。在地质条件复杂时，要根据钻孔中的地质变化情况，选择薄弱部分（如断层、土夹层）或岩性破碎部分作为不装药段。

（3）孔底间隔装药。在孔底实行空气间隔装药亦称孔底气垫装药，即在深孔底部留出一段长度不装药，以空气或柔性介质作为间隔介质。如果是孔底柔性材料间隔（柔性垫层可用锯末等低密度、高孔隙率的材料做成，其孔隙率可达到50%以上），孔内炸药爆炸后所产生的冲击波和爆炸气体作用于孔壁产生径向裂隙和环状裂隙的同时，通过柔性垫层的可压缩性及对冲击波的阻滞作用，大大减少对炮孔底部的冲击压力及对孔底岩石的破坏。这种装药结构主要用于对孔底以下基岩需要保护的水利水电工程。

预裂爆破装药结构主要有两种形式：采用定位片将装药的塑料管控制在炮孔中央，爆破效果好,但费用较高;另一种是将 25mm、32mm 或 35mm 等直径的标准药卷顺序连续或间隔绑在导爆索上,绑在导爆索上的装药可以绑在竹片上,缓缓送入孔内,需要注意的是应使竹片贴靠保留岩壁一侧。

### 6.3.2.4 堵塞

深孔爆破必须堵塞,而且要保证堵塞质量。不堵塞或堵塞质量不好,会造成爆炸气体往上逸出而影响爆破效果。

堵塞长度与最小抵抗线、钻孔直径及爆破区环境有关。当不允许有飞石时,堵塞长度要取钻孔直径的 30~35 倍;允许有飞石时,堵塞长度可取钻孔直径的 20~25 倍。孔中堵塞物可以用细砂土、黏土或凿岩时的岩粉,要防止混进石块砸断起爆线。堵塞长度较长时,直接充填就可以,当堵塞长度较短时,每堵塞 20cm 左右就要用炮棍或炮锤捣实一次。堵塞过程中要不断检查起爆线路,防止因堵塞损坏起爆线而引起瞎炮。

### 6.3.2.5 爆破网路连接

爆破网路连接是一个关键工序,一般应由工程技术人员或有丰富爆破施工经验的工人来操作,其他无关人员应撤离现场。网路连接人员必须了解整个爆破工程的设计意图、具体的起爆顺序,并能够识别不同段别的起爆器材。

如果采用电爆网路,因一次起爆孔数较多,必须合理分区进行连接,以减小整个爆破网路的电阻值,分区时要注意各个支路的电阻配平,才能保证每个雷管获得相同电流值。电爆网路连接质量关系到爆破工程的成败,任何诸如接头不牢固、导线断面不够、导线质量低劣、连接电阻过大或接头触地漏电等,都会造成延误起爆时间或发生拒爆、产生瞎炮等。在网路连接过程中,应利用爆破参数测定仪随时监测网路电阻;网路连接完毕后,必须对网路所测电阻值与计算值进行比较,如果有较大误差,应查明原因,排除故障,重新连接。所有接头应使用高质量绝缘胶布缠裹,保证接头质量;监测网路必须使用专用爆破参数测试仪器,切忌使用普通万能电表。

如果采用非电爆破网路,要求网路连接技术人员精心操作,注意每排和每个炮孔的段别,必要时划片有序连接,以免出错和漏连。在导爆管网路采用簇联时,必须两人配合,一定要捆好绑紧,并将雷管的聚能穴做适当处理,避免雷管飞片将导爆管切断,产生瞎炮。在采用导爆索与导爆管联合起爆网路时,一定注意要用软土编织袋将导爆管保护起来,避免导爆索的冲击波对导爆管产生不利影响。

### 6.3.2.6 起爆

在整个爆破工作面网路连接完成后就可以起爆了。起爆前,首先检查起爆器是否完好正常,及时更换起爆器的电池,保证提供足够电能并能够快速充到爆破需求的电压值;在连接主线前必须对网路电阻进行检测,确定电阻值稳定后才能连接;当检测完成后,再次测定网路电阻值,确定安全后,才能将主线与起爆器连接,并等候起爆命令。起爆后,及时切断电源,将主线与起爆器分离。

由于预裂爆破是在夹制条件下的爆破,产生的爆破震动强度很大,为了减少振动,可将预裂孔分段起爆,一般采用 25ms 或 50ms 延时的毫秒雷管。在分段时,一段的孔数在满足振动要求条件下应尽量多一些,但至少不应少于 3 孔。实践证明,孔数较多时,有利于预裂成缝和壁面整齐。当预裂孔与主爆区炮孔一起爆破时,预裂孔应在主爆孔爆破前引爆,其时差应不小于 100ms。

## 6.4 高边坡深孔爆破技术

随着我国水利水电事业的发展，一批大型水利水电工程相继开工，它们的岩石边坡开挖普遍具有高陡、工程量大、岩石地质条件复杂、开挖质量要求高、施工强度大以及与其他施工工序干扰多等施工特点。例如，已建成的三峡水利枢纽永久船闸主体工程边坡最高达160m，一般边坡均在60m以上，船闸闸室要挖成直立边坡，高度80m，船闸边坡及闸室结构复杂，洞挖工程很多，边坡加固支护工程量更为可观。随着我国西部的大规模开发，一批水电站将修建在深山峡谷之中，高边坡的开挖尤为突出，修建在云南南涧县与凤庆县之间澜沧江上的小湾水电站，其拱坝坝肩开挖深度已达320m，加上拱坝顶部以上缆机平台等部位，开挖的最高边坡达700余米，这在世界水电建设史上极为少见。各种各样高边坡开挖的出现，促进了岩石力学和爆破技术的发展。

在边坡开挖爆破中，一般采用中深孔爆破，边坡开挖后，边坡后期稳定性很重要。为了降低爆破开挖对边坡的损伤，减少爆破产生的有害影响，控制爆破飞石、后裂、震动等有害效应，避免因爆破开挖引起的边坡地质问题影响边坡的长期稳定性；减少后期的维护工作，所以要求有良好的开挖轮廓面和较小的破坏程度，工程中常采用预裂和光面爆破来形成良好的开挖轮廓面和较小的破坏程度。

### 6.4.1 确定边坡开挖施工程序的原则

一般在确定岩石边坡开挖施工程序时，应遵循以下原则：

（1）采用"先坡面、后坡脚"自上而下分层开挖的施工程序。边坡体的上部，一般岩石风化比较严重，节理裂缝发育，爆破时岩体所受约束力很小，很容易被抬起，使保留岩体破损加剧，不利于安全和稳定。因此，上部宜用低台阶法开挖，有时甚至采用手风钻的小台阶开挖方法，一般台阶高度为3~5m。待边坡的上部形成一定压重后（一般为正常施工台阶的2~3倍高度），再转入正常高度的台阶开挖。

（2）洞挖工程先于明挖工程进行。这样做的目的在于：明挖与洞挖各自独立进行，施工干扰小，地下工程的抗震能力远高于边坡工程，其失稳的规模及影响也远小于边坡工程；地下工程先于明挖工程，还可以在明挖施工之前对地质情况做进一步了解，从而对边坡支护设计做出调整；地下工程先施工，可使地下排水系统得以提前完成，从而有效地降低边坡内水压力，进一步提高边坡的稳定性；随着开挖的进行可以对边坡应力、位移的变化过程作全面的观测，依据观测资料，可对边坡进行预加固或补充加固。

（3）边坡开挖过程中应适时对边坡进行支护，在开挖过程中，由于边坡岩体的原始平衡状态遭到破坏，边坡应力状态将重新调整分布，以求达到新的平衡。一般，在新的应力条件下，坡体都要经过急剧变形、减缓变形，最后达到稳定状态等三个阶段。对于陡高边坡，变形还会随着开挖深度的增加进一步发展。通常，应在边坡岩体开挖后的减缓变形阶段对坡体进行加固支护，以限制其变形发展，避免坡体产生滑塌。根据三峡等一些工程对边坡开挖过程的变形观测：边坡的急剧变形阶段完成得很快。长江科学院等单位对三峡永久船闸高边坡的开挖稳定性进行二维黏弹（塑）性有限元分析的结果表明：该边坡岩体在每一步开挖结束后2~4d即完成总变形量的80%以上，10~5d后即达到基本稳定状态。这意味着在开挖坡面暴露并进行适当的坡面清理之后，即应着手进行坡体的加固支护工作。亦即，每个台阶开挖工作与相应的加固支护工作应做到基本同步结束后，方可转入下一台阶的钻孔爆破与支护作业。

（4）施工程序应满足便于施工布置，有利于施工组织和确保施工工期的原则。

### 6.4.2 边坡开挖爆破的基本方法及控制爆破技术

岩石边坡开挖一般采用深孔台阶爆破法。深孔台阶微差爆破单响爆破的药量越小，对边坡的保护越有利，预裂或光面爆破是保护边坡稳定的重要措施。

岩石边坡处的深孔台阶爆破参数设计与一般石方开挖基本相同。

选择合理的台阶高度不仅能提高挖运机械的生产率、改善岩石破碎效果，而且对加固工作的实施也至关重要。应当说在边坡工程中考虑台阶高度时，首先应该保证边坡的稳定，这将涉及两方面的条件：一是自稳条件，二是加固手段。因此，合适的台阶高度不仅应与所采用的钻孔、装载、运输机械相匹配，而更重要的是要与边坡稳定条件与加固手段相匹配。

一般在远离设计边坡的部位，采用大孔径（大于50mm）钻机、大型装载设备时，可适当增大台阶高度，但是不宜超过15m。邻近边坡爆破时，采用中等直径（小于110mm）的炮孔爆破，此时，台阶高度不宜超过10m。

岩石边坡开挖爆破除应满足一般石方开挖爆破的基本要求外，还应做到既要保证最终边坡壁面光滑、完整，又要确保其长期稳定。爆破的动力作用是影响边坡安全的主要因素之一。因此，当接近最终边坡时，应采取最有效的控制爆破技术。把爆破的影响降至最低的限度，同时保证边坡壁面的齐整，避免超欠挖。所谓把爆破影响降至最小的限度，是指减小爆破的振动效应和后拉破裂作用。过去通常是预留保护层，然后采用浅孔爆破该保护层的方法。现在采用新的控制爆破技术施工方法，及深孔有序微差爆破、缓冲爆破、预裂（光面）爆破三个环节。有序微差爆破主要在于控制爆破的振动影响和对基础岩石的破坏。预裂（光面）爆破控制最终边坡的齐整度，这是至关重要的措施。缓冲爆破是在主爆区与预裂（光面）之间的一种爆破，它由一排或二排炮孔组成，目的在于防止主爆区炮孔爆破对预裂壁面造成损坏，或使光面爆破有比较整齐的抵抗线。预裂爆破孔必须先于主爆孔起爆。光面爆破孔必须在缓冲孔爆破后再起爆。它一般在坚硬岩石和比较完整的岩石中使用。

爆区爆破孔采用常规的深孔台阶爆破法，当然也可以采用宽孔距爆破法。不宜采用大于6排以上的多排爆破，更不宜采用压渣爆破法，因为上述爆破产生的振动较大。有序微差爆破，可以将单响药量降至最低的限度，它对于减少爆破震动及防止保留边坡裂隙进一步恶化起着至关重要的作用。

### 6.4.3 边坡开挖爆破的危害及其控制

在高陡边坡的开挖过程中，由于频繁爆破，对边坡的稳定带来不良影响，甚至可能造成大滑坡，既拖延工期，又造成经济上的重大损失。因此，有必要对爆破荷载作用下的岩质边坡稳定性进行分析预测，确保边坡在爆破开挖过程中安全稳定。

（1）爆破动载的冲击作用和振动效应对边坡的影响。在边坡附近实施爆破时，距爆破孔不同距离的边坡体，将分别受到爆破冲击波、应力波和地震波的作用，爆破冲击波的峰压高、作用时间短，但影响范围小（仅几倍药包半径），当采用不耦合药包爆破时，影响范围还要小。预裂爆破的药包虽然就在边坡壁面上的炮孔中作用，由于其不耦合系数大，冲击波作用在边壁上的强度并不高。由冲击波衰变的应力波峰值在距离爆源较近区域压力也较大，可在一定范围内对岩体边坡造成不同程度的破坏影响，如降低岩体软弱层（断层、夹层、破碎带等）的结构强度等。应力波衰减为地震波后，由于其作用的范围大、时间长，对边坡的危害较大，有时可能造成边坡大面滑塌或局部坍塌。

（2）爆破应力波对坡体软弱带力学指标的影响。一般，边坡的滑塌多是沿着岩体内的各种软弱带发生。实际工程中，爆破应力波传播到软弱面的情况是很复杂的。爆破产生的波动作用不同于一般振动情况，但可以肯定爆破作用对软弱带的抗剪性能是有不利影响的，其影响程度应根据试验确定。

（3）爆破震动效应对边坡其他建（构）筑物的影响。边坡体内一般设有已开挖好的观测洞、排水洞、输水洞等；已开挖区边坡上设置有喷锚支护结构、抗滑挡墙、抗滑桩、锚筋桩、预应力锚索等。边坡附近爆破时，应对这些设施在爆破震动作用下的影响情况进行具体分析，确定爆破对它们造成不利影响的界限或控制指标的阈值，进而制定爆破震动影响的安全允许标准。

### 6.4.4 确保边坡稳定的爆破允许标准

在边坡工程中，一般采用坡脚的质点振动速度作为边坡开挖施工的爆破控制数据。这是一种经验的方法，因为坡脚易于安放监测仪器，测得质点振动速度后，再对边坡进行其他方面的观测（如宏观调查、压水、声波检测等），判别该振动速度情况下，边坡岩质的质量情况，以此建立二者的关系。当坡脚振动速度控制在一定安全范围之内，爆破就不会引起边坡的破坏，更不会导致边坡失稳。

在确定爆破安全允许标准时，应根据开挖区边坡岩体的地质力学条件和具体施工条件及边坡的重要程度，通过现场爆破试验及类似工程的经验予以确定。

### 6.4.5 边坡开挖爆破安全监测

为了有效地控制爆破对边坡的影响，在爆破施工过程中有必要进行适当的仪器跟踪监测。通过对检测资料的分析，归纳提出不同类型、不同地质条件下的边坡爆破安全允许标准；及时将检测成果反馈给爆破设计，以便改进爆破设计，确保达到施工期开挖边坡稳定的目的。

#### 6.4.5.1 爆破安全监测的一般原则

（1）应以安全监控及反馈分析为主。在施工期，根据监测资料反馈分析成果，及时向设计、监理和施工等有关单位提出不同条件下的爆破安全允许标准，使其不断改善爆破设计、调整爆破参数和施工工艺，确保边坡的安全稳定。

（2）爆破震动效应监测应贯穿边坡开挖施工的全过程。

（3）动态监测应与静态监测结合起来考虑。即二者的监测部位和测点应尽量一致，以便动、静态监测资料对比分析。

（4）应采用重点监测与一般监测相结合、局部监测与整体监测相结合的方针。

（5）应选择可靠、稳定、精度高且简便快速的仪器和方法监测，重点部位还应对同一效应量采取多种方法和仪器监测,以使成果相互验证。

(6)监测点次和数量应满足安全爆破施工的要求,并做到成果资料完整、可靠。

### 6.4.5.2 爆破安全监测内容和方法

**A 爆破震动沿边坡面传播规律的观测**

为有效地实施边坡开挖的爆破震动安全允许标准,各工程需要进行爆破震动沿边坡面传播规律的观测,以便按适合本场地施工条件的经验公式对爆破作业作出可靠地预报和有效地控制。一般采用观测爆破质点振动速度的方法得到爆破震动沿边坡面的传播规律。将振速观测数据用式(6-31)、式(6-32)进行回归分析,以求出场地常数 $K$、$\alpha$、$\beta$。

$$v = K\left(\frac{Q^{1/3}}{R}\right)^{\alpha}\left(\frac{Q^{1/3}}{H}\right)^{\beta} \tag{6-31}$$

$$v = K\left(\frac{Q^{1/3}}{R}\right)^{e} e^{\beta H} \tag{6-32}$$

式中 $v$——振速,cm/s;

$Q$——单段药量,kg;

$R$——爆源至测点的水平距离,m;

$H$——高度差,m。

**B 重要部位、重要断面的爆破安全监测**

制订出爆破安全允许标准和通过观测爆破震动传播规律以后,可使设计和施工人员明确爆破控制尺度。但这并不意味着爆破安全监测工作就此结束,还应结合工程施工特点及其提供的条件对重要部位、重要断面进行安全监测。监测内容包括:爆破时边坡岩体运动参数(质点振速、质点振动加速度、质点振动位移)监测;爆破时岩体动力学参数(质点动应变、质点动应力)监测;爆破引起的岩石边坡体及底部基岩破坏、松动范围监测(如钻孔声波穿透测量、同孔声波及小区域地震剖面法测量、压水试验、岩体表面宏观调查等)。常用的方法是布置爆破质点振动速度测点,监测爆破时的质点振速,同时对边坡岩体作非破损检查以建立岩体状态与振速的对应关系,进一步完善或修正爆破安全控制指标和对各爆破安全控制效果作定量评判。

**C 爆破对边坡体破坏影响范围监测**

进行该项目观测的目的在于:确定不同爆破方法及所采用的爆破参数对边坡体的影响程度,据此做到对边坡安全爆破进行优化设计;根据观测成果对边坡体的安全稳定作出恰当的判定,并进一步完善边坡体的加固支护设计;根据观测成果进一步完善或修正爆破安全允许标准,使之更趋合理。常用观测方法有:地质描述和裂隙调查、质点振动速度观测、弹性波法观测、压水试验、钻取岩芯、钻孔电视等。

**D 其他需要的观测**

随着计算机技术的发展,在研究岩质边坡开挖问题时,已开展了爆破动力影响下的岩质边坡稳定分析计算工作。对实际施工中一些部位爆破时的岩体运动参数、岩体动力参数及岩体破坏影响程度进行观测。将其观测成果与计算结果相比较、分析,以求改进和完善原有的计算方法和程序,使其更符合实际情况;同时也有可能利用这些观测成果作为原始数据,对边坡体的安全稳定作进一步的计算分析研究。

### 6.4.6 影响边坡爆破效果的主要因素

影响爆破效果的因素众多，其中包括炸药类型、装药结构、爆破参数、岩体强度与力学特征等因素，它们的共同作用决定了岩石的爆破效果，然而由于理论分析和现场试验目的不同，不能将各个影响因子都反映出来。所以如何简单、可靠地从众多因素中确定出影响岩体爆破质量的主要因素，较好地解决爆破参数优化问题，成为岩体爆破理论与应用研究的基本问题。

根据爆破效果的因素分析，并通过大量工程实践的检验，影响中深孔爆破效果主要因素有以下几个方面。

#### 6.4.6.1 孔网参数对爆破效果的影响

（1）最小抵抗线。爆破效果受抵抗线的影响，它不仅影响孔间裂纹贯穿的形成，而且还影响光爆层的破碎和开挖后围岩的稳定，当抵抗线过小时，在光面孔间未形成破裂面之前，周边孔就各自朝自由面方向放射，增大了空气冲击波、飞石等方面的能量消耗，使能量的有效利用降低。抵抗线过大时，因压缩波在节理裂隙较发育的岩体中传递容易衰减，而使反射的拉伸波对抵抗线内的介质中的裂缝的发展与扩展减弱，在一定程度上会增大岩石破碎块度。因此抵抗线过大或过小，都会对应力波在自由面的反射破坏效应产生不良影响，自由面的作用随抵抗线的增加而降低，只有合理的抵抗线才能产生良好的爆破效果。

在中深孔爆破中，最小抵抗线对爆破效果的影响很大，特别是对飞石的影响，当抵抗线过小时，爆生气体对此处岩石的有效作用时间过短，应力波在薄弱处突破，造成飞石危害。抵抗线过大，爆生气体对此处有效作用时间过长，应力波延迟传播以至改变方向，朝孔口相对薄弱处突破，产生漏斗效应，造成飞石危害。

最小抵抗线 $W_d$ 的设计若按每孔的装药条件计算则有

$$W_d = d \sqrt{\frac{7.85\Delta\tau}{mq}} \tag{6-33}$$

式中　$d$——炮孔直径；

　　　$\Delta$——装药密度；

　　　$\tau$——装药系数；

　　　$m$——炮孔邻近系数；

　　　$q$——单位炸药消耗量，$kg/m^3$。

（2）炮孔密集系数。根据密集系数的不同，可以将爆破分为三种类型：一般密集系数在 1.0～2.0 之间的爆破称为常规爆破；密集系数大于 2.0 的爆破称为宽孔距爆破；光面爆破属于控界爆破，应该使密集系数小于 1.0，使相邻炮孔之间很快形成裂缝，有利于裂缝首先在垂直于抵抗线方向贯通，对于保护层和岩台成型有利。在高边坡爆破开挖中，为了降低爆破震动对边坡的损伤程度，一般采用预裂爆破和光面爆破相结合的爆破方法。

（3）炮孔深度。炮孔深度是爆破设计的主要参数之一，炮孔越深，爆破次数越少，开挖效率越高。炮孔深度取决于抵抗线、孔距、孔径、一次爆破进尺和岩石性质等因素。

（4）炮孔间排距。爆破所需要的孔间距离，简称孔距。如果孔距过大，两相邻炮孔裂纹很难贯通，降低爆破效果；过小，先爆孔会把相邻未爆的炮孔中的炸药压死或者切断。所以孔距要适当。

根据"小排距、大孔距"的理论和矿岩爆破破碎机理，矿岩爆破破坏是受气体推力和爆炸应力波共同作用结果。减小排距其爆破矿岩的抵抗力也相对减小，同时，各排孔爆破的断裂范围也变小，这就有利于减弱矿岩破碎过程中强烈的挤压状态，避免在抵抗线方向上过分破碎，增加了块度的均匀性。增大孔距并相应地减小了最小抵抗线，使得每孔装药量相对增加，有利于同一排炮孔间的矿岩的破碎。当孔距过小时，炮孔之间的距离减小，在成排炮孔之间造成一个薄弱面，爆破能量得不到充分利用，爆破能沿着炮孔之间的薄弱面大量溢散，很快在炮孔连线方向上形成裂缝，形成光面爆破的爆破效应，使成排炮孔过早沿着炮孔之间的薄弱面脱落而形成大块。一般在高边坡爆破开挖的中深孔爆破中炮孔密集系数取 2.0，爆破效果比较理想。

(5) 孔径。在高边坡爆破开挖中，钻孔孔径与炸药的直径之比是影响爆破效果好坏的主要因素。模型实验及理论计算表明：在应力波作用下，围岩径向裂纹首先在 $1 \sim 2$ 倍炮孔半径外某区域产生，并且该裂纹同时沿径向和炮孔中心方向发展。另外，在工程中近似计算裂纹尖端的强度应力因子时，当裂纹长度远大于孔径，炮孔本身可作为初始裂纹的一部分，可见孔径在边坡开挖中对爆破效果影响很大。

### 6.4.6.2 装药结构对爆破效果的影响

(1) 不耦合系数。炮孔直径与药卷直径之比称为不耦合系数，它在爆破中产生的作用叫不耦合作用。由于药卷与孔壁存在间隙，而使炮孔装填密度减小，此时炸药爆炸作用在孔壁上的峰值压力要比密实装药时小得多，将使作用在炮孔内壁面上的爆炸压力变低，将不会使孔壁岩石周围产生过度粉碎，从而起到缓冲的效果，预裂和光面爆破就是利用这种不耦合效应来"缓冲"对孔壁的压力。为减少炸药爆炸的巨大初始应力对孔壁的破坏作用，就当前工程实践的现实情况来看，由于炮孔与药卷之间具有径向和纵向空气间隙，这样炸药爆炸是以空气为介质来传递压力进行爆破的，因为空气介质比岩石介质的密度小得多，声阻抗也小，声强也随之降低，就大大减弱了冲击波对孔壁岩石的破碎作用，防止岩石过分破碎，避免超挖，实现控制爆破的目的。

不耦合的形式有轴向不耦合和环向不耦合两种，当两者结合采用时，统称为体积不耦合。不耦合的作用就是利用在装药与炮孔之间存在的空气间隙，降低炸药爆炸瞬间所产生的强大冲击波对孔壁的初始压力，使它能在空气间隔内得到缓冲，从而作用到孔壁上的爆炸能量有一个再分配的机会（时间），同时提高爆炸能量的利用率。

杨小林等人在实验室采用水泥砂浆模型和不同直径的 DXR 炸药对不耦合装药的爆炸作用进行了模拟试验，对模型内的爆炸应力波进行了测试，当采用不耦合装药结构时，由于药卷与孔壁间存在间隙，爆轰波首先在空隙内产生空气冲击波，并与空隙内气体相互作用，爆轰气体达到孔壁的冲击压力降低了，然后与孔壁碰撞后透射到介质中的应力值也随之降低，且孔内空隙越大，应力值降低越多。其次，由于爆生气体的膨胀及与孔壁膨胀后压力等状态量的改变，使得其弛豫过程需要较长的时间，空隙越大作用时间越长，应力波形的作用时间增长，衰减变缓。

(2) 堵塞长度和堵塞材料。炮孔堵塞可减少孔口飞石和降低孔口空气冲击波的强度，延长炮孔内爆炸气体的作用时间，从而改善破碎效果；堵塞长度过小则会产生较多的飞石和较强的冲击波，爆炸气体就会过早从孔口冲出而影响爆破效果；堵塞过大则会影响上部岩体的破碎。因而选择合理的堵塞材料和堵塞长度对提高爆破效果十分重要。研究表明，使用多棱角的颗粒材料可以得到最佳的堵塞效果，堵塞长度主要与孔径 $d$、最小抵抗线 $W$ 有关，还受岩性和起爆药包位置等影响。合理的堵塞长度有利于提高炮孔的利用率，改善岩石的破碎质量。堵塞长度是抵抗线的函数，当堵塞长度小于2/3倍抵抗线时，一般会产生空气冲击波、飞石，并造成堵塞区岩石过度破碎。在大多数情况下，堵塞长度 $l$ 应等于抵抗线 $W$，在有利的条件下，如倾斜孔和采用底部装药技术，堵塞长度可以减至0.75倍抵抗线。

### 6.4.6.3 炸药单耗和炸药类型对爆破效果的影响

（1）岩石单耗。介质的波阻抗或强度越高，此时爆炸动作用所消耗的能量越小；反之，爆生气体准静态作用所耗能量越高。这表明对于波阻抗较高的岩石爆破破岩以爆炸的动作用为主；而对于波阻抗较低的岩石爆破破岩则以爆生气体的静作用为主。耦合装药的爆破效果很差，首先是由于孔壁受到很高的冲击压力而产生较大的粉碎圈，不但消耗了大量的爆炸能，而且过多的粉碎物在高压作用下充填了应力波作用形成的裂隙，不利于爆生气体的气楔作用，使裂隙扩展；其次当爆炸应力波减弱到不足以形成最大的裂隙圈，爆生气体的压力也大为降低，尽管作用时间很长，但不利于裂隙的扩展和模型的破坏，这与应力波测试结果的分析及理论结论是一致的。从模型试验结果看，爆破破岩是应力波和爆生气体二者综合作用的结果。破碎不同的岩石对这两种形式能量的要求不同，但二者间存在一个与岩石破碎最佳效果相对应的能量比，该值可以通过调整不耦合系数来获得。

（2）炸药类型。炸药性质包括炸药组分、爆速、爆轰阻抗、气体体积和能量利用率等。炸药爆炸对岩石成缝影响有两个方面，一方面要克服岩石颗粒之间的内聚力，使岩石内部结构破裂，产生新鲜断裂面；另一方面是使岩石原生的或次生的裂隙扩展而破坏。根据爆破的应力波与爆生气体联合作用理论，要求炸药具有一定的爆速和猛度及爆生气体量尽量多的性质。按照这种性质，光面爆破采用低猛度、低爆速、低密度和传爆性良好的炸药，可以消除或减小炮孔周围形成的岩石粉碎圈。

### 6.4.6.4 岩石强度对爆破效果的影响

岩石是由各固体颗粒组成，其间空隙充填有空气、水或其他杂物。由于各颗粒成分的化学键各不相同，其分子内聚力也就不同，克服颗粒之间的内聚力做功也不相同，所以岩体本身的性质，包括风化程度、波阻抗、动抗压、抗拉强度、动弹模、泊松比、衰减系数等，都影响岩石爆破效果。炮孔孔壁是否能够被压坏与岩石抗压强度和炸药量及炸药性能有关；预裂缝是否能够生成则与岩石抗拉强度和炸药量有关。在生产实践中，炸药量的多少通常由岩石的极限抗压强度决定。在炮孔间距不改变的情况下，线装药量与岩石极限抗压强度正相关，一般可采用矿岩的普氏坚固系数或抗压强度来表示矿岩强度，进而将矿岩的可爆定性描述定量化，见表6-4。

表6-4 岩石强度的可爆性描述定量化

| 岩石极限抗压强度/MPa | <40 | 40～100 | 100～140 | 140～160 | >160 |
|---|---|---|---|---|---|
| 普氏坚固系数 $f$ | <8 | 8～12 | 12～16 | 16～18 | 18或更大 |
| 岩石坚固性等级 | 不坚固 | 中等坚固 | 坚固 | 很坚固 | 极端坚固 |
| 岩石可爆性等级 | 易爆 | 中等可爆 | 难爆 | 很难爆 | 极端难爆 |
| 分 值 | 10 | 8 | 6 | 4 | 2 |

#### 6.4.6.5 岩体的完整度对爆破效果的影响

一般而言，岩体越完整均匀，越利于预裂和光面爆破。非均质、破碎和多裂隙的岩层则不利于预裂和光面爆破。对破碎的岩体，预裂壁面的平整度往往不由爆破参数决定，而由破碎面控制。与预裂面垂直的裂隙，往往使裂缝不能连接，构成齿状缝面，形成超挖；与预裂面斜交的裂隙，易使裂缝偏离中心线，顺裂隙跑一段距离后与另一孔连起来，有时甚至跳过许多孔再与其他孔连起来，形成更严重的超欠挖。岩石的非均质性也影响裂缝的形成，顺岩层走向的预裂爆破易形成裂缝，而垂直岩层走向的预裂爆破则较难成缝。存在许多隐蔽裂隙的岩体中，在预裂爆破的较强振动作用下，易导致爆破能量分散，影响预裂缝的形成，往往发生贴坡现象，而且减振效果也不明显。此时采用光面爆破产生的振动比预裂爆破小，开挖轮廓面比预裂爆破平整。由于层面、断层、节理和裂隙的存在，将岩石分割成不同大小的岩块，使岩块和岩块之间形成弱面，弱面的性质会因地质条件变化而不同。层面、断层、节理和裂隙这些构造中以裂隙对预裂爆破成缝影响最大。首先，裂隙将导致爆生气体与气压的泄漏，削弱了爆破能的有效作用，不利于形成预裂缝；其次，裂隙破坏了岩体的完整性，易于从弱面破裂成缝。确定矿岩的裂隙发育程度定性描述定量化，见表6-5。

表 6-5 岩体完整度定性描述定量化

| 裂隙发育程度 | 裂隙不发育 | 裂隙稍发育 | 裂隙较发育 | 裂隙发育 | 比较破碎 |
|---|---|---|---|---|---|
| 分 值 | 10 | 8 | 6 | 4 | 2 |

## 6.5 露天硐室爆破

硐室爆破法是将大量炸药装入专门的硐室或巷道中进行爆破的方法。由于一次爆破的用药量和爆落石方量较大，通常称为"大爆破"。硐室爆破工程的分级是以一次爆破炸药用量 $Q$ 为基础的，同时还应考虑工程的重要性及环境的复杂性按规定做适当调整。

依据《爆破安全规程》规定，硐室爆破等级划分为：A 级，$Q \geq 1000t$；B 级，$250t \leq Q < 1000t$；C 级，$50t \leq Q < 250t$；D 级，$5t \leq Q < 50t$。装药量大于 1000t 的，应由业务主管部门组织论证其必要性和可行性，其等级按 A 级管理。爆破作业单位实施爆破项目前，应按规定办理审批手续，批准后方可实施爆破作业。

### 6.5.1 硐室爆破的分类及其适用条件

硐室爆破的分类方法比较多，主要分类有按爆破目的和按药室形状分类，按药室形状分为集中药室和条形药室。按爆破目的分为松动爆破和抛掷爆破。

硐室大爆破的主要对象是石方工程。下列条件之一者适宜采用硐室大爆破：

(1) 因山势较陡，土石方工程量较大，机械设备上山困难，宜采用硐室爆破。

(2) 控制工期的重点石方工程。例如，铁路、公路的高填深挖路段，露天采矿的覆盖层揭露和平整场地等。

(3) 在峡谷、河床两侧有高陡山地可取得大量土石方时，可运用定向爆破技术修筑堤坝。

(4) 交通要道旁的石方工程，为防止长时间干扰交通，可采用硐室爆破。

由于硐室大爆破装药量大，对爆破区的破坏较重，对周围地区的影响较大，因此，设计时应综合考虑多种因素，特别是爆破区附近有居民区时，应慎重。但是，只要精心设计、精心施工、周密考虑，硐室爆破仍不失为一种快速、高效开挖土石方工程的方法。

### 6.5.2 硐室爆破设计原则与设计内容

硐室爆破设计工作应按不同爆破规模和重要性的分级标准，分阶段进行。A、B级硐室爆破应按可行性研究、技术设计和施工设计三个阶段的相应设计要求，逐一设计和审批程序进行。C级硐室爆破允许将可行性研究与技术设计合并，分两个阶段设计。D级硐室爆破可一次完成施工设计。

#### 6.5.2.1 设计原则和基本要求

（1）应根据业务主管部门批准的任务书和必要的基础资料及图纸进行编制。

（2）遵循多快好省的原则，确定合理的方案。

（3）贯彻安全生产的方针，提出可靠的安全技术措施，确保施工安全和爆破区周围建（构）筑物和设备等不受损害。

（4）采用先进的科学技术，合理地选择爆破参数，以达到良好的爆破效果。

（5）爆破应符合挖掘工艺要求，保证爆破方量和破碎质量，爆堆分布均匀，底板平整，以利于装运，同时要保护边坡不受破坏。

（6）对大型或特殊的爆破工程，其技术方案和主要参数应通过试验确定。

#### 6.5.2.2 设计基础资料

硐室爆破工程必须具备以下四个方面的基本资料：

（1）工程任务资料。包括工程目的、任务、技术要求。有关工程设计的合同、文件、会议纪要以及主管部门的批复和决定。

（2）地形地质资料。包括爆破漏斗区及爆岩堆积区的1：500地形图；比例为1：1000 ~ 1：5000的大区域地形图；1：500或1：1000的爆破区地质平面图及主要地质剖面图；工程地质勘测报告书及附图。

（3）周围环境调查资料。包括爆破影响范围内建筑物、工业设施的完好程度、重要程度；爆破区附近隐蔽工程的分布情况；影响爆破作业安全的高压线、电台、电视塔的位置及功率；近期天气条件。

（4）试验资料。必要的试验资料包括爆破器材说明书、合格证及检测结果；爆破漏斗试验报告；爆破网路试验资料；杂散电流监测报告；针对爆破工程中的特殊问题（如边坡问题、地震影响问题、堆积参数问题等）所做的试验爆破的分析报告等。

#### 6.5.2.3 设计工作的内容

编制大爆破工程设计文件，主要包括的内容如下：

（1）爆破工程概况。包括工程目的、要求、工程进度、规模及预期效果。

（2）地形及地质情况。爆破区和堆积区的地形、地貌、工程地质及水文地质有关内容，堆积区的地形、地貌、工程地质及水文地质等与爆破的关系以及爆破影响区域内的特殊地质构造（如滑坡、断裂等）。

（3）爆破方案。选择爆破方案的原则是，根据整体工程对爆破的技术要求和爆区地形、地貌等客观条件，合理地确定爆破范围和规模、爆破类型、药室形式和起爆方式，并进行多方案优缺点比较，论证所选方案的合理性、存在问题与解决办法。

（4）装药计算。说明各参数的选择依据及装药量计算方法，并列表说明计算结果。

（5）爆破漏斗计算。包括压碎圈半径、上下破裂线及侧向开度计算，可见漏斗深度、爆破及抛掷方量计算。

（6）抛掷堆积计算。包括最远抛距、堆积三角形最高点抛距、堆积范围、最大堆积高度及爆后地形。

（7）平巷及药室确定。平巷、横巷的断面，药室形状及所有控制点的坐标，并计算出明挖、暗挖工程量。

（8）装药堵塞设计。明确装药结构及炸药防潮防水措施，确定堵塞长度，计算堵塞工程量并说明堵塞方法、要求及堵塞料的来源。

（9）起爆网路设计。包括起爆方法、网路形式及敷设要求、确定堵塞长度、计算电爆网路参数及列出主要器材加工表。

（10）安全设计。计算爆破地震波、空气冲击波、个别飞石、毒气的安全距离，定出警戒范围及岗哨分布，对危险区内的建（构）筑物安全状况的评价及防护设施。

（11）科研观测设计。大中型爆破工程一般都要开展一些科研观测项目（如测震、高速摄影等），在设计文件中应列出项目、目的、工程量、承担单位及预算经费。

（12）试验爆破设计。一些大型爆破工程或难度较大的爆破工程，往往要考虑进行一次较大规模的试验爆破来最后确定爆破参数，试验爆破的设计除一般工程设计的基本要求外，还应当考虑一些观测手段或设置一些参照物，以便在爆后尽快取得所需的参数和资料。

（13）施工组织设计。应当包括施工现场布置、开挖施工的组织、装药、堵塞、起爆期间的指挥系统、劳动组织、工程进度安排以及爆后安全处理和后期工程安排。

（14）所需仪器、机具及材料表。

（15）工程预算及主要技术指标。

（16）技术经济分析。主要指标是单位炸药消耗量、爆破方量成本、抛方成本及整个土石方工程的成本分析和时间效益、社会效益分析等。

（17）主要附图。包括：地质平面及剖面图，药包布置平面及剖面图，爆破漏斗及爆堆计算剖面图，导硐、药室开挖施工图，起爆网路图，装药、堵塞施工图，爆破危险范围及警戒点分布图，科研观测布置图。

#### 6.5.2.4 药包布置

药包布置是硐室爆破设计的核心，设计水平的高低和经济效益的好坏都是由药包布置的合理程度决定的。

##### A 药包布置原则

硐室爆破的药包布置包括点（集中药包）、线（条形药包）、面（点、线结合）和空间（点、线、面结合）四种形式，按工程条件和要求选定。药包布置是硐室爆破设计的核心工作，设计水平的高低、经济效益的好坏，都与药包布置的合理与否有关。

药包布置的基本原则是根据地形条件和工程要求正确选择药包布置方式，以利充分利用炸药能量。也就是说，在进行药包布置时，要使所有药室中的装药在整个欲爆岩体中得到合理的空间布局，既不要出现个别地段装药过多，造成炸药能量过分集中而发生局部抛散过远浪费炸药能量甚至出现个别飞散物造成破坏等事故，又不要出现个别地段装药过少，造成该部位岩体爆破不彻底导致爆破块度过大甚至出现岩坎等不良结果。

具体而言，对于工程的场地平整、料场剥离及开挖等采用硐室开采爆破时，在爆破设计中可按下述原则进行药包布置：

（1）根据地形条件、工程要求及当地爆破地震效应特征等初步确定主药包的最小抵抗线值。

（2）确定主药包的位置与药包形式。一般山高坡陡、多面临空地形可布置双侧作用药包，平整的山坡或平台地形可布置条形药包。对于长条形山脊，应首先在山脊最高峰的横剖面上进行主药包布置，然后沿着山体的走向依次在相邻的横剖面上进行其他主药包的布置，最后在主药包作用不到的区域内布置辅助药包。当爆区内有多个山峰时，首先在每个山峰下布置主药包，然后再围绕这些主药包布置辅助药包。

（3）根据现场地形情况，凡能布置条形药包的地方，应尽量布置条形药包或部分布置条形药包。一般应根据爆区地形沿等高线走向进行条形药包布置；各条形药包的长度宜大于 1.5 倍最小抵抗线；各条形药包沿其长度方向不同断面上的最小抵抗线偏差应控制在 10% 以内；当爆区地形条件不能满足上述条件时，应考虑在适当位置布设辅助集中药包。

（4）爆区周边的药包布置应尽可能使开挖区形成平整的底板，以利铲装作业。当药包布置到爆区外缘时，一般会遇到周边留下岩坎的问题。此时应根据施工单位挖装设备的能力及欲爆岩石的风化程度合理布置周边最小抵抗线药包。一般将爆区边缘药包的最小抵抗线控制在 5 ~ 10m 范围内，岩石风化程度小取小值；反之取大值。

（5）药包布置应考虑工程地质条件。当遇到有软硬不同的岩层时，药包应布置在坚硬岩层中；当遇到断层、破碎带和软弱夹层时，药包位置应避开这些不良构造或者采用分集药包；当遇到溶洞时，应先布置与溶洞距离近的药包，使之满足不向溶洞逸出的条件，然后再布置距溶洞远的药包，这样做可以减少设计中的反复工作。

（6）靠近永久建基面布置药包时，应按照要求预留保护层，并通过现场试验及工程类比确定合理的预留保护层厚度。

（7）沿着露天永久边坡进行的硐室爆破，在进行药包布置时，应将设计边坡纳入爆破设计平面图和剖面图上，首先考虑采用边坡预裂或预留保护层等保护边坡的技术措施；然后确定可实施硐室爆破的范围；最后在此范围内由下至上逐层平行边坡布置紧邻边坡的药包，并应重点考虑采用不耦合装药条形药包形式，以减弱爆破对边坡的破坏影响，然后在此基础上再布置前排药包。

（8）在双面临空地形布置单药包或单排药包时，应使两侧的最小抵抗线 $W_1$ 和 $W_2$ 满足：

集中药包 $$W_1^3 f(n_1) = W_2^3 f(n_2) \tag{6-34a}$$

条形药包 $$W_1^2 f(n_1) = W_2^2 f(n_2) \tag{6-34b}$$

（9）对于条件复杂的大型硐室爆破工程，一般在平面上可分成几个爆区按上述方法进行药包布置设计；在空间上，当药包最小抵抗线与埋设深度之比 $W/H < 0.6$ 时，应布置两层甚至多层药包。

单层药包爆破抵抗线与埋深之比以 0.6 ~ 0.8 为宜，超过该范围应考虑布置两层以上的药包或多排药包。

对于条形药包，按以下原则：条形药包在地形图上由直线或折线表示，其长度应大于2倍的最小抵抗线；同一药室内沿其轴线分布的各段药包最小抵抗线相差不大于±7%、不同时段的药包间距按0.5倍最小抵抗线控制；同时段不同药室药包间距按0.3倍最小抵抗线控制；考虑爆后药包端部间不会出现硬梗，相邻的条形药包端部间距一般按（0.3～0.5）W计算（W为相邻条形药包的平均最小抵抗线）。

**B 药包类型**

硐室爆破药包类型有三种，即集中药包、条形药包、条形药包结合集中药包（长形药包）。按硐室装药长度L与最小抵抗线W的比值和等效装药量来确定是采用集中药包还是采用条形药包。

（1）集中药包：通常将药包最长边不大于最短边4倍的药包称为集中药包。

（2）条形药包：过去一直以药包的长径比φ来定义，有人将φ≥16或φ≥20的药包定义为条形药包。但更为合理的定义应该是结合药包的几何形态和爆破介质两方面的因素，即将装药长度$L > (2.48/\gamma^{1/6}) \cdot W \cdot (1 + n^2)^{0.5}$的药包，称为条形药包，式中L为药包长度，m；$\gamma$为介质容重，$kg/m^3$；W为药包最小抵抗线，m；n为爆破作用指数。

（3）长形药包：将药包的形状处于集中药包和条形药包之间的药包，称为长形药包，这种药包在爆破工程实践中常被采用。

其药量计算公式为：

集中药包 $\qquad\qquad\qquad\qquad Q = KW^3 \qquad\qquad\qquad\qquad$ (6-35a)

条形药包 $\qquad\qquad\qquad\qquad Q = KW^2 L \qquad\qquad\qquad\quad$ (6-35b)

式中，K为药量系数，$K = q(0.4 + 0.6n^3)$，其中q是炸药单耗，n是爆破作用指数。

$L = W$时，为等效装药条件，此时式（6-34）与式（6-35）计算出的装药量相同；$L < W$时，按集中药包计算装药量；$L > W$时，按条形药包计算装药量。

**C 条形药包在硐室爆破中的优越性**

由于在硐室爆破工程中，对爆破效果要求高，一次爆破规模大，爆破范围要求不超挖，保护边坡稳定和基底完整；对采石要求级配合理、大块率低、破碎均匀；对定向爆破要求定向准、抛距远、抛掷率高、抛堆集中。为了满足这些要求，将硐室爆破的集中药包设计成条形药包，这种条形药包具有明显的优越性：

（1）由于压缩圈半径小，更能保证边坡稳定和基底基岩的完整。

（2）有效改善爆破效果，使爆后石料级配更合理，能明显地降低大块率、减少二次破碎。

（3）能降低爆破震动，特别是条形分段间隔装药微差爆破，具有明显的降震作用，能大大提高岩石的破碎度，这种药包的分段长度不宜小于0.5倍抵抗线，相邻药包微差间隔时间不宜大于75ms。

（4）在定向抛掷爆破工程中，条形药包与集中药包相比，其优点是：能量分布均匀，有利于抛掷能量的转化；利用导硐作为条形药包的药室，可减少开挖工程量并避免大跨度药室开挖的困难（当W＞35m时）；抛掷率高，爆堆集中。

（5）更容易实现空腔不耦合硐室爆破。

（6）能减少回填堵塞工作量，堵塞量可减少10%～15%。

**6.5.2.5 布药结构与应用条件**

根据药包空间分布的层、排、列（上下为层，前后为排，左右为列）的组合形式，一般将药包的布药结构分为两大类型，即单个药包和群体药包。单个药包因其规模和爆破范围较小，可视具体地形、地质条件选定，灵活性较大。群体药包是复杂地形条件下大规模爆破工程设计常用的形式。常用的药包布置形式及其适用条件见表6-6，药包布置方式如图6-12所示。

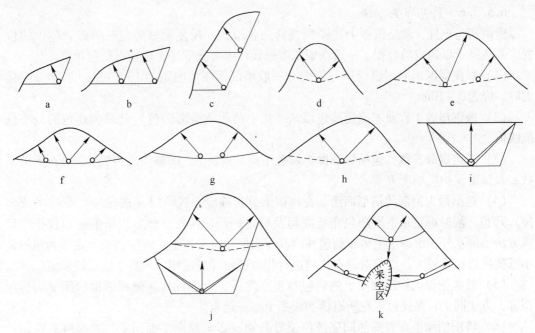

图 6-12  硐室爆破药包布置方式

a—单层单排单侧药包；b—单层双排单侧药包；c—双层单排单侧药包；d—单层单排双侧药包；e—单层双排双侧不等量药包；f—单层多排双侧作用药包；g—单层双排双侧药包；h—单层单排双侧不对称药包；i—单排药包扬弃爆破开挖堑沟；j—双层单排延迟爆破药包；k—多重作用复合药包

表 6-6  硐室爆破药包布置分类

| 爆破作用方向 | 药包布置形式 | 适 用 条 件 |
| --- | --- | --- |
| 单侧作用 | 单层单排布置 | 缓坡地形，高差小 |
| | 单层双排布置 | 缓坡地形，高差小，要求爆后形成宽平台 |
| | 双层单排 | 陡坡地形，高差大 |
| 双侧作用 | 单排布置 | 山脊地形 |
| | 多排布置，主药包双侧作用，辅助药包单侧作用 | 坡度平缓的山包 |
| | 并列单侧作用 | 顶部较宽的山包或山脊 |
| | 单排布置，一侧松动作用另一侧抛掷 | 两侧地形坡度不同的山脊或山包 |
| | 并列不等量药包，单侧作用 | 两侧地形坡度不同的山脊或山包 |
| 多向作用 | 单一药包 | 孤立山头，多面临空，地形坡度较陡 |
| | 单一主药包多向作用，辅助药包单向作用 | 孤立山头，多面临空，地形较缓，爆破山头高差较大 |

硐室大爆破工程实践证明，在山体地形图上等高线变化不大和山体形状规整的情况下，采用条形药包比使用集中药包爆破具有爆破能量利用率高、爆堆集中、抛掷率高、爆

破块度均匀、边坡稳定以及可以减少药室的开挖量等优点，条形药包已成为药包布置设计的主体，集中药包降到了辅助和个别地段处理的从属地位，而群体条形布药结构优于群体集中药包布药结构。在复杂地形地质条件下，将条形药包和集中药包有机地组合起来，是群体布药的最佳形式。

#### 6.5.2.6 药包布置方法

所谓药包布置，就是依据上述原则选择药包形式和反复调整药包在爆破岩体中的位置，并最终予以确定的过程。一般在硐室爆破设计中可按下述步骤进行药包布置。

（1）根据爆区地形图绘制横剖面图。一般横剖面图的间距为 10 ~ 15m，当地形变化大时，应为 5 ~ 10m。

（2）根据爆破工程要求确定药包形式（集中药包或条形药包）及最大药包的最小抵抗线值。

（3）选定爆破参数，包括标准抛掷爆破用药量系数 $K$、爆破作用指数 $n$、岩石压缩系数 $\mu$ 及预留保护层厚度 $B$ 等。

（4）选出最大挖深的横剖面图，在该图上分析确定布置单层（或多层）单排（或多排）药包，同时确定最下层药包布置高程及最内侧药包位置；然后根据前述药包排列计算方法由里至外、由下至上试布药包并将其爆破漏斗绘于图上；若横剖面上相邻药包的最小抵抗线值相差较大，则要对试布药包进行相应调整并通过相关核算予以最终确定。

（5）最大挖深的横剖面图上的药包布置完之后，再进行其两侧相邻横剖面上的药包布置，方法同上；照此过程在所有横剖面图上布好药包。

（6）将横剖面上布置好的同层药包位置分别投影至地形平面图上，并对所有药包的位置及最小抵抗线进行校核；同时，根据药包的最终位置及地形情况，设计导硐开口位置、导硐轴线及长度等。

#### 6.5.2.7 进行条形药包设计时应注意的问题

**A 布置条形药包的一些问题的处理方法**

（1）根据地形变化情况，布置好前排药包，为了控制条形药包沿走向最小抵抗线的变化幅度不超过 10%，可将条形药包设计成折线或曲线，亦可将条形药包分段设计，否则差值过大易产生大块或有的地段抛掷过远。

（2）在同一条形药包沿纵向各段的抗高比应控制在 0.6 ~ 0.8 之间较为合理。

（3）条形药包对其端部作用是十分微弱的，两个等抵抗线的条形药包端部相距 0.3$W$ 时其端部岩石的破碎程度才等效于两个相距 $W$ 的集中药包的爆破作用，因此多排条形药包错开布置时，前后排相邻端的水平距离不应小于 $W/3$。

（4）条形药包一般不宜超过 3 排，若地形变化不大、抗高比不大于 1 时，可根据爆破规模的大小布置多排药包；若爆破规模较大时，一般采用集中药包和条形药包相结合的爆破方法。

（5）多排条形药包爆破中，前排药包的后破裂线按 70° 选取，即自药包中心按 70° 作与地表交点，然后自此交点作压缩圈半径的切线，这条切线就是该药包的后破裂线，以此来确定后排药包的最小抵抗线是可行的。

（6）多排双侧爆破时，中间一排的最小抵抗线应取双向相等，若主爆破方向已定，则应使主爆破方向的抵抗线小于另一方向的最小抵抗线。

（7）条形药包空腔不耦合系数为 3～4 较理想，这样可以降低冲击波初压，减少爆炸对边坡的破坏，并能改善爆破效果。

B　起爆网路和堵塞工作应注意的问题

（1）条形药包应采用多点起爆方式，这是形成条形装药应力场的最佳起爆方式。起爆的点数越多则形成条形应力场的时间越早，中心单点起爆的条形药包的应力场类似于集中药包。

因此，条形药包的起爆点不应少于 3 个，起爆点之间可用导爆索连接。

（2）为了减震而采用条形分段间隔装药微差起爆网路时，相邻药包微差间隔时间为 50～75ms，间隔时间过小起不到减震作用，间隔时间过大容易把相邻药包的炸药冲散而拒爆。药包分段长度不宜小于 $0.5W$。

（3）条形药包与集中药包相比虽然可以减少堵塞工作量，但堵塞部位和堵塞质量是非常重要的，堵塞长度不够或堵塞质量不好会产生冲炮现象，影响爆破质量和爆破安全。各分段药包之间的堵塞长度为 3～4m 时不会产生留坎、留墙等不良爆破现象，亦不会发生殉爆，药包端部应保持不小于 5m 的堵塞长度，十字交叉口地带的堵塞长度为向里 2～3m、向外 4～6m，硐口为加强堵塞段，堵塞长度为 5～7m。堵塞材料最好是黄土，并用木棍捣实，保证良好的堵塞质量。

（4）进行装药和回填堵塞时，若采用非电塑料导爆管起爆系统，应对导爆管进行严格地保护，最好是用编织袋先将导爆管包好，再用装土袋子压好。

### 6.5.2.8　药包布置对边坡的影响

A　爆破对边坡的作用

（1）由药室向漏斗外延伸的径向裂缝和环向裂缝破坏了边坡岩体的整体性。

（2）岩体爆除后，破坏了边坡的稳定平衡条件。

（3）爆破地震波在小断层或裂隙面反射，造成裂隙张开或地震附加力使部分岩体或旧滑体失稳而下滑。

B　在边坡上进行硐室爆破工程设计时应考虑的问题

（1）要留有足够的边坡保护层。当边坡不高、岩体比较稳固、药包也不太大时，预留保护层厚度小一些；边坡较高、药包较大、岩体稳固条件不太好时，预留层需大一些。

（2）布置在边坡上的药包不宜过大，最好布置不耦合装药的条形药包；采用集中药包设计时，开挖导硐应避免通过保护层。

（3）为减弱爆破地震波影响，尽可能采用分段起爆，还可以考虑与预裂爆破配合，沿边坡形成预裂面，不仅可以减震，而且可以切断向边坡延伸的裂缝。

## 6.5.3　爆破参数的选择和设计计算

### 6.5.3.1　装药量计算

（1）松动爆破。

集中药包

$$Q = eK'W_\mathrm{d}^3 \tag{6-36}$$

条形药包

$$Q = eK'W_d^3L, \quad q' = eK'W_d^2 \tag{6-37}$$

（2）加强松动和抛掷爆破。

集中药包

$$Q = eK'W_d^3(0.4 + 0.6n^3) \tag{6-38}$$

条形药包

$$q' = \frac{eK'W_d^2(0.4 + 0.6n^3)}{m} \tag{6-39}$$

式中　$Q$——装药量，kg；

$q'$——条形药包每米装药量，kg/m；

$e$——炸药换算系数，代表着某一种炸药的能量比例关系，它的数值大于 1 时，表示这种炸药的能量较小，它的数值小于 1 时，表示这种炸药的能量较大，对 2 号岩石炸药 $e = 1.0$，铵油炸药 $e = 1.0 \sim 1.5$，亦可对被爆岩石与 2 号岩石炸药共同做爆破试验，根据爆破漏斗及抛掷堆积的对比选 $e$ 值；

$K'$——松动爆破单耗，kg/m³，对平坦地面的松动爆破 $K' = 0.44K$，多面临空或陡崖崩塌松动爆破 $K' = (0.125 \sim 0.4)K$，完整岩体的剥离松动爆破 $K' = (0.44 \sim 0.65)K$；

$K$——标准抛掷单耗，kg/m³，在已知岩石重力密度 $\gamma$ 时，可按 $K = 0.4 + (\gamma/2450)^2$ 计算，也可通过现场试验分析确定 $K$ 值；

$W_d$——最小抵抗线，m，取决于爆破规模和爆区地形，一般应在 $10 \sim 25$m 范围内选取，硐室爆破主药包的最小抵抗线值以 $15 \sim 20$m 左右为宜，且最小抵抗线 $W$ 与药包埋设深度 $H$ 的比值一般应控制在 $W/H = 0.6 \sim 0.8$，条形药包最小抵抗线允许误差范围是 $\Delta W = \pm 7\%$；

$L$——条形药包长度，m；

$m$——间距系数，取 $1.0 \sim 1.2$；

$n$——爆破作用指数。

$n$ 值的选择如下：

1）加强松动爆破，要求大块率小于 10%，爆堆高度大于 15m 时，可参照表 6-7 选取。

2）平地抛掷爆破，按要求的抛掷率 $E$ 选取 $n$ 值，计算公式是 $n = E/0.55 + 0.5$。

3）斜坡地面抛掷爆破，当只要求抛出漏斗范围的百分率时，可参照表 6-7 选取 $n$ 值；当要求抛掷堆积形态时，则按抛掷距离的要求选取 $n$ 值。

表 6-7　加强松动爆破的 $n$ 值

| 最小抵抗线/m | 20.0 ~ 22.5 | 22.5 ~ 25.0 | 25.0 ~ 27.5 | 27.5 ~ 30.0 | 30.0 ~ 32.5 | 32.5 ~ 35.0 | 35.0 ~ 37.5 |
|---|---|---|---|---|---|---|---|
| $n$ 值 | 0.70 | 0.75 | 0.80 | 0.85 | 0.90 | 0.95 | 1.0 |

### 6.5.3.2　药包间距

药包间距通常根据最小抵抗线和爆破作用指数来确定。合理的药包间距，不仅能保证两药包之间不留岩坎，还能充分利用炸药能量，发挥药包的共同作用。

不同地形地质条件下集中药包间距 $a$ 的计算式见表 6-8。条形药包端头间距 $a'$ 按表 6-9 的经验数值选取。互相垂直的条形药包之间的距离可按集中药包间距计算。

表 6-8 集中药包间距的计算公式

| 爆破类型 | 地 形 | 岩 性 | 间距 $a$ 计算公式 |
|---|---|---|---|
| 松动爆破 | 平坦 | 土、岩石 | $a = (0.8 \sim 1.0) W_d$ |
| | 斜坡、台阶 | | $a = (1.0 \sim 1.2) W_d$ |
| 加强松动、抛掷爆破 | 平坦 | 岩石 | $a = 0.5 W_d (1 + n)$ |
| | | 软岩、土 | $a = W_d \sqrt[3]{0.4 + 0.6 n^3}$ |
| | 斜坡 | 硬岩 | $a = W_d \sqrt[3]{0.4 + 0.6 n^3}$ |
| | | 软岩 | $a = n W_d$ |
| | | 黄土 | $a = 4 n W_d / 3$ |
| | 多面临空、陡崖土、岩石 | 土、岩石 | $a = (0.8 \sim 0.9) W_d \sqrt{1 + n^2}$ |
| 斜坡抛掷爆破，同排同时起爆，相邻药室间距 | | | $0.5 W_d (1 + n) \leqslant a \leqslant n W_d$ |
| 斜坡抛掷爆破，同排同时起爆，上、下层间距 | | | $n W_d \leqslant b \leqslant 0.9 W_d \sqrt{1 + n^2}$ |
| 分集药包间距 | | | $a = 0.5 W_d$ |
| 集中药包爆破层间距 | | | $a = (1.2 \sim 2.0) W_{cp}$ |

注：$W_{cp}$ 为上、下层集中药包 $W$ 的平均值；$n$ 为爆破作用指数，不同爆破条件时值不同。

表 6-9 条形药包端头间距计算公式

| 起爆方式 | 间距 $a'$ 计算公式 |
|---|---|
| 两个起爆药包同时起爆 | $a' = (W_{d1} + W_{d2}) / 6$ |
| 两个起爆药包毫秒间隔起爆 | $a' = (1/6 \sim 1/4)(W_{d1} + W_{d2})$ |
| 两个起爆药包秒间隔起爆 | $a' = (1/3 \sim 1/2)(W_{d1} + W_{d2})$ |
| 条形药包与集中药包同时起爆 | $a' = W_d' / 2$ |
| 条形药包与集中药包毫秒间隔起爆 | $a' = (0.5 \sim 0.7) W_d'$ |
| 条形药包与集中药包秒间隔起爆 | $a' = (0.7 \sim 1.0) W_d'$ |

注：$W_{d1}$、$W_{d2}$ 分别为两个同排条形药包的最小抵抗线，$W_d'$ 为集中药包最小抵抗线。

### 6.5.3.3 微差间隔时间的确定

硐室爆破药包之间起爆间隔时间选取的合理与否对爆破质量的影响十分明显。研究表明，延期时间的选取取决于土岩体的性质和爆破设计参数。由于山体的土岩性质和每次爆破的设计参数各异，因此，近年来提出了大量的经验值和经验计算公式。大量实践表明，合理的微差爆破设计应同时考虑微差时间间隔和起爆顺序、药包之间的相对位置、地质结构、岩土松散系数和工程经验等因素，并依据现有爆破器材合理搭配。

硐室爆破药室之间起爆的时间间隔可按表 6-10 选取。表 6-10 中数据表明，硐室爆破工程实践所选取的时间间隔 $\Delta t$ 基本上符合经验公式

$$\Delta t = K W_d \tag{6-40}$$

式中 $K$——反映岩土性质的系数，可根据现场试炮的经验数据得出，一般 $K = 3 \sim 7$。

**表 6-10　爆破规模与时间间隔的关系**

| 硐室型号 | 最小抵抗线分类/m | 同排相邻药包时差/ms | 前后排时差/ms |
|---|---|---|---|
| 大型爆破硐室 | >15~30 | >50~80 | >100~300 |
| 中型爆破硐室 | 8~15 | >25~50 | >60~110 |
| 小型爆破硐室 | 5~8 | >10~25 | >35~75 |

#### 6.5.3.4　爆破漏斗计算

（1）压碎圈半径 $R_y$。

集中药包

$$R_y = 0.062 \sqrt[3]{\frac{Q\mu_y}{\rho}} \tag{6-41}$$

条形药包

$$R_y = 0.056 \sqrt{\frac{q'\mu_y}{\rho}} \tag{6-42}$$

式中　$Q$——集中药包装药量，kg；

　　　$q'$——条形药包每米装药量，kg/m；

　　　$\mu_y$——岩石压缩系数，坚硬土取 150，松软岩取 100，软岩取 20，坚硬岩取 10；

　　　$\rho$——装药密度，kg/cm$^3$，袋装硝铵炸药取 0.8，袋间散装取 0.85，散装取 0.90。

（2）爆破漏斗下破裂半径 $R$。

斜坡地形

$$R = \sqrt{1+n^2} W_d \tag{6-43}$$

山头双侧作用药包

$$R = \sqrt{1+\frac{n^2}{2}} W_d \tag{6-44}$$

（3）爆破漏斗上破裂半径 $R'$。

斜坡地形

$$R' = W_d \sqrt{1+\beta n^2} \tag{6-45}$$

坡度变化较大时

$$R' = \frac{W_d}{2}\left(\sqrt{1+n^2} + \sqrt{1+\beta n^2}\right) \tag{6-46}$$

式中　$\beta$——破坏系数，根据地形坡度 $\alpha$ 和土岩性质而定，坚硬致密岩石 $\beta = 1 + 0.016\left(\frac{\alpha}{10}\right)^3$，土、松软岩、中硬岩 $\beta = 1 + 0.04\left(\frac{\alpha}{10}\right)^3$；

　　　$n$——爆破作用指数。

根据上述公式计算的 $R_y$、$R$、$R'$ 数据，绘制出爆破漏斗破裂范围，如图 6-13 所示。

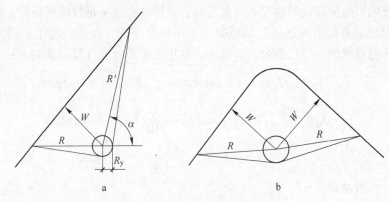

图 6-13　爆破漏斗破裂范围

a—单侧斜坡地面；b—双侧斜坡地面

（4）可见爆破漏斗深度 $P$。抛掷爆破时，在土石方初抛出后，即形成新的地面线，这样新的地面线与原地面线之间的最大距离称为可见漏斗深度。可见漏斗深度对预测爆破效果、计算爆破方量是很重要的。一般按下述情况分析计算：

平坦地面抛掷爆破

$$P = 0.33(2n - 1)W \tag{6-47}$$

斜坡地面单层药包抛掷爆破

$$P = (0.32n + 0.28)W \tag{6-48}$$

斜坡地面多层药包，上层先爆，下层延期起爆

$$P = 0.2(4n - 1)W \tag{6-49}$$

多临空面抛掷爆破

$$P = (0.6n + 0.2)W \tag{6-50}$$

陡坡地形崩塌爆破

$$P = 0.2(4n + 0.5)W \tag{6-51}$$

爆破后土岩的堆积、形状、范围和抛掷率，是衡量爆破效果的重要指标之一，也是计算爆破方量的前提条件。由于爆破堆积受地质、地形、爆破参数以及爆破技术等条件的影响，直至目前还没有准确的计算公式，目前主要根据历次的爆破实际资料的统计与分析来确定。

### 6.5.3.5　药包横断面堆积计算

对爆破后堆积抛体的计算，利用通过体积平衡获得堆积三角形的宏观几何参量。爆破漏斗、可见漏斗、爆破方量、抛掷方量计算，是抛掷堆积计算的基础。堆积形态计算实际上是将堆积体和爆破方量、抛掷方量进行体积平衡；其关键数据是定出最远抛距、质心抛距；进而划出抛掷堆积范围和最高堆积点位置。体积平衡法以宏观爆破效果统计资料为基础提出了斜坡地形堆积分布的三角形假定，即认为在斜坡地形抛掷爆破的情况下，抛出的岩土碎块在最小抵抗线横断面上的自身堆积形状（指与原地形叠加前的形状）是近似于三角形分布的。计算抛掷距离有两种计算方法，一种为快速计算法，第二种为作图计算法。按冯叔瑜院士所述，快速计算法的准确性基本上能满足工程计算需要。

体积平衡法以宏观爆破效果统计资料为基础提出了斜坡地形堆积分布的三角形假定，

即认为在斜坡地形抛掷爆破的情况下，抛出的岩土碎块在最小抵抗线横断面上的自身堆积形状（指与原地形叠加前的形状）是近似于三角形分布的，在此前提下，得到了确定该堆积三角形几何形状的一套经验公式。其中，常用的抛距经验计算公式如下：

$$S_{m} = K_1 W \sqrt[3]{K_0 f(n)} (1 + \sin 2\varphi) \approx \frac{\gamma}{780} W k_n^{1/3} (1 + \sin 2\varphi) \tag{6-52}$$

$$S_{p} = K_2 W \sqrt[3]{K_0 f(n)} (1 + \sin 2\varphi) \approx \frac{\gamma}{2100} W k_n^{1/3} (1 + \sin 2\varphi) \tag{6-53}$$

$$S_{c} = \frac{1}{1.48 \sim 1.75} S_m \approx \frac{1}{1.5 \sim 1.6} S_m = S_m / 1.55 \tag{6-54}$$

式中　$S_{m}$——前沿抛距，m；

$\quad\quad S_{p}$——最高点抛距，m；

$\quad\quad S_{c}$——质心抛距，m；

$\quad\quad \varphi$——抛角，最小抵抗线与铅垂线的夹角，（°）；

$\quad\quad n$——药包爆破作用指数；

$\quad\quad \gamma$——岩石容重；

$\quad\quad k_{n}$——抛掷系数。

$$k_{n} = \frac{Q}{W^3} = k f(n) = k(0.4 + 0.6 n^3) \tag{6-55}$$

根据体积平衡原理（在此实际为面积平衡），横断面上的最大堆积高度可按式（6-56）确定

$$h_{p} = \frac{\eta' A_p f'}{\frac{1}{2}(S_m - S_0)} = \frac{2\eta' A_p f'}{S_m - S_0} \tag{6-56}$$

$$A_{p} = A_b - \frac{A_e'}{\eta'} \tag{6-57}$$

式中　$h_{p}$——堆积三角形的堆高，m；

$\quad\quad S_{0}$——堆积三角形起点与药包中心的水平距离，由作图量出，$S_0 < R$，一般取下破裂线与药室中心之间的水平距离。

$\quad\quad f$——考虑抛撒的堆积系数，$f = 0.9 \sim 0.95$；

$\quad\quad A_{p}$——可见漏斗断面图上求得的抛掷实体面积，$m^2$；

$\quad\quad A_{b}$——爆破漏斗断面积，$m^2$，由爆破漏斗图中量出；

$\quad\quad A_{e}'$——爆破漏斗内的堆积松散断面积，$m^2$，由爆破漏斗图中量取；

$\quad\quad \eta'$——面积松散系数，一般 $\eta' = 1.1 \sim 1.3$。

### 6.5.4　起爆系统

　　硐室大爆破总装药量大，能否安全准爆是影响全局的大事。所以，对起爆系统要求做到万无一失。起爆系统包括爆区的起爆网路和起爆电源。

　　硐室爆破工程采用的起爆网路有双重电爆网路、电爆与导爆索网路、非电导爆管网路，在多雷电地区亦有双重导爆索网路等。目前，最广泛使用的是电爆网路和电爆与导爆索的复式网路，因为电爆网路能用仪表检查，可做到心中有数。

起爆网路的特点有：

（1）需要设置主起爆体和副起爆体，主起爆体一般用木箱加工，内装导爆索结和起爆雷管（副起爆体不装雷管，用导爆索和正起爆体连接），以及质量好的岩石炸药。

（2）同时起爆的药包多用导爆索相连接。

（3）在堵塞段需用线槽保护电线和导爆索，线槽一般放在导硐下角，用土袋压好；线头都收在线头箱内，线头箱亦用土袋压好，在堵塞过程中，应定期检查起爆线路。

大药量硐室爆破工程不适宜用起爆器起爆，因为起爆器电压高、电容量小，在硐内潮湿条件下，接头容易漏电，造成拒爆，所以一般采用380V交流电起爆。起爆电源的容量要满足设计要求，应保证通过每发电雷管的准爆电流：直流大于2.5A，交流大于4.0A。

### 6.5.5 施工技术

#### 6.5.5.1 导硐与药室的设计

A　导硐设计

连通地表与药室的井巷称为导硐，一般分为平硐与立井两类。导硐的布置原则是：

（1）平硐和药室之间、小立井和药室之间都要有横巷相连，横巷的方向与主硐垂直，长度不小于5m，以保证堵塞效果。

（2）主平硐不宜过长，超过50m时，应考虑通风措施。各主要平硐负担的装药、堵塞工作量最好趋于平衡。

（3）为了便于施工时出渣和排水，由硐口向里应打成3%～5%的上坡。

（4）硐口位置应尽量避免正对建筑物，并应选择在地形较缓、运输方便的地方。

导硐的断面尺寸应根据药室的装药量、导硐的长度及施工条件等因素确定，以掘进和堵塞工程量小、施工安全方便及工程速度快为原则。

B　药室设计

（1）集中药包的药室设计。药室容积可按式（6-58）计算

$$V_k = K_k \frac{Q}{\rho} \tag{6-58}$$

式中　$V_k$——药室开挖体积，$m^3$；

$Q$——装药量，t；

$\rho$——装药密度，$t/m^3$；

$K_k$——药室扩大系数，采用袋装炸药，药室没有支护时，$K_k = 1.2 \sim 1.3$，药室有支护时，$K_k = 1.4$。

药室形状主要根据装药量的大小确定，当装药量小于50t时，通常开挖成正方形或长方形，药室高度2～4m，长宽尺寸按装药量要求设计；当装药量大于50t时，考虑到药室跨度太大不安全，常开凿成"T"字形、"十"字形、"回"字形、"日"字形等形状。

（2）条形药包的药室设计。根据地形条件，条形药包一般设计成直线形和折线形，并多采用不耦合装药。不耦合比一般指药室断面与药包断面的面积之比，一般在2～10之间。药室设计断面与施工导硐断面或横巷断面相同，以方便施工为原则，不宜太小。

### 6.5.5.2 装药与堵塞

#### A 装药结构

（1）集中药包装药结构。起爆体放在正中，其周围装岩石炸药，岩石炸药的外围装铵油炸药。作为起爆体的箱子，内装雷管、导爆索和密度均匀的优质岩石炸药。雷管引线拉出箱外，以便于起爆网路连接。箱体的作用是保持装药密度，防止拖拽或塌方造成雷管意外爆炸。为便于搬运，一般装药量不超过 30kg。

（2）条形药包装药结构。条形药包除了置于装药中心的起爆体外，还要在条形装药的两端及沿着装药长度设置几个副起爆体，沿装药长度敷设几根导爆索，导爆索与主起爆体和副起爆体相连接。副起爆体中没有雷管，由导爆索引爆，用以加强条形药包的起爆能力，防止爆轰不完全。

#### B 堵塞

堵塞的作用是防止炸药能量损失，并使爆炸气体不先从导硐冲出，避免"冲炮"现象发生。因此，堵塞质量关系到爆破效果及安全。堵塞时应注意以下问题：

（1）堵塞长度。靠近平硐口的小药室，堵塞长度要大于最小抵抗线，药室封口应严密；其他平硐口的药室，一般只堵横硐，堵塞长度为横硐断面长边的 3～5 倍；直硐条形药室，头部堵塞长度要大于其最小抵抗线；定向爆破工程，堵塞长度应适当加长。

（2）堵塞料可用开挖导硐的石渣或其他堆积物。

（3）堵塞时应先垒墙封闭药室，然后隔段打墙，墙之间用石渣或其他堆积物充实，也可全部用装满土石的编织袋垒砌。

（4）在堵塞过程中要注意保护起爆网路。

### 6.5.5.3 起爆准备工作

从炸药进场时起，施工场区应按设计要求设置警戒线，凭作业人员通行证进出。爆破前应划定危险区范围，设明显标志，张贴告示，标明要求撤离的时间和安全躲避地点、起爆时间、起爆地点、起爆信号使用情况等，并以书面形式通知地方政府及有关单位，以做好一切准备。

起爆网路连接要有专人负责，每组至少要有两人同行，一人操作，另一人记录与核查。网路连接应从里到外，从支路到主线按顺序进行。对于电力起爆网路要采用专用的爆破电桥对网路进行导通检查，测定其电阻值和对地绝缘情况，各支路的实测电阻值应与设计值相符，且经重复测定值相等才算正常。若发现网路电阻值飘忽不定，应检查其原因，找出问题所在并做妥善处理，再次测定合格后方可爆破。起爆站应设在爆破危险区范围以外的安全地点，应加防护顶盖及围栏。起爆站要安装专用起爆电源闸刀，装设接头盒和开关盒，加锁保护。同时还应配备对外通信联络系统。

起爆前对撤离区要采用拉网式检查，并在警戒区入口处设岗守卫。爆破信号应分为预备起爆、正式起爆和解除警戒三个阶段发布，并以音响和视觉信号并行发出。

预备信号发出后，除爆破技术人员外，其余无关人员一律撤到警戒区外，警戒人员上岗值勤，禁止一切车辆和人员进入警戒区。起爆信号发出前，必须确认所有人员、设备已全部撤离到安全地点，起爆网路已经检查正常，起爆作业人员进入起爆站，经检查并接入起爆电源，并向爆破指挥长报告一切准备就绪，方可由指挥长下达起爆命令并发出起爆信号，由起爆站作业人员合闸起爆。

### 6.5.5.4 爆破后现场检查与处理工作

起爆后，首先由爆破技术人员进场检查，确认无拒爆、无险情后，方可发出解除警戒信号。警戒人员收到解除警戒信号后方可撤岗，人员和车辆恢复正常通行。

爆破后的现场检查工作，着重查清有无瞎炮，有无险情存在。包括检查爆破效果是否与设计相符；爆区附近有无不稳定岩体，爆堆是否稳定，地面有无塌陷危险，是否需要进行安全处理等。

危石及危险边坡的处理。根据爆破边坡的稳定性情况，必要时可采用通常的工程处理加固方法，包括砌石护坡、喷锚加固和加设排水防护等有效措施加以处理。

# 7 拆 除 爆 破

## 7.1 概述

在城市建设和大中型企业改扩建中，往往有许多大型建筑物需要拆除。与人工、机械拆除方法相比，对爆破效果和爆破危害进行双重控制的拆除控制爆破，具有快速安全、低成本等许多优势。因此，高层大型建（构）筑物的拆除，主要采用控制爆破技术。

控制爆破是在其他爆破方法的基础上发展起来的，它同样体现和遵守适用于一般常规爆破中的爆轰原理、破碎机理等基本规律，又因控制爆破的实施与需要达到的效果与常规爆破不同，研究控制爆破的作用机理不能单纯从"爆破"的角度着眼，尚需与"控制"原理相联系，特别是研究城市拆除控制爆破更应如此。拆除爆破是控制爆破的主要方面，必须综合运用爆炸力学、材料力学、运动学、动力学、结构力学以及钢筋混凝土、砌体及钢结构理论等多学科理论，配合高速摄影、震动测试等多种观测手段，以达到使建筑物依靠自重失稳、倒塌、分解并使爆破公害得到有效控制的预期目的。

目前国内外常见的拆除控制爆破主要应用在以下各个方面：

（1）大型块体的切割和解体。常见的有厂房内设备基础，各种建筑物的基础以及桥梁、墩台、码头船坞、柱基等。此类爆破的特点是材质不一，形状多样，环境复杂。

（2）地坪拆除。常见的有混凝土路面、地坪、飞机跑道和停机场等的拆除爆破。此类爆破的特点是面积大、厚度小和介质强度差异较大等。

（3）钢筋混凝土框架结构的拆除。对此类结构物的爆破拆除，往往由于受到场地条件的限制，因而经常采用定向倾倒或折叠倒塌等爆破方案；砖混结构建筑物还可采用原地坍塌的爆破拆除方式。

（4）构筑物的拆除。对烟囱、水塔、跳伞塔等构筑物的拆除一般采用定向倾倒、单向或双向折叠倒塌以及原地坍塌的拆除方式。

（5）金属结构物拆除。对桥梁、船舶、钢柱、钢管、大型钢锭等的拆除，由于金属结构物材质均一，因而爆破参数的选取相对简单，有其独特之处。

### 7.1.1 拆除爆破的要求

概括起来说，拆除控制爆破是根据拆除工程的要求、周围环境和拆除对象的具体条件，通过精心设计、精心施工和精心防护等技术措施，严格控制炸药爆炸时能量的释放过程和介质的破碎过程，既要达到预期的爆破效果，又要将破坏范围和倒塌方向以及爆破后的有害效应严格地控制在规定的范围内。

具体来说，拆除控制爆破应满足以下几个方面的要求：

（1）能控制被爆体的破碎程度。对于大多数的拆除爆破来说，要求被爆体在爆破后达到碎而不抛，甚至要求宁碎毋飞的原地坍塌或就近坍塌。

（2）能控制爆破的破坏范围。拆除控制爆破的破坏范围必须完全符合爆破设计的要求。要准确地、整齐地把要求爆破的那部分爆破下来，而把要保留的那部分完整无损地保留下来。

（3）能控制被爆体的倒塌方向和废渣的堆积范围。对于拆除高层建筑物和构筑物（如楼房、烟囱和水塔等），要求被爆体爆破后能按设计规定的倒塌方向和堆积范围进行倒塌和堆积，避免倒塌方向不准确而砸坏附近的建筑物、构筑物和管道与线路。在铁路和公路附近进行拆除爆破时，还应控制爆破时废渣的堆积范围，以免危及行车安全和中断行车。

（4）能控制爆破所产生的有害效应。通过精心设计、精心施工和加强防护措施，将爆破后产生的地震波、空气冲击波、噪声和飞石的危害作用控制在安全允许的限度内，确保爆区附近建筑物、机械设备、管线和人员的安全。

### 7.1.2 拆除爆破现状

目前在拆除高层建筑时，爆破已成为首选的方法。在欧美的许多国家拆除爆破的应用范围十分广泛。如原西德仅在 1978～1988 年的 10 年间就用爆破方法拆除了几百座桥梁，英国从 1979～1993 年间已用爆破方法拆除了 30～40 座 12～25 层的高大建筑物，瑞典、法国、匈牙利、美国等国也都用爆破方法拆除了大量的各类高大建筑物。

世界著名的爆破公司有：

（1）Controlled Demolition Incorporated（美国马里兰州）。1947 年开始进行建筑物的拆除爆破，是世界上最早进行拆除爆破的公司。该公司除在美国进行拆除爆破外，还在美国以外的地区承担过数千次建筑物的拆除爆破任务。

（2）Ogden & Sons Demolition Ltd（英国约克郡）。

（3）Italesplosivi（意大利）。

（4）Veb Autofahnbaukominat（德国柏林）。

（5）Nitro Consult AB（瑞典斯德哥尔摩）。

这些公司不仅在本国范围内进行拆除爆破，而且非常注重爆破技术的输出。如美国一家公司曾在巴西圣保罗市的繁华商业区，采用控制爆破拆除技术成功拆除 32 层钢筋混凝土框架大楼，英国一家公司利用控制爆破技术在南非拆除了一座底部直径 24m，高 36m 以下部分壁厚为 0.96m，36m 以上部分壁厚为 0.36m，全高 270m 的烟囱。这些成功的实例充分显示了用爆破方法拆除巨型建筑物的优越性。

我国的拆除爆破一直是工程爆破中的重要组成部分，起步于 20 世纪 50 年代，曾于 1958 年在市区爆破拆除钢筋混凝土烟囱。

随着经济建设的发展，各地改建项目日益增多，拆除爆破的任务不断扩展，成立了数以百计的爆破服务机构，1973 年北京铁路局在北京王府井爆破拆除地下室钢筋混凝土结构，被拆除体积约 2000m³；1976～1977 年工程兵工程学院在北京天安门广场爆破拆除 3 座钢筋混凝土框架结构楼房，总面积约 12000m²。

进入 20 世纪 90 年代以来，被拆建（构）筑物高度不断刷新，已拆除的最大高度框架大楼达 18 层，钢筋混凝土烟囱达 120m；被拆建筑物工程量加大，结构形式更加复杂，已成功拆除占地约 11000m²，总建筑面积 43215m² 的巨型体育馆。2012 年 2 月 12 日中电投南昌电厂一座 210m 的烟囱顺利拆除，这次爆破在环境复杂的情况下，采用绳锯切割大定向窗，使用隆芯一号数码雷管 1800 发，炸药 192kg。

为解决日趋复杂的拆除爆破工程实际问题，我国爆破工作者在 20 世纪 70 年代末开始运用爆炸力学、断裂力学、岩土力学、材料力学、结构力学及运动学、动力学特别是建筑结构等多学科理论，结合高速摄影、振动测试等多种观测手段，分析拆除爆破建筑物破碎、倒塌、解体的力学过程，从工程中得到了大量的实践经验，在对这些经验进行加工整理基础上，总结出了大量的经验公式，这些经验公式和工程实例对后来的工程具有极大指导和借鉴作用，同时，在后来的设计和施工中这些公式得到进一步的完善和发展。并且通过对拆除爆破进行成本核算、经济指标分析，制定了拆除爆破定额。计算机、专家系统等先进的研究手段、研究方法开始引入拆除爆破的研究之中。

过去拆除爆破的设计主要依赖于经验公式和一些定性的分析进行，这些经验公式都是根据若干次爆破试验和实践总结出来的，各类经验公式表达形式各不相同。随着观测技术和计算机技术的发展，以及人们对安全的关注程度增高和各国越来越严格的安全和环保法规的出台，拆除爆破将现代先进技术手段应用于研究中，正朝着更为科学、可控、准确、可预测的方向发展。

### 7.1.3　拆除爆破的特点

拆除爆破与其他爆破技术相比较，具有以下一些特点：

（1）爆区周围环境复杂。拆除爆破一般是在闹市区、居民区、厂区、厂房内进行，在爆区内和爆区附近有各种建筑物、管线和其他设施，环境十分复杂。因此，在进行设计和施工中必须把安全防护放在第一位，确保人员、设备、建（构）筑物的安全。

（2）爆破对象多种多样。从爆破对象的种类来看，有建（构）筑物基础，如厂房内的设备基础、楼房和厂房基础、烟囱和水塔基础、塔基和桩基础等；有建筑物，如楼房、厂房、库房等；有构筑物，如大型框架、桥梁、烟囱、水塔、储水罐、储油和储气罐等。

从爆破对象的材料来看，有混凝土、钢筋混凝土、浆砌片石和料石、砖、三合土等。

总而言之，由于爆破对象类型、材质、大小、形状和环境条件等方面的不同，必须根据具体的爆破对象采取相应的爆破工艺技术。

（3）爆破技术和起爆技术的准确性要求严格。在对高层建筑物或构筑物、人员密集等环境复杂条件下的建筑物以及建筑物的一部分进行爆破拆除时，严格要求控制其起爆时间、起爆顺序等，同时要求爆破后建（构）筑物的倒塌方向和破坏范围严格符合设计及安全规程的要求。

### 7.1.4　拆除爆破工程的程序

拆除爆破工程包括以下程序：

（1）了解情况。了解工程内容、工期要求和安全要求；了解爆破可能影响的房屋、地下管线及构筑物、空中线路、线杆、道路、桥梁、设备、仪器、居民、学校、医院等情况；了解建筑物本身的结构、材料、完好程度、欠缺点、影响解体的内外部构造；了解当地公安部门对拆除爆破的有关规定和要求。

（2）可行性分析。合同签订之前，一定要对以下几点做到心里有数：1）拆除方案：

用钻孔、水压还是其他爆破方式以及采用何种倒塌方式；2）工程量：预拆除工程量及钻孔与防护工程量；3）周围环境的难点问题；4）可能发生的意外及风险费用；5）工程等级；6）工程总价及工期。

（3）签署工程合同。与甲方商谈并签订工程合同。

（4）工程技术设计及上报。一般在工程技术设计之前应详细了解拆除对象的现状，有许多建筑物经多次改造其尺寸乃至形态与图纸不符，要现场绘制有关图纸，在详细勘察的基础上做出的设计才能保证设计质量，完成技术设计后，再做出施工组织设计。全部设计完成后，按《爆破安全规程》（GB 6722）的规定和当地公安部门的要求报批。

（5）组织施工。组织施工主要包括钻孔和防护工程两大部分。

（6）爆破。应在现场指挥部领导下进行施工。主要内容包括：装药、堵塞、连接起爆网路、警戒、防护工程、起爆及爆后检查、解除警戒等。

## 7.2 拆除爆破的技术原理

综合国内外众多学者的研究，针对现在被拆建筑物类型多、结构复杂、环保要求高、场地更加狭小、爆破环境更加不利等情况，必须根据不同建筑结构特点，结合对结构解体和块度要求，在满足对爆破公害有效控制的前提下，通过利用多学科知识进行合理设计，以达到拆除目的。其基本思想是：使爆破破坏构件局部成为转动铰、转动带或悬空带，造成一个几何可变体系并产生倾覆力矩；同时破坏结构刚度分布，利用自重或重力矩作用迫使建筑物整体失稳。按要求坍塌，通常采用的坍塌方式有原地坍塌、定向倒塌及衍生出来的方式坍塌。

### 7.2.1 拆除爆破的基本原理

就拆除爆破的实质而言，不同的原理是从不同角度阐述其理论实质，有最小抵抗线原理、失稳原理、药量均布的微分原理和等能原理等。

（1）最小抵抗线原理。爆破破碎和抛掷的主导方向是最小抵抗线方向，称为最小抵抗线原理。最小抵抗线方向的爆破介质破碎程度最充分，同时也是爆破无效能量的释放方向，在这个方向最容易产生飞石。在拆除爆破中，最小抵抗线原理对爆破参数设计和爆破防护设计有着重要的指导作用。例如，室内基础类构筑物的爆破拆除，最小抵抗线方向必须避开保护对象，如果不能避开保护对象时，必须严格计算、加强防护。

在进行装药作业时，必须了解每个炮孔的最小抵抗线方向及大小，当最小抵抗线发生变化时，应当对原设计药量进行调整，避免爆而不破或产生大量飞石等现象出现。

需要注意的是在拆除爆破中，最小抵抗线方向不能单纯以药包到自由面的最小距离来确定，而应结合所拆除爆破对象的结构、材质等因素综合考虑。比如考虑钢筋布置的密度、钢筋的直径，爆破对象是否有夹层、材质是否一致等。

（2）失稳原理。利用控制爆破的手段，使建筑物和高耸构筑物部分（或全部）承重构件失去承载能力，在自身重力作用下，建（构）筑物出现失稳，产生倾覆力矩，使建筑物和构筑物原地塌落和定向倾倒，并在倾倒过程中解体破碎。这一原理称为失稳原理，也称为重力作用原理。

在高耸建（构）筑物、大型建筑物拆除爆破中，失稳原理应用最多。首先应认真分析和研究建（构）筑物的结构、受力状态、载荷分布和实际承载能力，然后依据失稳原理进行方案设计，确定倾倒方向和进行爆破缺口参数设计，使建（构）筑物形成相当数量的铰支，在重力的作用下，建（构）筑物失稳，随着建（构）筑物重心偏移产生倾覆力矩，最后完全倾倒破碎。

失稳原理在建筑物和高耸构筑物拆除爆破中贯穿爆破设计和施工的始终，对爆破方案设计中倾倒方向选定、缺口高度确定、缺口形式选择和起爆顺序的安排，以及爆破前的预拆除工作都有着重要的指导意义。

（3）微分原理。将欲拆除的某一建筑物爆破所需的总装药量，分散地装入许多个炮孔中，形成多点分散的布药形式，以便采取分段延时起爆，使炸药能量释放的时间分开，从而达到减少爆破危害和破坏范围，取得好的爆破效果，称为分散装药的微分原理，即"多打孔、少装药"。

在要求采用等能原理控爆条件下，炸药周围的介质只产生裂缝、原地松动破坏，当一次药量较大且比较集中时，距炸药一定距离范围内的固体介质一般会受到过度的破碎，产生塑性变形和抛掷到远处，此外，还会导致地震波，这一方面降低能量的有效利用率，另一方面对环境造成有害影响，而微分原理的应用使能量得到有效利用，固体介质得到适度破碎，同时保护了环境。因此微分原理是以等能原理为基础的，将药量微分化从而达到控制爆破目的。

（4）等能原理。如果裂纹表面能用 $\Phi$ 表示，则裂纹扩展单位面积所需能量为 $2\Phi$，若炮孔周围固体介质破坏后产生的裂纹表面积为 $A$，那么，破碎固体介质需要的总能量为 $2A\Phi$，这些能量全部来自于单孔炸药装药量 $Q$（kg）爆炸释放的爆炸能，因此有

$$2A\Phi = \eta Qq\left(1 - \frac{T_2}{T_1}\right) \tag{7-1}$$

式中　$q$——单位炸药的爆热，J/kg；

　　　$T_1$——爆炸反应终了瞬间爆炸气体温度，K；

　　　$T_2$——爆炸气体膨胀后的温度，K；

　　　$\eta$——爆炸能利用系数。

等能原理亦可简略概括为：根据爆破对象、条件和要求，优选各种爆破参数，包括孔径、孔深、孔距、排距和炸药单耗等，并选用合适的炸药品种，合理的装药结构和起爆方式，使每个炮孔所装炸药爆炸释放出的能量与破碎该孔周围介质所需的最低能量相等。即介质只产生裂缝、破碎松动或允许的近抛掷，而无多余能量造成爆破危害。

（5）缓冲原理。采用适宜的炸药品种和合理的装药结构，有效降低爆轰波峰值压力对介质的冲击作用，使爆破能量得到合理分配与利用，这一原理称为缓冲原理。

由爆轰理论可知，爆轰波阵面上高压首先使紧靠药包的介质受到强烈压缩，然后在装药半径 2～3 倍范围内，由于爆轰压力极大地超过了介质的动态抗压强度，致使该范围内的介质极度粉碎而形成粉碎区。虽然此区范围不大，却消耗了大部分爆炸能量，而且粉碎区内的微细颗粒在气体压力作用下又易将已经开裂的缝隙填充堵死，阻碍爆炸气体进入裂缝，从而减弱了爆轰气体的尖劈效应，缩小了介质的破坏范围和破碎程度，并且还会造成爆轰气体的积聚，给飞石、空气冲击波、噪声等危害提供能量，因此，粉碎区的出现影响了爆破效果，且不利于安全，应该设法避免。其有效办法是采用与介质阻抗相匹配的炸

药、分段装药、条形药包和不耦合装药等形式。

## 7.2.2 拆除爆破的设计原则和方法

### 7.2.2.1 设计原则

拆除爆破是以安全拆除爆破对象，有效控制爆破震动、飞石、空气冲击波和有害气体等爆破危害为特征的一种控制爆破技术，其设计原理主要是对单个药包药量和总体爆破规模的控制。对单个药包药量控制，实质是确定合理的单位装药量，合理布置药包，使炸药能量充分破碎介质，且没有多余能量产生飞石。由于现阶段拆除爆破装药量的计算主要是以经验公式为主，因此，在爆破工程中除合理确定装药量外，仍应加强防护措施。

对总体爆破规模的控制，实质是对一次起爆的最大药量或者微差爆破中单段最大药量的控制。爆破地震效应与爆破药量有关，药量越大，振动强度也越大。一次起爆的最大药量，一般根据保护对象允许的最大振动强度确定。目前，国内外多以质点振动速度来衡量爆破地震强度，并以其临界值作为建筑物是否受到损害的判据，该临界值也是拆除爆破单段最大药量控制的标准。

### 7.2.2.2 设计方法

拆除控制爆破一般是在城市市区或厂矿区进行，在爆区内或附近往往有各种需要保护的建筑物、管道、线路和其他设施。因此，安全合理的爆破设计是拆除爆破成功的关键环节。

拆除爆破的设计内容一般包括总体方案制订、技术设计和施工设计三个方面。

（1）爆破方案制订。为制订出经济上合理、技术上安全可靠的爆破方案，爆破技术人员应该掌握爆破对象的技术资料和实际情况，包括爆破对象的结构、材质等；了解爆破工程周围的环境，包括建（构）筑物可利用倒塌的空间，地面和地下需要保护的构筑物、管线和设施的状况等；了解所使用的爆破器材与爆破环境是否适应等。在充分掌握各类资料的基础上，根据爆破任务和对安全的要求，提出多种爆破方案，经过技术经济比较后，制订出合理可行的控制爆破方案。

（2）拆除爆破技术设计。爆破技术设计是控制爆破的核心内容，对爆破成功与否有直接影响。技术设计主要是爆破孔网参数的选择设计，包括单位耗药量的确定与校核、单孔装药量的计算、最大单响药量的校核、起爆顺序和爆破网路时差的确定和爆破安全验算等。

（3）拆除爆破的施工设计。拆除爆破施工设计主要是为实现爆破的目的，对施工进行的具体方法和步骤设计。内容包括炮孔的平面布置，炮孔的深度、方向和编号，分层装药结构设计，墙和柱的编号，药包的药量和编号，起爆激发点的个数和位置确定，安全防护材料选择和防护措施等。

## 7.2.3 爆破参数

为使拆除爆破达到预期的效果，除了对结构进行力学分析，抓住受力关键部位，确定一次起爆规模等，还必须进行科学的炮孔布置和精确的装药量计算。

### 7.2.3.1 拆除爆破装药量计算

拆除爆破是利用炸药爆炸能量使建（构）筑物的承重构件失去承载能力，达到拆除目的。特别是在一次倾倒或坍塌的烟囱、水塔、框架结构、楼房等高大建（构）筑物的拆除爆破中，药量的精确度直接关系到爆破拆除能否成功。若药量过小，会出现爆而不碎，不能按照预定设计方向倒塌，形成危险建（构）筑物；若药量过大，就会出现大量飞石和强烈的爆破震动，对周围保护对象形成安全危害。因此，必须慎重选择装药量。

一般对钢筋混凝土结构，装药量只要求能将混凝土爆破疏松、脱离钢筋骨架、失去承载能力即可，不需要炸断钢筋；对素混凝土、砖砌体和浆砌片石等材料的爆破体及建（构）筑物构件，装药量以能原地破碎为最佳，避免药量过大产生飞石。

影响装药量计算的因素很多，既有爆破对象的材质、强度、均质性、临空面情况、爆破器材性能等客观因素，也有最小抵抗线 $W$、炮孔间距 $a$、炮孔排距 $b$、炮孔深度 $L$、装药结构、起爆顺序等人为控制因素。

目前，在拆除爆破中，一般采用经验公式来计算装药量。比较成熟和常用的有体积公式和剪切破碎公式。

A　体积公式

在一定条件下，相同介质爆破时，装药量 Q 的大小与爆落介质的体积（m³）成正比关系。

$$Q = qV \tag{7-2}$$

式中　$q$——单位耗药量，g/m³，见表 7-1。

表 7-1　单位耗药量及平均单位耗药量

| 爆破对象及材质 | | 最小抵抗线 $W$/cm | 单位耗药量 $q$/g·m⁻³ | | | 平均单位耗药量 /g·m⁻³ |
| --- | --- | --- | --- | --- | --- | --- |
| | | | 一个临空面 | 两个临空面 | 三个临空面 | |
| 混凝土圬工强度较低 | | 35~50 | 150~180 | 120~150 | 100~120 | 90~110 |
| 混凝土圬工强度较高 | | 35~50 | 180~220 | 150~180 | 120~150 | 110~140 |
| 混凝土桥墩及桥台 | | 40~60 | 250~300 | 200~250 | 150~200 | 150~200 |
| 混凝土公路路面 | | 45~50 | 300~360 | | | 220~280 |
| 钢筋混凝土桥墩台帽 | | 35~40 | 400~500 | 360~440 | | 280~360 |
| 钢筋混凝土铁路桥梁板 | | 30~40 | | 480~550 | 400~480 | 400~460 |
| 浆砌片石及料石 | | 50~70 | 440~500 | 300~400 | | 240~300 |
| 桩头直径 | 1.0m | 50 | | | 250~280 | 80~100 |
| | 0.8m | 40 | | | 300~340 | 100~120 |
| | 0.6m | 30 | | | 530~580 | 160~180 |
| 浆砌砖墙 | 厚约37cm | 18.5 | 1200~1400 | 1000~1200 | | 850~1000 |
| | 厚约50cm | 25 | 950~1100 | 800~950 | | 700~800 |
| | 厚约63cm | 31.5 | 700~800 | 600~700 | | 500~600 |
| | 厚约75cm | 37.5 | 500~600 | 400~500 | | 330~430 |
| 混凝土大块二次爆破 | 体积0.08~0.15m³ | | | | 180~250 | 130~180 |
| | 体积0.16~0.4m³ | | | | 120~150 | 80~100 |
| | 体积大于0.4m³ | | | | 80~100 | 50~70 |

采用体积公式进行装药量计算，选用 $q$ 值时应遵循以下原则：（1）当 $W$ 值较大时，$q$ 应取大值；反之，应取较小值。当材质等级较高时应取大值；反之，应取小值。（2）当施工质量较好时，$q$ 应取较大值；相反，当施工质量较差、裂隙较多时，应取小值。按体积公式计算出单孔装药量后，还需求出该次爆破的总药量和预期爆落介质的体积，校核单位耗药量，若计算值与表 7-1 中数据相差悬殊，应调整 $q$ 值，重新计算药量。需要注意的是计算出的单孔装药量，必须经过现场试爆验证调整，才能最后确定。

B 剪切破碎公式

针对城市拆除爆破不允许碎块抛掷的要求，拆除爆破炸药能量主要用于克服介质内层面产生流变和剪切变形，以及破碎介质，根据消耗于介质单位面积上的剪切能量与最小抵抗线 $W$ 成反比，消耗于单位体积上的能量基本保持不变。因此，装药量计算公式由两部分组成，即

$$Q = f_0(q_1 A + q_2 V) \tag{7-3}$$

式中　$Q$——单孔装药量，g；

$f_0$——炮孔临空面系数，一个临空面 $f_0 = 1.15$，两个临空面 $f_0 = 1.0$，三个临空面 $f_0 = 0.85$，四个或多个自由面 $f_0 = 0.75$；

$q_1$——单位剪切面积的用药量，简称面积系数，$g/m^2$，见表 7-2；

$q_2$——单位破碎体积的用药量，简称体积系数，$g/m^3$，见表 7-2；

$A$——爆破体被爆裂面的面积，$m^2$；

$V$——爆破体的破碎体积，$m^3$。

表 7-2　面积系数 $q_1$ 和体积系数 $q_2$

| 材 料 类 别 | $q_1/g \cdot m^{-2}$ | $q_2/g \cdot m^{-3}$ | 适 用 范 围 |
|---|---|---|---|
| 混凝土或钢筋混凝土 | $(13 \sim 16)/W$ | 150 | 不厚的条形截面基础，严格控制碎块抛出 |
| 混凝土 | $(20 \sim 25)/W$ | 150 | 混凝土块破碎，个别小块散落在 5~10m 范围内 |
| 一般布筋的钢筋混凝土 | $(26 \sim 32)/W$ | 150 | 混凝土破碎，脱离钢筋，个别碎块抛落在 5~10m 范围内 |
| 布筋较密的钢筋混凝土 | $(35 \sim 45)/W$ | 150 | 混凝土破碎，剥离钢筋，个别碎块抛落在 10~15m 范围内 |
| 重型布筋的钢筋混凝土 | $(50 \sim 70)/W$ | 150 | 混凝土破碎，主筋变形或个别断开，少量碎块分散在 10~20m 范围内，应加强防护 |
| 砂浆砖砌体 | $(35 \sim 45)/W$ | 100 | 砌体破裂塌散，少量碎块抛落在 10~15m 范围内 |
| 岩 石 | $(40 \sim 70)/W$ | $150 \sim 250$ | 岩石破裂松动，少量碎块抛落在 5~20m 范围内 |

使用剪切破裂公式计算装药量时，应注意混凝土和钢筋混凝土是比较均匀的介质，拆除爆破中只需将混凝土破碎，而不必把钢筋炸断，因此，混凝土和钢筋混凝土的体积系数是一致的。天然岩石的强度和裂隙变化较大，因此体积系数的变化范围较大。

7.2.3.2　其他爆破参数

A 最小抵抗线 $W$

最小抵抗线 $W$ 即是药包中心区至自由面的最短距离；$W$ 应该从安全、经济、利于钻

孔、便于清渣等方面综合考虑，恰当选取。$W$ 值过大，则每炮孔装药量大，药量分布相对集中，从而导致飞石和爆破地震，对安全不利，块度也增大；$W$ 值过小，炮孔密集，增加了钻孔工作量，单位体积的耗药量也增大。

$W$ 值大小的确定应根据建筑物几何尺寸、材质强度、有无布筋、清渣装运条件、要求的块度等综合考虑确定，合理的 $W$ 值大致为：浆砌片石料石 $W = 50 \sim 75cm$，混凝土 $W = 40 \sim 70cm$，钢筋混凝土 $W = 35 \sim 55cm$，但对于矩形截面的梁、柱、墙、板等结构物，它们的宽度小，一般取 $W = B/2$，即沿中线布孔。

B  炮孔间距和排距

从一个炮孔中心至邻近炮孔中心的距离称为炮孔间距，用 $a$ 表示。固体介质爆破导致的裂缝，其扩展长度约为炮孔直径的 $15 \sim 20$ 倍，因此，合适的炮孔间距可使相邻两炮孔共同发挥效力，促进爆破体均匀破裂。

炮孔间距 $a$ 的大小依据被爆体材质强度、炮孔直径 $d$、抵抗线 $W$ 及要求的破碎程度来综合确定。

炮孔间距 $a$ 与抵抗线 $W$ 的比值称为炮孔密集系数，用 $m$ 表示。$m$ 值选取的原则为：材料强度高 $m$ 值低，材料强度低 $m$ 值高；$W$ 大时 $m$ 值低，$W$ 小时 $m$ 值高。实践表明，对于各种不同建筑材料和结构物可采用表 7-3 所示的公式计算炮孔间距 $a$。

表 7-3  炮孔间距计算公式

| 建筑材料和结构物 | 炮孔间距 $a$ |
| --- | --- |
| 混凝土圬土 | $a = (1.2 \sim 2.0)W$ |
| 钢筋混凝土结构 | $a = (1.0 \sim 1.3)W$ |
| 浆砌片石或料石 | $a = (1.0 \sim 1.5)W$ |
| 浆砌砖墙 | $a = (1.0 \sim 2.0)W$ |
| 预裂切割爆破 | $a = (8.0 \sim 12.0)d$ |

多排炮孔一次起爆时，排距 $b$ 一般应小于炮孔间距 $a$，可取 $b = (0.6 \sim 0.9)a$；

多排炮孔逐排分段起爆时，由于存在前排爆堆的阻碍作用，可取 $b = (0.9 \sim 1.0)a$。

C  炮孔直径和炮孔深度及炮孔方向

拆除爆破一般适宜采用小直径浅孔爆破，炮孔直径为 $38 \sim 42mm$。

合理的炮孔深度可避免出现冲炮，使炸药能量得到充分利用，以取得好的爆破效果。一般应尽可能避免炮孔方向与药包的最小抵抗线方向平行或重合，同时使炮孔深度 $L$ 大于最小抵抗线 $W$，保证装药堵塞后净堵塞长度 $l_1$ 大于或等于 $(1.1 \sim 1.2)W$。在其他条件不矛盾的前提下，应适当增大孔深，因为炮孔越深，钻爆效果越好，不但可缩短每延米的平均钻孔时间，而且可以提高炮孔利用率和增加爆破方量，在确保孔深 $L > W$ 前提下，孔深选取如下：

爆破体底部为临空面，$L = (0.60 \sim 0.75)H$；

设计断裂面有明显裂缝或施工缝等，$L = (0.70 \sim 0.85)H$；

设计断裂面为变截面部位，$L = (0.85 \sim 0.95)H$；

断裂面为匀质、等截面部位，$L = (0.95 \sim 1.00)H$。

炮孔分为水平炮孔、垂直炮孔和倾斜炮孔三种，需综合考虑爆破效果，钻孔装药、堵塞及经济效益等因素确定。

D 炮孔的排列和装药分布

爆破应力求碎块均匀，便于清理，要求装药在爆破体中均匀分布，不能过于集中，因此，除合理排列炮孔外，还应使装药分布合理。

常用的炮孔排列方式分方格形和梅花形（三角形）两种，在排距较小而炮孔间距较大时，采用梅花形布孔，装药在爆破体中分布相对均匀，对均匀破碎更为有利。

在较深的炮孔中，为使药量均匀分布，避免能量过分集中，有利于防止飞石和过多地产生大块，同时降低地震效应，宜采用分层装药并合理分配不同层药量比例。

（1）一般短炮孔，装药量少，制成一个药包置于孔底。

（2）炮孔深度 $L > (1.6 \sim 2.5)W$ 时分两层间隔装药，底部装 60%，上部装 40%，合理堵塞。

（3）炮孔深度 $L > (2.6 \sim 3.6)W$ 时，分三层间隔装药，底部装 40%，中部和上部各为 30%。

同时还可以考虑采用小直径药卷装药，以达到理想的均匀破碎效果。

## 7.3 高耸圆筒形构筑物的爆破拆除

高耸构筑物一般是指烟囱、水塔和电视塔等高度和直径比值很大的构筑物，其特点是重心高而支撑面积小，非常容易失稳。在城市建设和厂矿企业技术改造中，经常要拆除一些废弃或结构发生破损、倾斜的烟囱和水塔等高耸构筑物。由于爆破方法可以在瞬间使烟囱和水塔等高耸构筑物失去稳定性而倒塌解体，具有迅速、安全、经济的优点，所以通常采用爆破的方法拆除。

高耸筒形结构爆破拆除的基本依据是失稳原理，其定向倾倒控制爆破所要控制和抓住的核心问题就是筒形结构的倾倒失稳过程，而要实现此目的必须设计好爆破切口。

烟囱的类型主要为圆筒形，横截面积自下而上呈收缩状，按材质可分为砖结构和钢筋混凝土结构两种。烟囱内部砌有一定高度的耐火砖内衬，内衬与烟囱的内壁之间保持一定的隔热间隙（$5 \sim 8$cm）。水塔也是一种高耸的塔状构筑物，塔身有砖结构和钢筋混凝土结构两种，顶部为钢筋混凝土水罐。这类高耸构筑物一般所处环境比较复杂，多数位于人口稠密的城镇和厂矿建筑群中，对爆破技术和倒塌场地有苛刻的要求。以下以烟囱和水塔为例介绍高耸构筑物的拆除爆破技术。

### 7.3.1 烟囱和水塔爆破拆除方案

应用控制爆破拆除烟囱、水塔等构筑物，最常用的方案有三种，即定向倒塌、折叠倒塌和原地坍塌。

（1）定向倒塌。定向倒塌是在烟囱、水塔倾倒方向一侧的底部，用爆破的方法炸开一个具有一定高度、长度大于 1/2 周长的缺口，导致构筑物整体失稳，重心外移，在构筑物自身重力作用下，形成倾覆力矩，使烟囱、水塔等构筑物朝预定方向倒塌。

选用此方案时，必须有一个具有一定宽度的狭长地带作为倒塌场地。对该场地宽度和长度的要求，与构筑物本身的结构、刚度、风化破损程度以及爆破缺口的形状、几何参数等多种因素有关。对于钢筋混凝土或者刚度好的砖砌烟囱，要求狭长地带长度大于烟囱高度的 1.0～1.2 倍，垂直于倒塌中心线的横向宽度不得小于构筑物爆破部位外径的 2～3 倍。对于刚度较差的砖砌烟囱、水塔，狭长地带长度要求相对较小些，约等于 0.5～0.8 倍烟囱、水塔的高度，垂直于倒塌中心线的横向宽度不得小于构筑物爆破部位外径的 2.8～3.0 倍。

（2）折叠倒塌。折叠倒塌方案是在倒塌场地任意方向的长度都不能满足整体定向倒塌的情况下采用的一种爆破拆除方案。折叠式倒塌可分为单向折叠倒塌方式和双向交替折叠倒塌方式，其原理与定向倒塌的原理基本相同，除了在底部炸开一个缺口以外，还需在烟囱或水塔上部的适当部位炸开一个爆破缺口，使烟囱或水塔从上部开始，逐段向相同或相反方向折叠，倒塌在原地附近。

图 7-1 分别为单向折叠倒塌和双向交替折叠倒塌示意图，此方案施工难度较大，技术要求较高，选用时应谨慎。

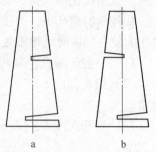

图 7-1　单向折叠倒塌和双向
交替折叠倒塌示意图
a—单向折叠倒塌；
b—双向交替折叠倒塌

（3）原地坍塌。原地坍塌方案是在需拆除的构筑物周围没有可供倾倒场地时采用的一种爆破拆除方案，该方案只适用于砖结构的构筑物。原地坍塌是将筒壁底部沿周长炸开一个具有足够高度的缺口，依靠构筑物自重，冲击地面实现解体的。原地坍塌方案的实施难度较大，爆破缺口高度要满足构筑物在自重作用下，冲击地面时能够完全解体。

综上所述，在选择爆破方案时，需首先进行实地勘查与测量，仔细了解周围环境和场地条件，以及构筑物的几何尺寸与结构特征等。确定方案时，按定向倒塌、折叠倒塌和原地坍塌的顺序考虑。

## 7.3.2　爆破拆除工程设计

烟囱和水塔等构筑物爆破拆除技术设计内容包括：缺口形式、缺口长度和缺口高度确定，爆破孔网参数设计及爆破施工安全技术等。

### 7.3.2.1　爆破缺口参数的选择

*A　爆破缺口的类型*

爆破缺口是指在要爆破拆除的高耸构筑物的底部用爆破方法炸出一个一定宽度和高度的缺口。爆破缺口一般位于倾倒方向一侧，是为了创造失稳条件，控制倾倒方向，因此，爆破缺口的选择直接影响高耸构筑物倒塌的准确性。

在烟囱水塔等高耸构筑物拆除爆破中，有不同类型的爆破缺口。爆破缺口以倾倒方位线为中心左右对称，常用的有矩形、类梯形、反梯形、反斜形、斜形和反人字形，如图 7-2 所示。$h$ 为爆破缺口的高度，$L_1$ 为缺口的水平长度，$L'$ 为斜形缺口水平段的长度，$L''$ 为斜形缺口倾斜段的水平长度，$H$ 为斜形、反斜形及反人字形缺口的矢高，$\alpha$ 为其倾斜角度。采用反人字形或斜形爆破缺口时，其倾角 $\alpha$ 宜取 35°～45°；斜形缺口水平段的长度 $L'$ 一般取缺口全长 $L_1$ 的 30%～40%；倾斜段的水平长度 $L''$ 取缺口全长 $L_1$ 的 30%～32%。

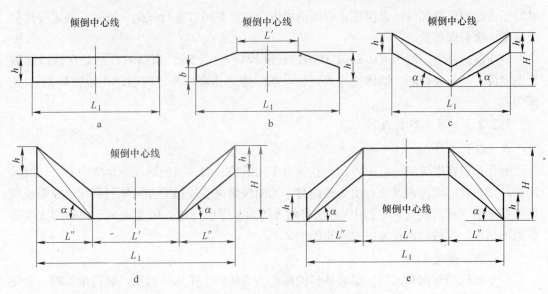

图 7-2 爆破缺口类型

a—矩形；b—类梯形；c—反人字形；d—斜形；e—反斜形

实践表明，水平爆破缺口设计简单，施工方便，烟囱或水塔在倾倒过程中一般不出现后坐现象，有利于保护其相反方向临近的建筑物。斜形爆破缺口定向准确，有利于烟囱、水塔按预定方向顺利倒塌，但在倾倒过程中易出现后坐现象。

B 爆破缺口高度确定

爆破缺口高度是保证定向倒塌的一个重要参数。缺口高度过小，烟囱、水塔在倾倒过程中会出现偏转；爆破缺口高度大一些，虽然可以防止烟囱和水塔在倾倒过程中发生偏转，但会增加钻孔工作量。因此，爆破缺口的高度 $h$ 不小于壁厚 $\delta$ 的 1.5 倍，通常取 $h = (1.5 \sim 3.0)\delta$。

C 爆破缺口长度确定

爆破缺口的长度对控制倒塌距离和方向均有直接影响。爆破缺口过长，保留起支承作用的筒壁太短，若保留筒壁承受不了上部烟囱的重量，在倾倒之前会压垮，发生后坐现象，严重时可能影响倒塌的准确性或造成事故；爆破缺口长度太短，保留部分虽然能满足爆破前对构筑物重量的支承作用，但可能会出现爆而不倒的危险局面，或倒塌后可能发生前冲现象，从而加大倒塌的长度。一般情况下，爆破缺口长度 $L_1$ 应满足：

$$\frac{1}{2}s < L_1 \leqslant \frac{3}{4}s \tag{7-4}$$

式中 $s$——烟囱或水塔爆破部位的外周长。

对于强度较小的砖结构构筑物，$L_1$ 取小值；对于强度较大的砖结构和钢筋混凝土结构构筑物，$L_1$ 取大值。

D 定向窗

为了确保烟囱、水塔能按设计的倒塌方向倒塌，除了正确地选择爆破缺口的类型和参数以外，有时提前在爆破缺口的两端用风镐或爆破方法开挖出一个窗口，这个窗口叫做定向窗。开定向窗的作用有两个方面：一是将筒体保留部分与爆破缺口部分隔开，使缺口爆破时不会影响保留部分，以保证正确的倒塌方向；二是可以进行试炮，进一步确定装药量及降低一次起爆药量。

定向窗的高度一般为 $(0.8 \sim 1.0)H$，长度为 $0.3 \sim 0.5 m$。窗口的开挖是在缺口爆破之前完成，钢筋要切断，墙体要挖透。也可用一排炮孔来代替定向窗，孔距为 $0.2 m$、孔深为 $l$。

### 7.3.2.2 爆破参数设计

#### A 炮孔布置

炮孔布置在爆破缺口范围内，炮孔垂直于构筑物表面，指向烟囱或水塔中心。一般采用梅花形布置。烟囱内通常有耐火砖内衬，为确保烟囱能按预定方向顺利倒塌，在爆破烟囱外壁之前（或者同时），应用爆破法将耐火砖内衬爆破拆除，以避免由于内衬的支撑影响烟囱倒塌，爆破的周长为内衬周长的1/2。

#### B 炮孔深度 $L$

对于圆筒形烟囱和水塔，爆破缺口的横截面类似一个拱形结构物，装药爆炸时，会使拱形结构物的内侧受压、外侧受拉。由于砖和混凝土的抗压强度远大于其抗拉强度，孔太浅，则拱形内壁破坏不彻底，不能形成爆破缺口；孔太深，外壁部分破坏不充分，同样不能形成所要求的爆破缺口。合理的炮孔深度 $L$ 可按式 (7-5) 确定：

$$L = (0.67 \sim 0.7)\delta \tag{7-5}$$

式中 $\delta$——烟囱或水塔的壁厚。

#### C 炮孔间距 $a$ 和排距 $b$

炮孔间距 $a$ 主要与炮孔深度 $L$ 有关，应使 $a < L$。对于砖结构，$a = (0.8 \sim 0.9)L$；对于混凝土结构，$a = (0.85 \sim 0.95)L$。

在上述公式中，如果结构完好无损，炮孔间距可取小值；如果结构受到风化破损，炮孔间距可取大值。炮孔排距应小于炮孔间距，即 $b = 0.85a$。

#### D 单孔装药量计算

单孔装药量可按体积公式计算，即 $Q = qab\delta$。

砖结构烟囱或水塔，单位耗药量系数 $q$ 按表7-4选取。若砖结构烟囱或水塔结构每隔6行砖砌筑一道环形钢筋时，表7-4中的 $q$ 值需增加 $20\% \sim 25\%$；每隔10行砖砌筑一道环形钢筋时，$q$ 值需增加 $15\% \sim 20\%$。

表 7-4　砖结构单位耗药量及平均单位耗药量

| 壁厚 $\delta$/cm | 砖数/块 | 单位耗药量 $q$/g·m⁻³ | 平均单位耗药量 $(Q/V)$/g·m⁻³ |
|---|---|---|---|
| 37 | 1.5 | 2100 ~ 2500 | 2000 ~ 2400 |
| 49 | 2.0 | 1350 ~ 1450 | 1250 ~ 1350 |
| 62 | 2.5 | 880 ~ 950 | 840 ~ 900 |
| 75 | 3.0 | 640 ~ 690 | 600 ~ 650 |
| 89 | 3.5 | 440 ~ 480 | 420 ~ 460 |
| 101 | 4.0 | 340 ~ 370 | 320 ~ 350 |
| 114 | 4.5 | 270 ~ 300 | 250 ~ 280 |

钢筋混凝土结构烟囱或水塔，单位耗药量系数 $q$ 按表7-5选取。

表 7-5　钢筋混凝土结构的单位耗药量

| 壁厚 $\delta$/cm | 钢 筋 网 | 单耗 $q$/g·m$^{-3}$ |
|---|---|---|
| 20 | 一层 | 1800 ~ 2200 |
| 30 | 一层 | 1500 ~ 1800 |
| 40 | 两层 | 1000 ~ 1200 |
| 50 | 两层 | 900 ~ 1000 |
| 60 | 两层 | 660 ~ 730 |
| 70 | 两层 | 480 ~ 530 |
| 80 | 两层 | 410 ~ 450 |

### 7.3.3　爆破施工安全措施

烟囱、水塔等高耸构筑物多位于工业与民用建筑物密集的地方，为确保爆破时周围建筑物与人身安全，必须精心设计与施工，除严格执行控制爆破施工与安全的一般规定和技术要求外，还应特别注意下列有关问题：

（1）获取可靠的环境和构筑物现状基础资料。爆破设计前必须对被拆除对象的周围环境进行详细调查了解，首先获取被拆除对象和周围保护建（构）筑物、设备、管线网路等的空间关系和水平距离数据；其次，了解被拆除对象结构状况、材质、风化程度等基础资料，为设计提供可靠的依据。

（2）合理选择倒塌方向和精确定位。选择烟囱、水塔倒塌方向时，尽可能利用烟囱的烟道、水塔的通道作为爆破缺口的一部分。对环境要求苛刻的爆破必须使用经纬仪确定爆破炮孔的中心线，避免目测误差导致失误。

如果待爆烟囱、水塔已经偏斜时，设计倒塌方向应尽可能与其偏斜方向一致，否则，应仔细测量烟囱、水塔的倾斜程度，然后通过力学计算确定爆破缺口的位置。

（3）合理处理烟道和通道。如果烟道或通道不能作为爆破缺口，位于结构的支承部位，爆破前应当用同类材料与结构砌成一体，并保证足够的强度，以防烟囱、水塔爆破时出现后坐或偏转。

（4）内衬和钢筋处理。烟囱爆破前，使用人工或爆破方法将内衬处理掉，处理长度为周长1/2；对于钢筋混凝土烟囱除将缺口钢筋全部切断外，还应将倒塌中心线所对应支撑部位的钢筋对称切断，避免倾倒时钢筋受拉改变倾倒方向。

（5）水塔附属钢结构构件预拆除。水塔爆破前应拆除其内部的管道和设施，以排除附加重量或刚性对水塔倒塌准确性的影响。

（6）技术保障安全准爆。对烟囱、水塔等构筑物爆破，应采取可靠的技术措施杜绝瞎炮，确保准爆与爆破安全。爆破前应准确掌握当时的风力和风向，当风向与倒塌方向一致时，对倒塌方向无不良影响；当风向与倒塌方向不一致且风力很大时，可能影响倒塌的准确性，应推迟爆破时间。

（7）加强安全防护工作。由于烟囱、水塔等构筑物的爆破要求缺口完全打开，以抛掷爆破为主,单位耗药量较大,为防止飞石逸出,在爆破缺口部位应做必要的防护。防护材料可以用荆笆、胶帘等。

(8) 清理倒塌现场和做好防振工作。高耸构筑物倾倒后会对地面产生巨大的冲击,为了避免构筑物触地冲击造成飞石,减缓冲击振动,必须清理现场原有碎石和做好防振工作。

### 7.3.4 工程实例

#### 7.3.4.1 砖烟囱定向爆破拆除

A 烟囱结构与周围环境

某造纸厂 5 号炉烟囱高 40m,砖混结构,水泥砂浆砌筑,砂浆标号 50 号,沿高度方向每四平砖内压 3 根直径 6mm 钢筋,每隔 10m 有一钢筋混凝土圈梁。烟囱底部外径为5.07m,内径为 3.2m,壁厚为 94cm,其中外层筒身壁厚为 64cm,内衬为 24cm,内衬和筒壁之间有 5cm 的间隙;烟囱顶部壁厚为 38cm,内衬为 12cm。烟囱砖石体积约为 327m³。

烟囱南面距碱回收车间 10m,西边 12m 处有架空管道,北边 9m 有一待拆的锅炉框架,东边 43m 沿路边是一排堆放的新设备,东北方向有长 48m 的空地。烟囱周围环境如图 7-3 所示。

B 爆破方案及技术参数

根据烟囱周围环境分析,只能按图中所示的方向倾倒,要求定向准确。

(1) 爆破缺口及定向窗口。爆破缺口采用倒梯形,缺口长度取烟囱底部周长的 3/5,即9.55m,缺口高度取 1.05m。为使烟囱准确按设计方向倒塌,在爆破缺口两端预开定向窗口。窗口尺寸为南窗口上宽 1m,下宽 0.57m,高1.02m;北窗口上宽 0.96m,下宽 0.64m,高 1.2m。

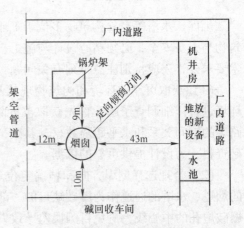

图 7-3   砖烟囱周围环境

(2) 炮孔布置及参数。为验证烟囱砖结构的可爆性,预先按单位炸药消耗量 600g/m³钻孔试爆,孔深 0.4m,单孔药量 60g。试爆结果,筒壁外层只有少许裂纹或小块掉落,效果不好。要把筒壁炸透显然药量不够,要增加单孔装药量。炮孔装好后,用废铁板遮挡炮孔区域,防止飞石。经计算,孔深取 0.45m,爆破时不预先拆除内衬,内衬和筒壁同时爆破,为确保内衬完全爆透,缺口中间 8 个炮孔加深到 0.55m;孔距 0.45m,排距0.35m,布置 4 排炮孔。

单位炸药消耗量 $q$ 取 1200g/m³,经计算,45cm 深的炮孔单孔药量 120g,55cm 深的炮孔装药 177g。为了确保中间 8 个孔完全炸透内衬,这 8 个孔加大药量 30%,即每孔多装 60g 药。分 2 层装药,底层药包 177g,外层药包 60g。另外,靠近窗口的孔每孔装药90g。4 排炮孔共 61 个孔,共计装药 8106g。

烟囱炮孔布置如图 7-4 所示。

(3) 起爆网路。4 排炮孔从上到下分别用 1~4 段毫秒电雷管分段起爆,每个药包装2 发雷管连接成串联复式网路。

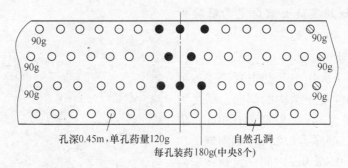

孔深0.45m，单孔药量120g　　　　　　　　自然孔洞

每孔装药180g(中央8个)

图 7-4　砖烟囱炮孔布置图

C　爆破效果分析

爆后烟囱微微倾斜一个角度，停留约 1.5min 后，缓缓按预定方向倒塌。爆后缺口整齐，内衬也同时被炸掉。筒体砖结构落地后解体，上部两个钢筋混凝土圈梁扭曲变形，底部圈梁连同 1m 筒体完好直立于烟囱近脚处。烟囱后座 2m，砖渣前冲 7m，左右抛散距离各 7m，倒地位置比设计偏东 1m，符合设计要求。爆破过程中，离渣堆 1m 远的水泵房正常工作，生产正常进行。从爆后的筒身解体情况看，最上一排炮孔刚好布置在最下一个圈梁的下边，爆后整个圈梁没有解体，呈悬臂状态，对筒身的短暂稳定起到了一定作用，烟囱没有立即倒下。如果事先了解清楚圈梁的位置，加大爆破缺口高度，甚至把圈梁炸掉一部分，将有利于烟囱的倾倒。

图 7-5 为烟囱的装药与连线照片。图 7-6～图 7-9 为烟囱爆破前后的照片。

图 7-5　烟囱的装药与连线

图 7-6　烟囱准备起爆

图 7-7　烟囱倾倒过程

图 7-8　烟囱倒地瞬间

### 7.3.4.2　钢筋混凝土烟囱定向爆破拆除实例

#### A　工程概况

山西永济"上大压小"热电联产工程项目，待拆除钢筋混凝土结构的烟囱，高度为150m，底部外径为14m，壁厚为0.40m；顶部外径为6.3m，壁厚为0.25m。烟囱烟道和出灰口在地面5.0~8.0m之间，大致在东西方向，下面与之垂直方向有两个出入门，约0~2m高。正东方向有一自下而上的直爬梯。烟囱地面以上部分总混凝土体积为2000m³，总质量约为5000t。

图 7-9　倒地后烟囱解体情况

烟囱拆除工程整体施工环境条件较好，烟囱到正西最近居民区的距离为220m，到正北电厂发电区的距离为40m，到正南厂区围墙为245m，距离围墙外煤场的距离为300m，烟囱东部300m以内全部为待拆除区。因此300m内需要保护的建筑物为正西的民居以及正北的发电区。烟囱周围环境示意图如图7-10所示。根据周围环境以及烟囱的结构确定烟囱的倒塌方向为正南方向。

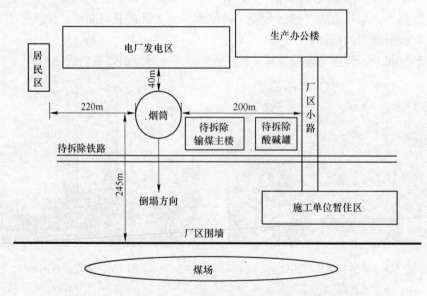

图 7-10　烟囱周围环境示意图

#### B　爆破方案设计

#### a　工程要求

（1）振动控制要求：虽然烟囱四周环境较好，但爆破时必须充分考虑爆破震动及塌落震动的影响。要控制单段起爆药量、做好烟囱触地缓冲措施以控制震动给周边建筑、设施的影响。

（2）灰尘控制要求：因灰尘对高压电气设备绝缘的输电距离危害较大，并影响二次设备的绝缘电阻，同时距离村庄较近，因此灰尘控制要求高。在实施爆破拆除时要考虑扬尘以及风向的影响。

（3）飞石控制要求：爆破飞石以及烟囱触地引起的二次飞溅物必须控制在一定范围内。

（4）其他要求：爆破时确保周边运行机组（设备）以及人员的安全。

b 爆破缺口设计

（1）爆破缺口参数。切口的形状为正梯形爆破缺口。切口两端的定向窗为三角形，底长为4m，直角边高2m，闭合角为45°。为了利用进风口以及考虑爆破风向的影响，确定切口下沿标高为+0.5m。

爆破缺口底部长度$L_下$为烟囱该处外周长的0.61倍，即：

$$L_下 = 0.61\pi D = 0.61 \times 3.14 \times 14 = 27m$$

切口高度$h$一般是烟囱壁厚$\delta$的3~5倍。本例中$\delta = 0.4m$即$h = 5\delta = 5 \times 0.4 = 2.0m$，取$h = 2m$。

切口上部长度$L_上 = 23m$。定向窗和导向窗可以采用试爆和机械拆除的方式相结合进行预拆除，但整体长度不得超过10m，如图7-11所示。

（2）爆破缺口区域炮孔布置。爆破缺口区域炮孔布置如图7-12所示。

（3）缺口爆破参数。烟囱外壁爆破区为两块曲板。爆破参数为：

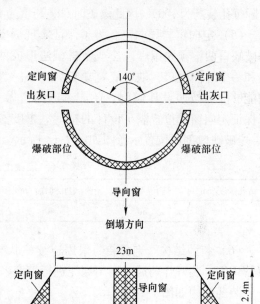

图7-11 烟囱爆破切口平面和立面位置示意图

炮孔深度$L = 0.7\delta = 0.28m$；最小抵抗线$W = 0.5\delta = 0.2m$；炮孔排距$b = 2.0W = 0.4m$；炮孔孔距$a = 0.8b = 0.32m$，取$a = 0.3m$；孔深0.28m，孔距0.3m，排距0.40m，最小抵抗线0.2m。

爆破切口布置7排孔，按梅花形排列。每排炮孔数目为70个，总炮孔数目为490个

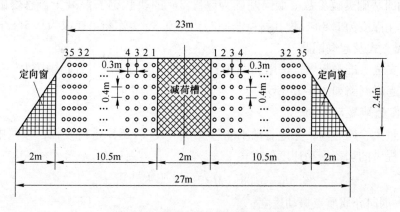

图7-12 爆破切口区域炮孔布置图

（不包括导向窗和定向窗预拆除时的试爆炮孔）。

（4）单孔装药量 $Q$。单孔药量计算：

$$Q = KV = 2.0 \times 0.3 \times 0.4 \times 0.4 = 96g$$

式中，$K$ 为炸药单耗，这里取 2.0kg/m³；$V$ 为被爆体的体积。实际每孔装药为 100g。因此爆破时总装药量为 49kg。

（5）定向窗与导向窗。为了保证实现爆破方案，在爆破缺口两端预先用爆破法或者机械法形成两个定向缺口和一个导向窗口，缺口底宽总长为 10m。为了保证烟囱能够准确按照设计倾倒，还需对定向窗做一些处理，以保证定向窗的位置满足设计的精度。爆破参数见表 7-6。爆破缺口剖面位置示意图如图 7-13 所示。

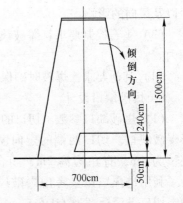

图 7-13　爆破缺口剖面位置示意图

表 7-6　混凝土烟囱爆破参数

| 钻孔深度/cm | 炮孔间距/cm | 炮孔排距/cm | 单孔装药量/g | 合计炮孔数/个 | 合计药量/kg |
|---|---|---|---|---|---|
| 28 | 30 | 40 | 100 | 490 | 49 |

（6）装药结构。炮孔装药采用连续柱状装药结构。使用乳化炸药，每孔使用两发导爆管雷管，装好炸药后，要用炮泥进行填塞，填塞过程中要用炮棍捣实，保证堵塞质量。装药结构如图 7-14 所示。

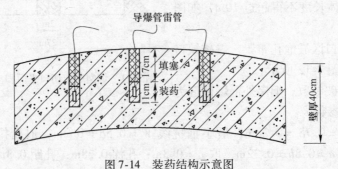

图 7-14　装药结构示意图

（7）烟囱基础爆破参数。烟囱基础为厚度 2m 的块状钢筋混凝土，总爆破方量约为 2000m³。炮孔深度为 1.8m，炮孔排距与间距均为 0.8m，炸药单耗取为 0.5kg/m³。

c　起爆方式及起爆网路

为保证安全、准确起爆，采用导爆管雷管接力，最后由电雷管起爆接力导爆管雷管的方式起爆。起爆网路如图 7-15 所示。

C　烟囱触地震动校核

烟囱质量大、质心高，触地震动不能忽视，用式（7-6）进行校核，按照中国科学院工程力学所提供的坍落振动速度公式

$$v = 0.08 \left[ \left( M\sqrt{2gH} \right)^{1/3} / R \right]^{1.67} \tag{7-6}$$

式中　$v$——烟囱介质质点振动速度；

$M$——烟囱质量，$M = 5000t$；

$g$——重力加速度，$g = 9.8\mathrm{m/s^2}$；

$H$——质心高度，$H = 46\mathrm{m}$；

$R$——质心触地点至最近被保护建筑物的距离，$R = 66\mathrm{m}$。

经计算 $v = 0.056\mathrm{cm/s}$。

计算结果表明，距离最近的被保护建筑物及设施是安全的。

D　爆破效果

按照方案施工后，于 2013 年 9 月 29 日 10 点整准时爆破，爆后烟囱实现定向倾倒，倾倒过程约 14s，坍落振动和飞石

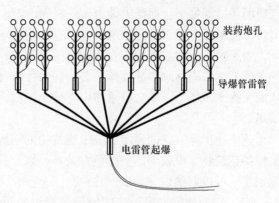
装药炮孔
导爆管雷管
电雷管起爆

图 7-15　烟囱爆破起爆网路

对周边基本无影响。烟囱爆堆在 60m 出现断裂，断开长度 20m，100m 处断开长度 5m，120m 处断开长度 4m，140m 以上完全碎裂。

E　爆破防护措施

为减小触地震速，在烟囱倒塌中心线上用土垒成高 3m、宽 4m、长 120m 的缓冲垫层减少筒体触地震动，缓冲带上面垫 10 层用编织袋装的土（不能用建筑垃圾）和覆盖 10 层湿麻袋，避免烟囱和垫层接触时造成飞石。

在炮孔部位覆盖防护物，烟囱爆破切口部位（包括定向窗）及其周边 0.5m 范围内挂敷三层草帘和一层竹笆片，周围建筑物的一些部位和门窗及高压风管用竹笆片进行遮挡防护。连接电爆网路时应特别注意，防止连错或漏连。

## 7.4　厂房和楼房的爆破拆除

大型建筑物爆破拆除的基本原理是失稳原理和重力原理，即利用炸药爆炸释放的能量，破坏建筑物关键支撑构件的强度，使之失去承载能力，建筑物处于失稳状态；然后在建筑物自重作用下，完成自由下落、转体倾倒、空间解体和倒塌冲击解体过程。

被拆除结构有砖砌体楼房，其承重骨架由砖砌体构成，一般楼层较低；钢筋混凝土框架结构，该类结构由钢筋混凝土柱、梁、板等构件组成，楼层一般较高或用于重要厂房；砖混结构，由钢筋混凝土柱、梁、板构成骨架，以加强房屋的整体性，再用砖将其封闭，其中承重立柱也有部分为砖的，部分为钢筋混凝土的，如抗震加固楼房。

为了保证安全，首要任务是根据作业环境、场地以及结构类型等，确定结构倒塌方向和坍塌范围以及坍塌方式，同时，必须使爆破飞石、震动、噪声和爆破影响范围得到有效控制。正确选择爆破拆除方案与失稳所必需的破坏高度等爆破方案设计，还要进行柱、梁、墙以及结点等构件破坏的细部技术设计。

在城镇市区用控制爆破方法拆除楼房时，必须制定严格的安全技术措施，控制爆破危害，同时进行有效可靠的防护覆盖，以免飞石伤人。环境复杂的工程还必须将邻近建筑物内的人员撤离和进行道路的短期戒严。

### 7.4.1　爆破拆除方案

爆前应认真分析楼房的有关构件及其受力状态、荷载分布情况、建筑物类型以及爆破

点周围环境等情况，根据爆破力学、材料力学、结构力学及建筑结构原理，选择和制定切实可行的爆破方案，对影响或阻碍承重结构坍塌的拉梁、联系梁和承重墙，须事先加以破坏，为了减少一次起爆的雷管数和减少装药量，减小爆破公害，可在保证结构稳定和安全的条件下，事先拆除部分墙体。必须确保爆破充分破坏承重结构，使之失稳和失去平衡，从而失去支承能力，在自身重作用下形成倾覆力矩，迫使楼房或其他框架原地坍塌或定向倒塌。

建筑物拆除方案的确定取决于建筑物的结构类型、外形几何尺寸、荷载分布情况，与被保护建筑物、设备等的空间位置关系，以及其他周围环境情况等因素。根据不同爆破拆除工艺，可以归纳划分为以下几种：

（1）定向倾倒方案。定向倾倒是指爆破后整个建筑物绕一定轴转动一定角度失稳，向预定方向倾倒，冲击地面解体。定向倾倒要求周围场地一个方向的建筑物边界与场地边界水平距离大于 2/3～3/4 建筑物高度。无论是砖结构还是钢筋混凝土框架结构的建筑物，定向倒塌是在倾倒方向的承重柱、承重墙或钢筋混凝土立柱间，通过顺序起爆，炸掉不同的墙柱高度，利用建筑物失稳形成倾覆力矩实现定向倾倒，如图 7-16 所示。

其主要优点是钻孔工作量小，倒塌彻底，拆除效率高。若场地条件许可，优选定向倒塌方案。

（2）原地坍塌方案。在一般的工业厂房拆除中，当拆除建筑物与周围保护对象的水平距离均小于 1/2 拆除建筑物高度，且具有介于 1/4～1/3 拆除建筑物高度的场地时，原地坍塌是最常用的方案。

对于砖结构的建筑物，楼板为预制构件时，只要将最下一层的所有承重墙和承重柱炸毁相同炸高，则整个建筑物在重力作用下，就会原地坍塌解体；对于钢筋混凝土框架结构的建筑物，应将四周和内部承重柱的底部布设相同炸高的炮孔，在柱顶与梁、柱连接部位也布设炮孔，即切梁断柱，同时起爆后，就可将建筑物原地炸塌。

这种方法的主要优点是设计和施工都比较简单，坍塌所需场地小，钻爆工作量小，拆除效率高。缺点是对拆除钢筋混凝土框架结构建筑物爆破技术要求高，如果预处理工作不细，炸高不够或节点解体不充分，就会造成整体下坐不坍塌的现象。

（3）单向连续折叠方案。这种方案是在定向倾倒的基础上派生出来的，适用于建筑物四周场地狭窄，某一方向有稍微开阔的场地时的爆破。单向连续折叠方案要求坍塌方向建筑物与场地边界的水平距离不小于楼房高度的 1/2～2/3。钢筋混凝土框架结构要求水平距离不小于高度的 1/2，砖结构要求水平距离不小于高度的 2/3。

爆破工艺是利用延期雷管控制，自上而下顺序起爆，使每层结构均朝一个方向倒塌，如图 7-17 所示。优点是倒塌破坏较为彻底，倒塌范围明显缩小，缺点是钻爆工作量相对较大。

（4）双向交替折叠方案。双向交替折叠倒塌主要适用于建筑物四周场地更为狭窄时的爆破，对于场地水平距离，砖结构楼房不小于楼房高度的 1/2，钢筋混凝土框架结构不小于楼房高度的 $H/n$（$H$ 为建筑物的高度，$n$ 为建筑物层数）。爆破工艺是利用延期雷管控制，自上而下顺序起爆，使每层结构交替倒塌，如图 7-18 所示。堆积高度大致可控制在楼房高度的 1/3 左右。

这种爆破方案与单向连续折叠方案相类似，优点是倒塌破坏得更为彻底，倒塌范围进一步缩小，缺点是钻爆工作量相对较大。

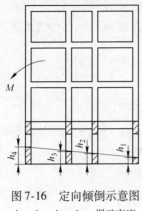

图 7-16 定向倾倒示意图
$h_1$, $h_2$, $h_3$, $h_4$—爆破高度

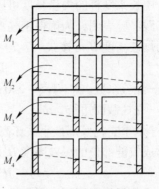

图 7-17 单向折叠倒塌

（5）内向折叠坍塌方案。内向折叠坍塌方案适用条件是：当钢筋混凝土框架结构或整体性较强的砖结构楼房，四周均无较为开阔的场地供倾倒或折叠倒塌时，欲缩小坍塌范围，可采用内向折叠坍塌的破坏方式。要求框架四周场地有 1/3～1/2 建筑物高度的水平距离。

具体爆破工艺为：自上而下将建筑物内部承重构件（墙、柱、梁）充分破坏，外部承重立柱适当破坏形成铰链，在重力转矩作用下使框架上部和侧向构件向内折叠倒塌，如图 7-19 所示。该方案优点是场地要求小，对钢筋混凝土框架结构拆除比较彻底，缺点是钻爆工作量大，爆破工艺复杂。

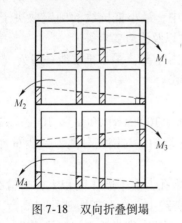

图 7-18 双向折叠倒塌

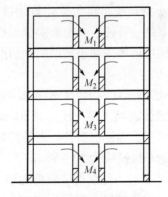

图 7-19 内向折叠坍塌

### 7.4.2 钢筋混凝土框架结构倾倒或坍塌的条件

钢筋混凝土框架结构主要承重立柱的失稳，是整体框架倒塌的关键。用爆破方法将立柱基础以上一定高度范围内的混凝土充分破碎，使之脱离钢筋骨架，并使箍筋拉断、主筋向外膨胀成为曲杆，则孤立的钢筋骨架便不能组成整体抗弯截面；当暴露出一定高度的钢筋骨架承受的荷载达到一定值时，必然导致承重立柱失稳。满足上述条件时的立柱破坏高度，称为最小破坏高度。多数情况下，钢筋混凝土立柱爆破后，暴露钢筋的高度与直径比

符合中长柔度杆的规定，此时的钢筋受力为中长柔度杆。细长柔度杆的失稳长度可以采用欧拉公式，中长柔度杆的失稳长度可以采用雅兴斯基公式计算。

工程实践经验表明，为确保钢筋混凝土框架结构爆破时顺利倾倒或坍塌，钢筋混凝土承重立柱的爆破高度 $H$ 可按式 (7-7) 确定，即

$$H = K(B + H_{\min}) \tag{7-7}$$

式中　$K$——经验系数，$K = 1.5 \sim 2.0$；

　　　$B$——立柱截面边长，m；

　　　$H_{\min}$——承重立柱底部最小破坏高度，m，$H_{\min} = (30 \sim 50)d$，其中 $d$ 为钢筋直径。

立柱形成铰链部位的爆破高度 $H'$ 可按式 (7-8) 确定

$$H' = (1.0 \sim 1.5)B \tag{7-8}$$

计算出的临界炸毁高度，只是满足了框架失稳时的必要条件，并非是充分条件。而要确保框架型结构在立柱失稳后能顺利倒塌或坍塌，取决于框架下落时冲击地面后能否形成二次解体所需的高度，因为，计算出的临界炸毁高度，只是满足了在自重作用下裸露钢筋的失稳条件，但当立柱下落时，若触地形成的冲击力不够大，框架将不能充分解体，达不到爆破效果。这时就必须对建筑物各构件在下落时的冲击破碎可能性进行验算。如不能达到破碎，则需要提高炸毁高度，以增加冲击力。如果不想增大炸毁高度，则需炸毁梁与梁、梁与柱等结合部位，降低框架结构的整体强度，保证顺利倒塌。

### 7.4.3　爆破参数设计

建筑物爆破技术设计包括最小抵抗线确定，炮孔布置，炮孔间排距、药量计算，爆破网路设计等。

(1) 最小抵抗线。在大型建筑物拆除爆破中，最小抵抗线的确定取决于墙体厚度、梁柱的材质、结构特征、自由面多少、截面尺寸以及清渣要求等。

砖结构楼房的墙体和小截面的钢筋混凝土立柱、梁，最小抵抗线一般为

$$W = 0.5\delta \tag{7-9}$$

式中　$\delta$——墙体厚度或梁、柱截面最小边长。

大截面钢筋混凝土梁、柱，如 $80\text{cm} \times 100\text{cm}$、$100\text{cm} \times 100\text{cm}$ 及 $100\text{cm} \times 120\text{cm}$ 的钢筋混凝土立柱中，为使钢筋骨架内的混凝土破碎均匀，与钢筋分离，一般布置多排炮孔，各排炮孔的最小抵抗线为 $20 \sim 50\text{cm}$。

(2) 炮孔布置。在承重墙或剪力墙上布置炮孔，由于墙体面积大，通常布置多排水平炮孔爆破，炮孔排列一般采用梅花形。工程实践中，在保证爆破缺口高度不变的前提下，为了减少打孔的数量，采用一种分离式布孔方法，即省略中间一排炮孔，上下排炮孔分离。分离带宽度一般取墙体炮孔排距的 $1.5 \sim 2.0$ 倍，墙体拐角处的炮孔布置一般为水平斜孔。需要注意的是墙体拐角炮孔由于最小抵抗线发生变化，炮孔的装药量要适当增加，才能保证良好的爆破效果。

柱、梁炮孔布置位置是依据爆破方案确定的，在柱梁连接处或在较长梁的中部布置炮孔，其目的是切梁断柱，保证爆破后建筑物的顺利倒塌。小截面立柱、梁，一般布置单排孔，可沿柱梁的中心线或略偏移柱梁的中心线呈锯齿状布置，如图 7-20a 所示。大截面钢筋混凝土承重立柱，一般布置三排炮孔，如图 7-20b 所示。

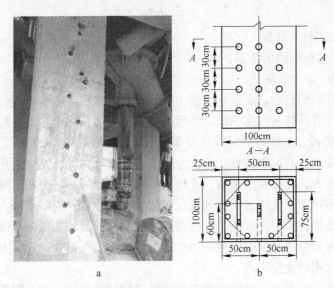

图 7-20　小截面立柱、梁和大截面钢筋混凝土承重立柱炮孔布置图

（3）炮孔间距 $a$、排距 $b$。在钢筋混凝土承重立柱和梁的爆破中，炮孔间距一般取

$$a = (1.20 \sim 1.25)W \tag{7-10}$$

在砖墙爆破中，当墙厚为 630mm 或 750mm 时，如为水泥砂浆砌筑时，取 $a = 1.2W$；石灰砂浆砌筑取 $a = 1.5W$。当墙厚为 370mm 或 500mm 时，如为水泥砂浆砌筑时取 $a = 1.5W$；石灰砂浆砌筑时取 $a = (1.8 \sim 2.0)W$。

炮孔排距 $b$ 一般取

$$b = (0.8 \sim 0.9)a \tag{7-11}$$

（4）炮孔深度。依据墙体两侧最小抵抗线相等的原则，可确保装药将墙体炸塌的同时使飞石受到有效的控制，所以装药时，应使药包的中心恰好位于墙体的中心上。因此，炮孔深度可按式（7-12）确定

$$L = 0.5(\delta + l) \tag{7-12}$$

式中　$\delta$——墙体厚度；

$l$——药包长度。

当采用水平单排布孔时，对于正方形或圆形断面的钢筋混凝土立柱，炮孔深度 $L = 0.58D$ 为宜，$D$ 为正方形立柱边长或圆柱直径。

对于矩形截面的钢筋混凝土梁、柱，无论采用垂直或水平单排布孔时，钻孔沿梁、柱的高度方向或长边方向，钻孔深度 $L$ 等于梁柱的高度 $H$ 减去最小抵抗线 $W$。

当采用水平多排布孔时，对于正方形或矩形大断面钢筋混凝土承重立柱，一般两侧边孔的孔深仍取 $L = H - W$，而中间炮孔的孔深 $L$ 取边长的 $0.58 \sim 0.60$ 倍。

（5）单孔装药量的计算。单孔装药量可按体积公式计算，单位耗药量系数 $q$ 可根据最小抵抗线的大小、墙柱体的材质和质量等情况选取，墙角炮孔的装药量可加大到正常炮孔装药量的 1.2 倍。

对于梁、柱的单孔装药量可用前面介绍的有关公式进行计算。对于圆形截面的钢筋混凝土立柱的爆破，可按式（7-13）计算

$$q = \pi K r^2 a \tag{7-13}$$

式中  $K$——单位用药量系数，g/m$^3$；

  $r$——圆形立柱截面的半径，m；

  $a$——孔距，m。

在计算出单孔装药量后，必须在混凝土框架立柱、梁和砖墙体上进行试爆，进一步核实建筑物结构和计算药量的匹配情况，最后经过修正确定最终单孔装药量。

（6）爆破网路设计。爆破网路设计是关系到建筑物拆除爆破能否成功的一项重要工作。建筑物拆除爆破具有如下特点：一次起爆雷管多，少则数百发多则几千发，其至上万发；装药布置范围大，分布在承重墙、立柱、横梁和楼梯间，其至在不同楼层之间。

使用电力爆破网路，从挑选雷管到连接起爆回路等所有工序，都能用仪表进行检查，并能按设计计算数据，及时发现施工和网路连接中的错误，从而保证了爆破的可靠性和准确性。但电爆网路的分组和电阻配平工作复杂，要求技术含量高。在电力爆破网路中，串联和串并联是最常用的连接形式。

非电爆破网路，主要是以导爆管雷管为主的爆破网路设计。非电爆破网路具有操作简单，使用方便、经济、安全、准确、可靠，能抗杂散电流、静电和雷电等优点，可以满足现场不停产拆除爆破和在雷雨季节安全施工的要求，目前大型拆除爆破多采用此方式。

使用导爆管雷管非电爆破网路，可以有簇联、并联和串联等多种连接方法。其缺点是容易出现支路漏连现象，实际操作中，一定要反复仔细检查，以确保装药完全起爆。

### 7.4.4 爆破施工及安全技术

厂房和楼房拆除爆破施工及安全技术包括以下几方面：

（1）非承重构件的预拆除。为使楼房顺利倒塌，爆破前应将门窗和上下水管道等非承重构件进行预拆除。此外对阻碍或延缓倒塌的隔墙应事先进行必要的破坏，其高度与承重墙的爆破高度相同。

（2）部分承重构件的预拆除。在确保建筑物整体稳定性的前提下，可以先将一部分承重墙进行预拆除，以减少最后爆破的雷管数和总装药量，确保准爆和降低爆破震动。

（3）楼梯间、电梯间的预拆除。建筑物楼梯间、电梯间往往整体浇筑，上下贯通，在建筑物爆破前先进行人工或爆破拆除，破坏其刚度和强度，保证建筑物爆破时顺利倒塌。

（4）网路连接。采用电爆网路，各支路电阻必须平衡，避免早爆现象造成整个建筑物爆破拆除失败；采用导爆管非电爆网路，一定注意不要漏连，并做好防护，避免雷管爆炸时个别飞片切断导爆管现象出现。

（5）钻孔工作。对钢筋混凝土立柱、梁，用风钻打孔；对砖墙，可用电钻打孔。最好在室内墙壁上钻孔，这样有利于减小爆破噪声，防止个别炮孔冲炮造成危害。

（6）若被拆除的楼房有地下室时，宜将地下室的承重构件，如墙或柱及顶板主梁予以彻底炸毁，其爆破可与楼房同时进行，超前或滞后亦可，主要取决于爆破拆除方案。无论采用哪一种方式，有计划地炸毁地下室的承重构件，均有利于缩小楼房的坍塌范围，使上层结构的一部分坍塌物充填于地下室空间内。

（7）防尘工作。当建筑物倒塌时，楼房内的空气受到急剧压缩形成喷射气流，会造成粉尘飞扬。因此，应采取措施进行喷水消尘，并通知爆破点周围或下风向一定范围内的居民关闭门窗。

（8）防护措施。建筑物爆破多在闹市区或工业厂区内，应结合爆破方案采取合理的防护措施。防护材料宜选用轻型材料，保证一定的防护厚度，避免飞石抛出，对不能移走的设备等也要进行重点遮挡防护。

（9）爆破后的安全检查。当建筑物爆破倒塌后，有时存在一些不稳定的因素，如个别或部分梁、柱、板等构件仍未完全塌落，此时必须等待坍塌稳定后爆破技术人员方可进入现场检查，确认安全后方可进行清渣作业。

### 7.4.5 工程实例

#### 7.4.5.1 定向爆破拆除框架厂房

A 工程概况

某水泥厂搬迁留下大量废弃厂房和建（构）筑物需要爆破拆除，然后进行土地开发，拆除工程主要包括 9 个高 15m、直径 6m 的熟料仓和 3 座 4 层砖混框架厂房，工期 20d。本节介绍其中一座框架厂房的爆破设计和施工情况。

爆区周围环境如图 7-21 所示。待拆 3 号楼西距化工厂院墙 12m，院内有化学品储罐两座，场内有数座简易厂房，稳定性很差；北距 3m 是待拆的 9 座桶形熟料仓，100m 外是市区道路；东 8m 是待拆 2 号框架结构厂房，70m 外是居民区，南有一片开阔地可供楼房倒塌，周围环境对爆破比较有利。

图 7-22 和图 7-23 所示为待拆的 3 号楼，是一座四层钢筋混凝土框架结构厂房，南北长 14m，东西宽 9.6m，高 20m，从南向北四排立柱，楼房的梁、柱、板均系整体浇注的钢筋混凝土，混凝土标号

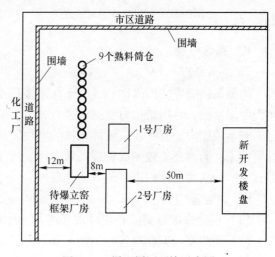

图 7-21 爆区周围环境示意图

C200，整个楼房有 10 根立柱，柱断面 50cm×50cm，柱内立筋 8$\phi$20mm，梁断面 60cm×25cm，梁内主筋 6$\phi$16mm，层间楼板厚 20cm。按楼房结构大楼分南北两部分，南半部分是 6m×9.6m 的砖混结构，楼中各层均为 24cm 厚砖承重墙，有楼梯间，4 层楼地板上尚有部分设备基础未拆除，各层重力由室内梁和外墙圈梁分布到承重墙上；北半部分为两跨四层框架结构，楼内没有第 3 层楼板，楼中是一个高 12m、直径 3m 的砖砌窑炉，窑炉坐落在第 2 层楼板同一水平的一个圆盘承台上，承台厚 70cm，下面由 3 根断面为 60cm×80cm 钢筋混凝土立柱支撑，柱内主筋 16$\phi$22mm；炉子外壁有许多裂缝，炉内部分耐火砖内衬已脱落，整体结构稳定性差。楼内一层地坪有两个设备基础，其中一个和楼中隔墙立柱紧贴，尺寸是 2m×2m×2m，另一基础和承台北侧的一条柱腿浇灌在一起，尺寸是 1m×1.5m×2m。

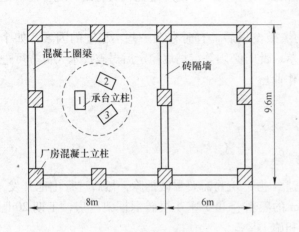

图 7-22 厂房底部平面示意图

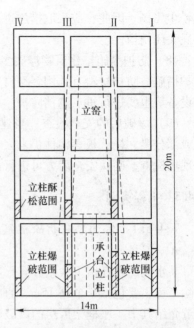

图 7-23 厂房框架爆破区域示意图

**B 爆破方案**

**a 基本原理**

用控制爆破方法拆除钢筋混凝土框架楼房主要是根据建筑物的结构类型、周围环境、允许倒塌范围，运用结构力学原理进行分析，通过爆破破坏楼房关键受力构件的强度，使它失去承载能力，有时还需破坏结构的刚度，从而使建筑物在自重作用下失去整体的稳定性而倒塌，同时还要控制爆破震动效应以及解体构件的尺寸与块度，在倒塌与地面碰撞的过程中，使楼房的结构进一步解体和破碎。

**b 方案选择**

（1）确定爆破方案前必须对现场进行详细的踏勘和测量，掌握框架大楼的结构特点和它的材质强度，据此对各种不同的爆破方案进行选择比较，选定安全、可靠、技术可行的爆破方案。

（2）楼房控爆拆除技术根据楼房倒塌方式的不同，一般可分为原地坍塌、整体定向倾倒、内合坍塌和折叠倾倒等几种方式，通常在周围环境比较简单的场合，根据建筑物的结构特点可采用原地塌落或定向倾倒方案，如果环境十分复杂，既不允许原地塌落，也不能整体倾倒，则采用折叠倾倒或内合塌落方案。

（3）大楼高 20m，宽 14m，周围环境不允许向东或向西横向整体倾倒，如果采用原地坍落方式，由于压重不够，可能造成上部未爆破部分原地坐落的严重后果，而且楼内窑炉不易控制倒塌方向。楼房南端场地开阔，可供楼房整体倒塌，根据周围环境和施工进度安排，设计采用向南沿大楼纵向整体倾倒方案，由于楼内窑炉稳定性差，楼内设备基础不宜提前施爆，如果提前拆除窑炉，担心影响整个楼房的拆除安全，设计决定将基础、窑炉与楼房一起爆破拆除，炸毁窑炉承台支柱使窑炉和楼房一起整体倾倒。

**C 设计原则**

（1）用爆破方法拆除钢筋混凝土框架楼房，实质上是钢筋混凝土梁、板和柱的控制爆破技术和结构的稳定分析问题，通过稳定分析，将大楼梁、板、柱的适当部位和区段的混凝土加以破坏或酥松，这样任何结构复杂的建筑物都会在自重作用下按设计意图坍塌或倾倒。基于以上原理，在具体设计时考虑了以下三个方面的原则：

1）必须充分破坏整体框架承重立柱的一定高度混凝土和承重砖墙，使混凝土脱落，立柱失去承载能力，造成结构在自重作用下偏心失稳，形成倾覆力矩。

2）为了使倾倒保持良好的一致性，避免非倾倒方向立柱在不同高度部位参差不齐折断，造成意外，非倾倒方向立柱底部应形成相应足够的转动铰链。

3）为使框架彻底失稳，在一定条件下还需部分或全部破坏结构的刚度。

（2）定向倾倒方法是让整个建筑物绕定轴转动一定角度后，使其失稳，向预定方向倒塌，冲击地面而解体。其具体实施则是通过在倾倒方向的承重墙和立柱之间布置不同的炸高，并用不同的起爆顺序来实现的，只要按照预定方向布设不同炸高的炮孔，按一定顺序起爆就能按设计方向倒塌。

（3）拆除钢筋混凝土框架结构，彻底破坏主要承重结构的部分立柱是整体破坏的先决条件，对于钢筋混凝土承重立柱将其一定高度的混凝土充分炸碎，剩下孤立的钢筋骨架，受纵向荷载失稳。确定立柱需要破坏的最小高度时通常是根据预计爆后立柱暴露的钢筋作为压杆，计算其临界荷载及长细比，得出最小失稳高度，结合整体失稳、解体的要求，确定承重立柱的爆破高度，也就是说，在确定承重立柱破坏区高度时，除应考虑承重立柱失稳外尚应考虑加大框架触地时的动量和动量矩。

D 设计方案

在具体设计时，为了尽量降低爆后渣堆高度，综合考虑以上各种因素，对立柱的炸高从南向北依次降低，Ⅰ、Ⅱ、Ⅲ排立柱及砖墙炸高分别为 2.5m、2m、1.5m，第Ⅳ排立柱作为最终转动铰链，炸高 1m，只进行松酥破坏。由于框架整体性好，为了加大倾倒时框架解体程度，破坏框架结构的刚度，避免楼房倾倒时柱和梁架立，分别在第 2 层楼上将Ⅱ、Ⅲ、Ⅳ排立柱 60cm 高范围作酥松破坏，楼板不做处理。同时在地坪基础上和承台立柱上布孔，立柱布孔高度 1.5m，充分破坏，使承台垮落，窑炉失重而随楼房倾倒。

E 爆破参数

如前所述，采用控爆拆除钢筋混凝土框架，实质上是最终归结于钢筋混凝土梁、柱等杆件的爆破问题，按梁柱的控爆参数布孔，根据控爆装药量的计算公式计算单孔装药量。50cm×50cm 断面立柱，孔深 30cm，孔距 30cm，充分破坏时单孔装药量为 90g，酥松破坏时单孔药量为 60g。承台立柱 60cm×80cm，布两排孔，孔深 35cm，孔距 30cm，排距 20cm，单孔药量 120g。

两个基础按孔深 1.8m、孔距 40cm、排距 40cm 的参数布孔，单孔药量为 180g，利用导爆索分 3 段装药。24cm 砖墙每孔药量为 25g。合计基础 22 孔、药量 3660g，承台柱子 36 孔、药量 3240g，楼房柱子和墙 124 孔、装药 7895g。总计 182 个孔，二级岩石乳化炸药 14.795kg。

F 起爆网路

采用导爆索和导爆管相结合的混合起爆网路，整个大楼按Ⅰ、Ⅱ、Ⅲ、Ⅳ排柱子顺序分四段起爆，时间间隔 50ms，第Ⅰ、Ⅳ排各一个段别，第Ⅱ和基础一个段别，第Ⅲ排和承台立柱一个段别，按顺序由南向北，Ⅰ、Ⅱ、Ⅲ、Ⅳ排分别用 1、3、5、7 段毫秒导爆管延时起爆。每个炮孔装两枚导爆管雷管，再将炮孔内引出的导爆管每 20 发作一组簇并接在分支导爆索上，每排柱子一个段别，用一根分支导爆索引爆，共四个分支，再将四个分支导爆索并接到起爆主线上，最后用两发电雷管起爆主导爆索，整个网路采用并串并的联结方式。

G　施工组织与安全措施

（1）所有墙柱的爆破部分用土袋装土封堵，二层楼柱爆破部分外侧用荆笆铁丝网防护，主要防止飞石向化工厂方向飞出。

（2）为减少钻孔和防护工作量，一楼砖墙部分做人工处理，只留部分砖柱布孔爆破。

（3）控制一次起爆总装药量和最大一段装药量，减少对附近居民楼和建筑物的震动影响。本次爆破最大一段装药量 6785g，经验算对周围建筑物的爆破震动影响在安全范围以内。

H　爆破效果

1998 年 5 月 28 日下午 6 时准时起爆，起爆瞬间，一声闷响，可见大楼整体稍下沉，随后很快向南倾倒沉浸在一片烟尘之中。据爆后观察及清渣过程，发现所有立柱都在不同高度上折成几节，最后一排立柱的底部钢筋有拉断的茬口，说明最后一排立柱起到了铰链的作用。整个爆堆最高处 5m，西边个别飞石距离 5m，立窑随楼房一起倒塌，大楼完全按设计方向倒塌，对周围建筑物及设施没有造成不良影响，爆破效果良好。

图 7-24 ~ 图 7-31 为新安县浦峰水泥厂与上例同类型的窑炉爆破拆除图片。

图 7-24　立柱炮孔装药　　　　　　　　　图 7-25　炮孔防护

图 7-26　厂房待爆　　　　　　　　　图 7-27　爆破瞬间

图 7-28　开始倒塌　　　　　　　　图 7-29　倒塌过程

图 7-30　完全触地　　　　　　　　图 7-31　框架解体充分

#### 7.4.5.2　聚能爆破拆除锅炉框架

三个锅炉框架周围环境如图 7-32 所示。框架东距正在生产的锅炉房 7m，北距蒸球车间新楼 10m，南距高配房 10m，西边为一片开阔地。

框架全部为重型布筋的钢筋混凝土，每个框架长 7m、宽 5m、高 3m，由 6 根立柱、底梁和顶梁组成，立柱上撑顶梁和顶面，底柱和立柱相连，深埋于地下。框架结构如图 7-33 所示。

立柱断面为 60cm × 50cm，立柱断面内有 4 根 $\phi$22mm 的钢筋，8 根 $\phi$20mm 钢筋，4 根 $\phi$16mm 钢筋，另有 8 根 $\phi$10mm 的斜拉筋。箍筋为 $\phi$6mm 和 $\phi$10mm 交替排列，间距 5cm。

A　框架解体方案

(1) 首先沿框架长度方向把顶梁和顶面从中间断开，然后在立柱与底梁连接处爆破立柱，使框架一分为二，相向向内倒塌。

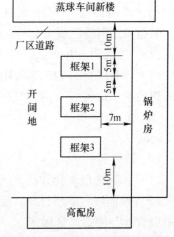

图 7-32　锅炉框架周围环境示意图

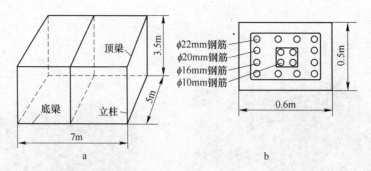

图 7-33　框架结构（a）及立柱断面钢筋（b）示意图

（2）立柱上炮孔布置在靠中心线两侧，每根立柱钻三个水平孔，孔深 30cm，孔距 35cm。

（3）单孔装药量计算公式。

$$Q = f_0(q_1 A + q_2 V)$$

式中　$Q$——每个炮孔的装药量，g；

　　　$f_0$——炮孔临空面系数，多个自由面 $f_0 = 0.75$；

　　　$q_1$——面积系数，取 $q_1 = 233 \mathrm{g/m}^2$；

　　　$q_2$——体积系数，取 $q_2 = 150 \mathrm{g/m}^3$；

　　　$A$——面积系数，$A = 0.5 \times 0.6 = 0.3 \mathrm{m}^2$；

　　　$V$——爆破体破碎体积，$V = 0.5 \times 0.6 \times 0.35 = 0.1 \mathrm{m}^3$。

把以上数值带入公式求得 $Q = 63.75 \mathrm{g}$，取每孔装药量为 66g。

按以上钻爆参数用普通药包在梁和柱上试爆，结果由于钢筋混凝土密布钢筋的约束，混凝土全部挤死在钢筋笼内，人工清渣费劲又不安全，如果单靠增加孔内装药量，一是受到孔深的限制，二是增加装药量必然会产生大量飞石，很不安全。为此，设计制作了聚能药包，应用效果非常明显。

B　聚能药包设计要点

根据立柱四面临空的特点，设计双侧聚能药包，即沿药卷长度两侧对称设置聚能槽，聚能切割钢筋混凝土立柱。如图 7-34 所示，药卷直径为 40mm，选取聚能槽弧长 $ABC$ 约为药卷周长的 1/4，即 31.4mm；聚能方向朝向最小抵抗线方向，其聚能焦点落在最小抵抗线长度的 1/2 处，即 $BO'$ 约为 12cm。

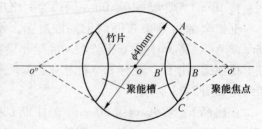

图 7-34　聚能药包结构示意图

C　聚能药包的制作

（1）炸药选取乳化炸药，便于加工成型。

（2）聚能穴阻隔层材料：要求具有一定强度和弹性，取材和加工比较方便。实际使用中以竹片和硬塑料管居多。

（3）包裹纸：用原药卷包裹纸或较厚的白纸均可。

（4）制作好的聚能药包直径一定要稍小于炮孔直径，以便顺利装入炮孔中。

（5）另外注意一点，在装药时聚能槽的方向一定要朝向被爆体的爆破定位方向；用炮棍将聚能药包送到位置后，可适当用力，使药包和孔壁紧密接触。

D　效果对比

用聚能药包按66g药量爆破效果，立柱混凝土脱离钢筋，在聚能槽方向上，立筋被炸撑开弯曲，变形离位6~8cm，箍筋炸断。通过对几组立柱的爆破实施表明，聚能药包在没有增加药量的情况下，比用普通药包爆破效果明显，从而节省了人工清渣时间，加快了拆除速度。

### 7.4.5.3　混凝土梁的拆除爆破

一般高大钢筋混凝土框架用定向爆破倾倒或原地坍塌后，其余工作主要是梁柱的解体工作，即钢筋混凝土梁柱的爆破。

如图7-35所示，5号锅炉框架是钢筋混凝土结构，长7m、宽5.5m、高2.9m。由六根立柱、三根5.5m长的横梁、两根长7m的横梁组成，长梁断面60cm×70cm，支柱和短横梁断面皆为50cm×50cm，梁内均有8根$\phi$20mm的钢筋，沿长度方向每20cm有一道$\phi$6mm的箍筋。框架顶面有一层12cm厚的钢筋混凝土屋顶。

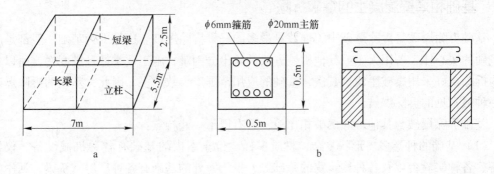

图7-35　5号炉框架（a）和梁断面（b）示意图

由于框架高度比长度和宽度都要小，宜采用原地塌落的方式倒塌，但是立柱内钢筋密布，即使爆破后钢筋也有足够的强度支撑框架而不倒，所以设计采用先解体短梁再定向倾倒的方案。即先把顶面混凝土层用风镐破除，三根短梁先解体爆破，断开钢筋，这样框架就一分为二，然后使三根立柱和长梁组成的架体向内定向倾倒，最后在地面上对梁和柱逐个解体。

断面50cm×50cm的梁的钻爆参数是：孔深30cm、孔距40cm、单孔装药量50g；立柱上的钻爆参数是：孔深30cm、孔距20cm、单孔装药量45g。为避开钢筋，炮孔布置在中线附近，呈"之"字形。长梁上钻爆参数是：孔深40cm、孔距50cm、单孔装药量90g。

一般钢筋混凝土梁、柱，由于断面尺寸小，又多临空面，布孔时要根据其材质、布筋情况随时调整孔网参数。例如孔距有时可以加大到是抵抗线的2~3倍。单位炸药消耗量也会有较大范围的变化，通常为0.5~1.2kg/m³。

例如，图7-36所示的烟囱底座圈梁，断面为30cm×30cm，外圈直径5m，断面内有8

根 $\phi 18mm$ 的钢筋，长度方向每 20cm 有一道 $\phi 6mm$ 的箍筋，圈梁周长为 15.92m。其钻爆参数为：孔深 20cm、孔距 40cm、单孔装药量 35g。共布孔 40 个，总装药量 1.4kg，单位炸药消耗量 $q = 0.98kg/m^3$。

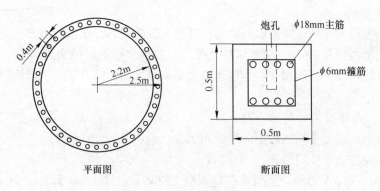

平面图　　　　　　　　断面图

图 7-36　烟囱底部圈梁断面示意图

## 7.5　基础和薄壁混凝土的爆破拆除

　　基础拆除爆破是拆除爆破中工程数量最多的一种拆除爆破。这是因为基础一般都是质地坚硬的实心体，若用人工或其他机械方法拆除十分困难，施工效率低且进度慢，所以基础的拆除最好采用爆破手段，其次，基础的应用范围广、数量多，因此，基础的拆除爆破是一种最常见的拆除爆破。

　　基础拆除爆破与其他拆除爆破相比较，具有以下一些特点：

　　(1) 基础的种类多、形状复杂、材质多样。位于室内的基础有各种机械设备、仪器设备、各种实验台以及各种构筑物的基础等，位于室外的基础有各种厂房、桥梁、河岸的堤坝、碉堡、城墙以及其他各种构筑物的基础。基础的形状复杂多样，有方形体、柱形体、锥形体、环形体、沟槽体、台阶体和以上各种体形的组合等。基础的材质有素混凝土、钢筋混凝土、浆砌料石、砖砌体、天然块石以及三合土等。

　　由于以上原因，在用爆破法拆除基础时，必须因地制宜地确定炮孔的布置方式和选取合理的爆破参数。

　　(2) 爆破地点环境复杂。在室内用爆破法拆除基础时，环境非常复杂，安全上的要求十分严格。首先，厂房本身是一个封闭体，爆破时产生的空气冲击波受到约束，不能自由扩散，同时空气冲击波遇到墙壁发生反射时，会增大冲击波的压力，加剧破坏作用。因此，在爆破时必须把所有门窗和通道打开，实行卸压。其次，爆破作业地点离室内的机械设备、仪器、电源和其他设施与物体的距离都比较近，爆破时所产生的飞石容易将它们砸坏。因此，爆破时对物体必须加强防护，能够搬移的尽量搬出室外。

　　此外，爆破时所产生的地震波会影响厂房和其他机械、仪器设备的基础。因此，爆破时要严格控制装药量和采取挖防震沟等减震措施。

　　(3) 破碎块度要求高。基础拆除爆破一般来说工程量比较小，特别是在室内的基础，无法采用机械设备清渣，所以爆破时要求破碎的块度较小和较均匀，以便于人工清渣，同时还要加强对飞石的防护。

用爆破法拆除基础时，为了满足爆破后对破碎块度和安全上的要求，可以采用以下一些技术措施：

（1）合理选取最小抵抗线。爆破所选取的最小抵抗线如果过小，基础爆破后，虽然块度会小些，但是会增加钻孔的工作量和炸药消耗量，经济上不合算。最小抵抗线过大，爆破后出现大块多，对人工清渣不利。因此，必须通过现场的小型爆破试验来确定合理的最小抵抗线。

（2）对于深度较深的炮孔，最好采用分段装药（或叫不连续装药）。当炮孔深度超过0.7m以后，若采用连续装药，则炸药多集中在炮孔底部，爆破后炮孔底部的介质破碎块度较小，炮孔上部因药量分配不足，容易出现大块，采用分段装药可使药量沿整个炮孔分布均匀，解决介质破碎不均匀的问题，每段的装药量应根据炮孔各部位的阻力不同来分配，即从孔底到孔口逐渐递减。

（3）采用微差起爆。当一次起爆的炮孔数量较多时，若采用即发雷管的齐发起爆，不但爆破效果差，而且产生的震动大和飞石多。在这种情况下，最好采用微差（毫秒）间隔起爆。

（4）在基础的一侧或数侧挖沟。所有的基础、从其埋设的条件来看，有的埋入地表以下，有的与地面平齐，有的露出地表一定的高度，因此，在基础的一侧或数侧用人工或机械的方法挖出一定深度和宽度的侧沟，不仅增加了自由面的数目，改善了爆破效果，而且可以降低震动和防止飞石。

（5）采用严密的覆盖措施。由于基础爆破要求破碎的块度要小些，因此必然增大一些装药量，这样防止飞石和减震就成为安全上的突出问题。在施工时，一定要采取严密的覆盖措施；并要仔细检查，以防止任何可能飞出的碎块。

### 7.5.1 基础的爆破拆除

在施工中遇到最多的是基础爆破，如烟囱基础、各种设备基础、水池池底等基础，尽管基础种类繁多、形状各异，但按其材质可分为三类：素混凝土、钢筋混凝土和灰土基础。对于灰土基础的拆除，如果厚度在20cm以下，可以用人工风镐破碎的办法，如果厚度大于20cm，用风镐拆除就比较困难，需用打孔放炮的办法处理，只是打孔比较费力，容易堵孔，单位炸药消耗量大，且爆破效果不好。

如图7-37所示，一素混凝土基础，长2.4m，宽1.35m，地表以下深90cm，地表以上高60cm。在其上布置四排炮孔，孔深1.2m，孔距40cm，排距30cm，抵抗线20cm，每个炮孔装两层药，上层药包离基础顶面0.5m，下层药包70g；上层药包靠基础周边每个40g，共16个；靠内侧每个药包50g，共8个。24个孔共计装药2.72kg，单位炸药消耗量0.56kg/m³。

5号炉烟囱基础是个素混凝土锥台，上圆直径6m，下圆直径12m，高3m，如图7-38所示。混凝土基础结构致密，异常坚硬。在基础浇筑过程中自然形成了高65cm、35cm、1m等几个台阶层面，在爆破中以自然形成的分层高度为爆破台阶高度，采用低台阶分层爆破技术。在烟囱基础爆破中采用间隔装药、宽孔距、微差爆破技术改善爆破破碎效果。

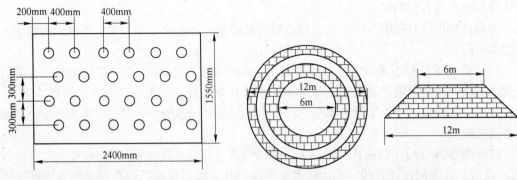

图 7-37  素混凝土基础炮孔布置图          图 7-38  5 号炉烟囱基础示意图

如图 7-39 所示，在烟囱爆破技术中，当台阶高度是 1m 时，可采用两种布孔方式，一种是全部孔深 0.9m，另一种是一排孔深 0.9m 和一排浅孔交替布置方式。第一种布孔方式钻爆参数是孔深 0.9m，孔距 50cm，排距 20cm，每个炮孔分层装药，下层药包 100g，上层药包 50g，单位炸药消耗量 0.53kg/m³；第二种布孔方式是孔距 40cm，排距 25cm，浅孔单孔药量 60g，深孔每孔 90g，都装一段药包。在台阶爆破中，通常堵塞段的长度等于 1 倍的抵抗线，这段不装药岩体如果是致密的或者具有水平层位的，就会产生大块，解决的方法有两种，一是减少不装药段（即堵塞段）高度，加大孔中装药量；二是在堵塞段布设辅助药包，一般来说，在堵塞段放置一个小药包即可达到改善爆破效果的目的。

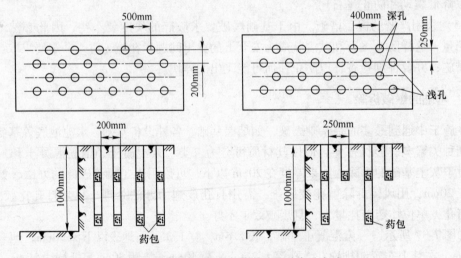

图 7-39  烟囱基础小台阶爆破两种布孔方式

## 7.5.2  薄壁混凝土的爆破拆除

一般薄壁水池爆破拆除有两种方法，一是用水压爆破，二是普通钻孔爆破。如果水池池壁厚度变化比较大，或者周围环境比较复杂，不宜用水压爆破方法时，可用钻孔爆破解体。

某松香房内有四个松香池，其中一个如图 7-40 所示，长 5.5m、宽 4.5m、高 2.8m，其中三面池壁厚 20cm，另一面壁厚 40cm，外敷 24cm 砖墙。所有池壁都是双层 φ21mm 钢筋，钢筋网度 20cm×20cm，池顶是一层厚 12cm 的钢筋混凝土板。

拆除这样的水池通常先把池子四角解体，把池子分解成四面薄壁墙，然后把墙爆倒，在地面上解体池壁。

先用风镐拆除池顶，取掉钢筋，在池子的四个拐角分别打两个 1.2m 深的垂直孔，然后在四个拐角池壁上各打两排水平孔，爆破后截断钢筋。

垂直孔布置在 20cm 厚的池壁中，每孔装两层药，每个药包 10g。水平孔的孔深为 15cm，孔距为 20cm，排距为 20cm，每孔装药量为 15g。

拐角解体后在每面池壁下边布置两至三排水平孔，20cm 厚池壁的钻孔参数同以上水平孔，40cm 厚池壁按下列参数布孔：孔深 30cm、孔距 30cm、排距 30cm、每孔装药量 35g。

四面池墙爆倒后，20cm 厚池壁钻爆参数不变，40cm 厚池壁适当拉大排距，变为 40cm，单孔装药量 40g。按以上钻爆参数把四面池壁在地面上爆破解体。水池炮孔布置如图 7-40～图 7-42 所示。

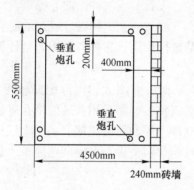

图 7-40　水池结构及顶部炮孔布置图

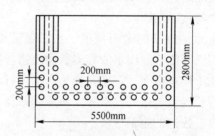

图 7-41　池壁四角及底部炮孔布置图

水池池底及基础由素混凝土、钢筋混凝土和灰土组成，爆破方法同基础一样，可以分层爆破，亦可以一次打孔分层装药。分层爆破要掌握孔深，不要使孔底刚好落到分层面上，这样爆后容易出现大块，甚至会出现把上层面抬起而不破碎的现象，孔底要落在离层面 5～10cm 的位置；一次打孔分层间隔装药主要掌握装药位置，每个药包尽量装在各层中间位置，尽量避开层面。在爆破薄地坪等薄层混凝土时，由于钻孔浅而且需要钻凿大量的孔，这时可以把孔加深到地坪以下的基层中，在基层中爆破把混凝土薄板掀起，也能达到解体地坪的作用。我们在实际爆破中专门做过这种试验，爆破效果良好。

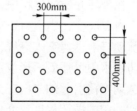

图 7-42　40cm 厚池壁倒地后炮孔布置图

## 7.6　水压爆破拆除

水压爆破是将炸药置于受约束的有限水域（如充满水的炮孔、深孔和药室以及容器状构筑物或建筑物）内，利用水作为传能介质来传递炸药爆炸时所产生的能量和压力，以此来破碎周围介质的爆破方法。

（1）水压爆破的分类。根据水压爆破的定义及待破坏介质所受作用的不同将水压爆破分为两大类：第一类主要是由应力波在待破坏介质中传播引起破坏的水压爆破，如充满水的炮孔，深孔等条件下的爆破，在这种情况下，由于介质抵抗线较大，应力波在待破坏介质中作用的时间相对较长，应力波起主要作用；第二类水压爆破主要是由于壁体整体性惯性运动引起介质破坏，如容器状构筑物或建筑物，由于待破坏介质的厚度尺寸较小，荷载作用时间长于应力波通过介质的时间，波在介质中的传播已造成介质的整体性运动，因而可以不考虑应力波在介质内的传播，而直接考虑介质的整体性惯性运动。第一类水压爆破实质上是水介质耦合爆破，第二类是通常所指的水压爆破。

（2）水压爆破的理论体系。水压爆破的理论体系应包括 4 个方面：一是炸药爆轰在水中引起的气波效应研究，主要研究炸药在水中爆炸时是如何传递能量的，以及该过程中的数值特征；二是介质破坏机理的研究，主要研究介质在气波效应作用下是如何破坏的，以及破坏过程的数值特征；三是布药参数的研究，主要研究药包质量、个数、位置；四是水压爆破公害研究，主要研究水压爆破引起的震动、飞石、空气冲击波、噪声。

水压爆破理论体系的四个方面是相互联系的，气波效应、壁体破坏机理的研究属于水压爆破机理研究，它在水压爆破理论体系中起着基础性作用，布药参数中药量计算是水压爆破理论的核心问题。

（3）水压爆破的适用范围。水压爆破适用于壁薄、面积大、内部配筋较密的水槽、管道、碉堡等能够灌注水的容器状构筑物。这类构筑物，如果采用普通的钻孔爆破方法拆除，钻孔工作难度大，爆破时容易产生飞石、空气冲击波和爆破震动。采用水压爆破，既克服了普通浅孔爆破的缺点，又避免了钻孔，而且药包数量少，爆破网路简单，是一种经济、安全、快速的施工方法。

### 7.6.1 水压爆破机理

关于水压爆破机理，许多学者进行过研究，观点各异。对水压爆破机理的分析，有两种观点：第一种是冲击波破坏观点，即炸药在水中爆炸后，形成水中冲击波和高压脉动气泡，在破坏介质的过程中，冲击波加载于介质，使介质整体发生位移，位移在介质内部引起应力、应变，当应力、应变超过临界值时，介质就被破坏，并达到一定的破坏程度，高压脉动气泡迅速突入空气，对介质破坏不起作用；第二种观点可称为气波破坏观点，认为炸药在水中爆炸后，形成水中冲击波和高压脉动气泡，在壁体介质破坏过程中冲击波和高压脉动振荡引起的二次应力波的作用是几乎相当的，介质在冲击波作用下形成初次加载，达到一定的破坏程度，介质在高压脉动气泡振荡引起的二次应力波作用下进一步破坏，残压水水流对碎块有抛掷作用。

#### 7.6.1.1 冲击波的形成和传播规律

水下爆炸过程大体分为三个阶段，即炸药的爆轰，冲击波的形成和传播，气泡的振荡和上浮。爆轰波传到药包表面，和药包接触的水层受到爆炸产物的冲击，引起强烈压缩和运动，水的密度增大 1.5~2.0 倍，质点运动速度达 2000m/s，在水中形成向外传播的冲击波，同时对应着一组稀疏波向爆炸产物内部传播，使爆炸产物的膨胀和压力下降，其压力的下降也就等于又向介质传播一组稀疏波，造成冲击波波阵面以后的压力以指数规律衰减。稀疏波造成气泡的过度膨胀，从而在稀疏波的尾部形成一个向爆心运动而强度渐增的第二冲击波，它在爆心反射并向外传播追赶前面的主冲击波。主冲击波在水中向外扩展，所到之处对水骤然加压，使水质点加速运动，冲击波波头压力随传播距离的增大而逐渐减小，压力作用时间加长，同时由于摩擦力和黏滞力的影响，冲击波波头逐渐钝化，最后衰变为声波。

炸药在水中爆炸形成一个气泡，由于初始高压大于其所在地点的流体静压，促使气泡继续膨胀，在膨胀过程中又受到浮力影响而缓慢上升，当气泡内压力与其所在地点的静水压力平衡时，由于水向外流动的惯性使气泡继续膨胀到最大，造成气泡压力小于其所在地点的静水压力，气泡开始收缩，水又向气泡中心运动。因流动惯性又形成气泡内压力重新高于其所在地点的静水压力，气泡又二次向外扩张，形成二次压力脉冲。二次压力脉冲在水中振幅不大但作用时间较长，它对附近壳体结构具有较大的破坏作用。以后气泡不断胀缩振荡，气水系统能量不断消耗于湍流摩擦。在振荡运动的同时，气泡在水的浮力作用下产生上浮运动，最后逸出水面。

### 7.6.1.2 冲击波在水压爆破中的作用原理

冲击波传播到水面时，立即反射稀疏波，使水卸载，造成部分水从水面飞出。冲击波遇到阻碍物时，产生压缩冲击波的反射，其强度由阻碍物的物理力学性质决定。若在筒形物内会发生复杂的反射、折射和透射现象。

当炸药包在装满水的容器状建筑物或构筑物内爆炸时，其冲击的破坏机理是：炸药起爆后，冲击波在水中传播，达到壁体内壁时发生反射。壁体在冲击波作用下迅速变形，向外运动，这是第一次加载。当建筑物或构筑物是无钢筋网的砖或素混凝土结构时，在第一次加载完成，即能使它破坏。由于冲击波首先在环向产生拉应力，壁体的向外运动又在径向产生了剪切应力，拉应力超过了壁体的抗拉强度，即在径向产生径向裂隙，剪切应力使之破坏并外抛。当建筑物或构筑物是钢筋混凝土混合结构时，第一次加载反射波最初表现出刚性反射的压缩性质，而后表现为稀疏性质。同时入射波又剧烈地衰减，因此在壁体附近水中某处开始呈现拉伸状态。水不能承受拉力，因而产生空泡，阻止压力下降，这称为空化现象。此后，空化区不断在水中扩张，因空化而被拉断的水利用已获得的动能向外作等速运动，赶上前方由于受变形阻力影响而减速的壁体，并不断给壁体补充能量使其继续运动。这时由于混凝土的强度比钢筋网的强度小得多，在切向抗拉应力和径向剪切应力的作用下，首先破坏。若某一时刻，水体在高温高压气体推动下向外加速膨胀，追上一部分正在运动的空化水，这两个速度不同的水体进行碰撞，壁体运动速度突然增加，实施第二次加载，这时整个钢筋混凝土的混合结构体会充分破坏。

冲击波和水面发生相互作用以及气泡逸出水面时都会产生表面波。大幅度的表面波对水面物体产生极大破坏。在不同深度进行爆炸，所产生的表面波强度也不同。

炸药引爆后，构筑物的内壁首先受到由水介质传递的、峰值压力达几十至几百兆帕的冲击波作用，构筑物的内壁在强荷载的作用下，发生变形和位移。当变形应力达到或超过容器壁材料的极限抗拉强度时，构筑物产生破裂。随后，在爆炸高压气团作用下所形成的水球迅速向外膨胀，并将能量传递给构筑物四壁，形成一次突跃式的加载，进一步加剧构筑物的破坏。此后，具有残压的水流从裂缝中向外溢出，并携带少数碎块向外冲击，形成飞石。

　　由此可知，水压爆破时构筑物主要受到两种荷载的作用：一是水中冲击波的作用；二是高压气团的膨胀作用。有学者研究表明，炸药在水中爆炸的总能量中冲击波的能量占40%，高压脉动气泡的能量占40%，声能、热能占20%。

### 7.6.2　装药量计算

　　水压爆破药量计算是关系到爆破成功与否的关键。水压爆破药量计算是水压爆破理论的核心，是决定水压爆破工程成败、效果优劣的关键性因素，对水压爆破药量计算问题，目前尚未形成统一的认识和方法。水压爆破药量计算公式是在实践的基础上提出来的，其理论方面虽然做了许多工作，但由于拆除物在材质、形状、尺寸等方面差异性很大，对爆破要求又不尽相同，因而导致了水压爆破药量的计算方法与观点的不同。目前的水压爆破药量公式主要有按注水体积、结构尺寸、能量原理、冲量原理等几类。合理的水压爆破药量计算公式，应理论基础正确，能充分反映水压爆破的实质，算式中应包括材质强度、相关尺寸、破碎程度、炸药性能以及反映气泡脉动作用的参数。

　　(1) 考虑注水体积的药量计算公式。

单个药包

$$Q = K_a \sigma \delta V^{2/3} \tag{7-14}$$

多个药包

$$Q = K_a \sigma \delta V^{2/3} \left( 1 + \frac{n-1}{6} \right) \tag{7-15}$$

式中　$Q$——总装药量，kg；

　　　$V$——注水体积，$m^3$；

　　　$\sigma$——构筑物材料的抗拉强度，MPa；

　　　$\delta$——容器形构筑物壁厚，m；

　　　$K_a$——装药系数，单个药包取 $K_a = 0.98$，多个药包取 $K_a = 0.78$。

　　(2) 考虑构筑物形状尺寸的药量计算公式。

　　对于截面为圆形或正方形的筒形构筑物，按式 (7-16) 计算

$$Q = K_b K_c \delta B^2 \tag{7-16}$$

　　对于截面为圆形或矩形的长筒形构筑物，按式 (7-17) 计算

$$Q = K_b K_c \delta B^2 \cdot \frac{L}{B} \tag{7-17}$$

式中　$B$——构筑物的内径（圆形）或短边长（矩形），m；

　　　$L$——长筒形构筑物的全高，m；

　　　$K_b$——与构筑物结构和爆破方式有关的系数，敞口式结构取 $K_b = 0.9 \sim 1.2$，封口式结构取 $K_b = 0.7 \sim 1.0$；

　　　$K_c$——与构筑物材料有关的系数，混凝土材料，取 $K_c = 0.1 \sim 0.4$，钢筋混凝土材料取 $K_c = 0.5 \sim 1.0$，砖砌体砂浆抹面取 $K_c = 0.1 \sim 0.22$；

　　　$\delta$——壁厚，m；如构筑物为矩形时，一般可用长 $L$ 与宽 $B$ 之比乘以 $0.85 \sim 1.0$ 的结构调整系数 $K_d$，矩形截面取 $K_d = 0.85 \sim 1.0$，圆形和正方形结构取 $K_d = 1.0$。

　　(3) 考虑构筑物截面面积的药量计算公式。

　　对于大截面的构筑物，药量按式 (7-18) 计算

$$Q = K_c K_e S \tag{7-18}$$

式中　$S$——通过药包中心的构筑物壁体的截面积，$m^2$；

　　　$K_c$——与构筑物材料有关的系数，混凝土材料取 $K_c = 0.2 \sim 0.25$，钢筋混凝土材料取 $K_c = 0.3 \sim 0.35$，砖石砌体材料取 $K_c = 0.18 \sim 0.24$；

　　　$K_e$——炸药换算系数，黑梯炸药取 $K_e = 1.0$，二号岩石炸药取 $K_e = 1.10$，铵油炸药取 $K_e = 1.15$。

对于小截面的构筑物（如管子），药量按式（7-19）计算

$$Q = \pi D t C \tag{7-19}$$

式中　$D$——管子的外径，m；

　　　$t$——管壁的厚度，m；

　　　$C$——装药系数，敞口式爆破取 $C = 0.04 \sim 0.05 g/cm^2$，封口式爆破取 $C = 0.022 \sim 0.03 g/cm^2$。

（4）冲量准则公式。把水压爆破产生的水中冲击波的破坏看作是冲量作用的结果，假定药包放置在圆筒形容器的中心，以材料极限抗拉强度作为破裂的判据，得到药量计算的经验公式为

$$Q = \left( \frac{K_B K_D \sigma_1}{0.00577 C_P} \right)^{1.5873} \cdot \delta^{1.5873} \cdot R^{1.4127} \tag{7-20}$$

式中　$\delta$——结构壁厚，m；

　　　$R$——药包中心到容器壁面的距离，m；

　　　$\sigma_1$——构件材料的单向抗拉强度，MPa；

　　　$C_P$——弹性纵波在混凝土中传播的速度，m/s；

　　　$K_D$——动力强度系数，混凝土取1.40，Q235号钢筋取1.35，Q275号钢筋取1.25，16Mn钢取1.20，25Mn钢取1.13；

　　　$K_B$——破坏程度系数，根据试验资料及模拟实验，将破坏程度分为3个等级：表层混凝土出现裂缝、剥落，$K_B = 10 \sim 11$；结构局部破坏，$K_B = 20 \sim 22$；结构完全破坏，$K_B = 40 \sim 44$。

对于厚壁圆筒，引入修正系数 $K_2$，有

$$Q = \left( \frac{K_B K_D \sigma_1}{0.00577 C_P} \right)^{1.5873} \cdot (K_2 \delta)^{1.5873} \cdot R^{1.4127} \tag{7-21}$$

式中　$K_2$——与构筑物内半径 $R$ 和壁厚 $\delta$ 的比值有关的坚固性系数。

$K_2$ 与 $\delta/R$ 的关系为线性关系，可以按以下线性公式计算

$$K_2 = 0.69(\delta/R) + 0.95$$

将式（7-21）进行简化，令

$$K = \left( \frac{K_B K_D \sigma_1}{0.00577 C_P} \right)^{1.5873} \tag{7-22}$$

并将指数取小数点后两位，则有

$$Q = K(K_2 \delta)^{1.59} R^{1.41} \tag{7-23}$$

式中　$Q$——计算用药量，kg；

　　　$K_2$——圆筒壁厚修正系数，见表7-7；

$\delta$——圆筒形容器的结构壁厚，m；

$R$——圆筒形容器的内半径，m；

$K$——与结构物材质、强度、破碎程度、碎块飞掷距离等有关的系数。

$K$ 值按下面的原则来选取：

1）一般混凝土或砖石结构，视要求破碎程度取 $K = 1 \sim 3$。

2）钢筋混凝土，视要求的破碎程度和碎块飞掷距离选取，混凝土局部破裂，未脱离钢筋，基本无飞石，$K = 2 \sim 3$；混凝土破碎，部分脱离钢筋，碎块飞掷 20m 以内，$K = 4 \sim 5$；混凝土炸飞，主筋炸断，碎块飞掷距离 $20 \sim 40m$，$K = 6 \sim 7$。

表 7-7 圆筒壁厚修正系数

| $\delta/R$ | 0.1 | 0.2 | 0.3 | 0.4 | 0.5 | 0.6 | 0.7 | 0.8 | 0.9 | 1.0 |
|---|---|---|---|---|---|---|---|---|---|---|
| $K_2$ | 1.000 | 1.109 | 1.170 | 1.233 | 1.300 | 1.369 | 1.441 | 1.524 | 1.588 | 1.667 |

对于非圆筒形复杂结构物的药量计算，可以用等效内半径 $\hat{R}$ 和等效壁厚 $\hat{\delta}$ 取代式（7-23）中的 $R$ 和 $\delta$，即

$$\hat{R} = \sqrt{\frac{S_R}{\pi}} \tag{7-24}$$

$$\hat{\delta} = \hat{R}\left(\sqrt{1 + \frac{S_\delta}{S_R}} - 1\right) \tag{7-25}$$

式中 $S_R$——通过药包中心的非圆筒形结构物内水平截面面积，$m^2$；

$S_\delta$——通过药包中心的非圆筒形结构物壁的水平截面面积，$m^2$。

### 7.6.3 药包布置

装药量确定后，药包的布置对爆破成功与否就至关重要了。合理布置药包包括药包数量和在水中位置的确定。

#### 7.6.3.1 药包数量

一般要求在同一容器中，药包数量应尽可能少。药包数量主要取决于构筑物的几何尺寸和爆破要求。根据工程经验，按以下原则确定：

（1）对于球形构筑物、高度与直径大体一致（$H/R \approx 2$）的圆筒形构筑物，或长、宽、高三向尺寸相近的矩形构筑物，在材质、壁厚和爆破要求一致的情况下，可采用一个中心药包。

（2）当矩形构筑物长、高、宽三向尺寸相差较大，筒形构筑物高径比较大、较小（$H/R > 3$ 或 $H/R < 1 \sim 1.5$）的情况下，需要在纵向或一个平面布置多个药包。

（3）对于特殊复杂结构，可根据几何形状、壁厚等具体情况布置主、辅药包，分别处理。根据构筑物容积确定药包数量：结构物容积小于 $25m^3$ 时，装药量一般小于 3kg，若结构物形状均匀时，以采用一个药包为宜；结构物容积在 $25 \sim 100m^3$ 时，装药量一般为 $3 \sim 8kg$，药包个数为 $1 \sim 2$ 个；结构物容积大于 $100m^3$ 时，需要的装药量一般超过 8kg，药包个数可超过 2 个，视具体情况而定。

### 7.6.3.2　药包位置

药包位置主要取决于构筑物的几何尺寸、容器材质差异性、药包数量和爆破要求，以及水中药包爆炸时，结构物内壁所承受荷载分布不均匀性的特点。根据理论计算和工程经验，药包位置布置遵循以下原则。

（1）药包入水深度的确定。为保证药包爆炸能量有效作用于容器壁，避免从开口处消散，根据经验，入水深度按式（7-26）、式（7-27）确定

$$h = (0.6 \sim 0.7)H_w \tag{7-26}$$

$$H_w = (0.9 \sim 1.0)H \tag{7-27}$$

式中　$h$——药包入水深度，m；

　　　$H_w$——容器结构物内的注水深度，m；

　　　$H$——容器结构物的深度，m。

式（7-26）的 $h$ 可用药包入水深度允许的最小值来验算

$$h_{min} = \sqrt[3]{Q} \tag{7-28}$$

式中　$Q$——最大药包装药量，kg。

一般药包的入水深度应大于最小入水深度 $h_{min}$，当计算出的最小入水深度小于0.4m时，则取0.4m。即水压爆破时药包的入水深度不得小于0.4m。

（2）若设计为一个药包时，对于球形构筑物，药包一般放置在球形构筑物的圆心处，对于方形和筒形构筑物，药包一般放置在水平截面几何中心处，入水深度按式（7-27）确定。

（3）当容器的长宽比大于1.2，或高径比小于0.5时，应在平面布置两个或多个药包。对于矩形或条形容器，药包一般布置在长轴线上；对于筒形容器，药包应布置在一个圆弧上。药包的间距应使容器的四壁受到均匀的破碎作用，一般

$$a \leqslant (1.3 \sim 1.4)R \tag{7-29}$$

式中　$a$——药包间距；

　　　$R$——药包中心至容器四壁的最短距离。

当筒形构筑物高径比较大（$H/R > 3$）、方形构筑物高宽比超过1.4~1.6时，一般沿垂直方向中心轴线布置两层或多层药包。

（4）若容器两侧壁厚不同时，应布置偏心药包，使药包偏于厚壁一侧。容器中心至偏炸药包中心的距离称偏炸距离。

当矩形容器构筑物长宽比较大，且壁厚不同时，也可以采取偏量药包布置形式。即将计算出来的总药量 $Q$ 分为两个或几个不等量的药包，药包间距和药包与侧壁的距离可以相等。靠近厚壁一侧的药包药量较大。

### 7.6.3.3　注水深度

若被爆破对象顶部也需破碎，水应尽可能注满被爆破物体，若被爆破对象是无顶物体，注水深度要大于其高度的80%，注水高度 $H$ 与炸药系数 $K_a$、被爆物体坚固性系数 $K_2$、破坏程度系数 $K_B$ 以及碎块被水携出最大距离 $S$ 有关。

$$H = K_a K_2 K_B / S \tag{7-30}$$

### 7.6.4 水压爆破施工技术

#### 7.6.4.1 炸药及起爆网路防水处理

水压爆破宜选用威力大、防水效果好的炸药，如 TNT、水胶炸药、乳化炸药等抗水炸药。如果采用硝铵炸药，应严格做好防水处理。起爆体要采取严格的防水措施，可采用玻璃瓶或塑料桶等装入炸药和雷管，将炮线（电线或导爆管）引出瓶口后，用橡皮塞或瓶盖拧紧，然后用防水胶布严密包扎，胶布与炮线的缝隙，可用黄油密封。

水压爆破可以采用电爆网路或导爆管网路，一般采用复式起爆网路。网路连接应避免在水中出现接头。药包在水中固定可采用悬挂式或支架式，必要时可附加配重，以防悬浮或位移。

#### 7.6.4.2 构筑物开口的处理

水压爆破方法拆除构筑物，需要认真做好开口部位的封闭处理。封闭处理的方式很多，可以把钢板锚固在构筑物壁面上，中间夹上橡皮密封垫，以防漏水；也可以用砖石砌筑、混凝土浇灌或用木板夹填黄泥及黏土等。

#### 7.6.4.3 爆破体底面基础的处理

当底面基础不要求清除，允许有局部破坏时，按一般设计原则布置药包即可。当底面基础不允许破坏时，水中药包离底面的距离应大于水深的 1/3，一般以 1/3 ~ 1/2 为宜，同时在水底应铺设粗砂防护层，铺设厚度与药包大小及基础情况有关，一般不应小于 20cm。

当底面基础要求与构筑物一起清除时，若在上部结构爆破清除后再进行基础的爆破施工，则会因底部基础有大量裂纹而增大钻孔难度，不利于底部基础爆破清除。对于这种情况，可考虑先对基础钻孔，基础爆破装药与水压爆破装药同时起爆，基础爆破药量可相应提高 50%。这时应注意校核一次爆破总药量的爆破震动，并做好钻孔爆破装药及爆破网路的防水处理。

#### 7.6.4.4 开挖爆破构筑物临空面

水压爆破的构筑物，一般具有良好的临空面，但对地下工事，在条件许可的情况下，要开挖爆破构筑物的临空面，这样不但可以有良好的爆破效果，还可以减少爆破震动的危害。

#### 7.6.4.5 严防水柱上冲

采用开口式水压爆破时，水柱上冲高度较大，有时可高达十多米。如果爆破体上空有需要保护的物体，如高压线等，要有临时保护措施，也可在水面上做些防护处理，但是防护物绝不能被水柱冲起。

#### 7.6.4.6 地下工事水压爆破及时排除积水

爆破后，如果地下工事的积水不能及时排除，由于水的渗透，会改变爆破体周围的土的含水量，给后期施工带来影响；或者对周围现有建筑基础产生影响，造成潜在的危害。

### 7.6.5 工程实例

中牟造纸厂原漂洗车间四个纸浆池，因基建需要爆破拆除，浆池具备容水条件，设计采用水压爆破方法拆除。

四个池子并排连成一体，每个池子北端池头有一纸浆推进器，按厂方要求已用静爆方法拆除。原拆设备所留孔口，都用水泥砂浆砌砖封堵，封堵厚度为80cm，推进器旁出水管用木塞从池里塞紧。

### 7.6.5.1 浆池周围环境和浆池结构

#### A 浆池周围环境

如图7-43和图7-44所示，浆池南距厂内道路5m，路边有排水沟，沟内水可作为水压爆破的水源。浆池西距松香房7m；北距三段漂车间12m；南端距池1m有2根钢筋混凝土柱，柱上架有多条蒸汽管道。

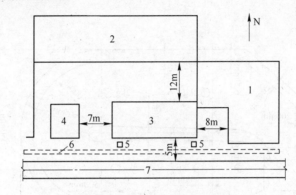

图7-43 浆池周围环境示意图

1—蒸球车间；2—三段漂车间；3—待拆四个纸浆池；4—松香房；
5—混凝土柱；6—废水沟；7—厂区道路

图7-44 浆池周围环境照片

四个浆池并排相连，两池间共墙。靠东一个池子与蒸球车间楼房紧贴，考虑到车间正常生产，绝不能直接受到爆破震动影响。设计把东边一个池子的池壁和车间楼房墙体断开，这个池子采用钻孔爆破法单独拆除，西边三个池子一起用水压爆破方法拆除。

#### B 单个浆池结构

浆池结构如图7-45和图7-46所示，浆池两端呈半圆形，中间是矩形。从地面算起池墙高3.2m，其中下部1.5m高，壁厚54cm，上部1.7m高，壁厚42cm。池壁南端半圆起弧处有钢筋混凝土柱子夹在墙里，浆池北端近似半圆形池壁全部为钢筋混凝土结构，池南端半圆和中间矩形部分池壁为砖混结构，其中在不同高度有 4 层钢筋混凝土圈梁，靠外池墙中圈梁结构呈"T"字形，两池间共墙圈梁断面结构呈"工"字形，共墙壁厚 54cm。

池北端钢筋混凝土壁厚 15cm 到 20cm 不等，$\phi$8mm 钢筋，网度 15cm×15cm，共墙北端壁厚 60cm，4 层 $\phi$6mm 钢筋，网度 15cm×15cm，共墙南端最厚达 1.2m。每个池子有一砖混结构悬壁隔墙，隔墙北部为钢筋混凝土结构，厚 50cm，两层 $\phi$6mm 钢筋，网度 15cm×15cm，中间为砖结构，厚 42cm，隔墙南端膨大呈棒槌状，最厚处达 72cm。隔墙把池子一分为二，池底厚 40~80cm 和池内净高从 2.4~2.8m 不等，池顶为 10cm 厚的钢筋混凝土层，$\phi$6mm 钢筋，网度 15cm×15cm。每个池的容水量为 92m³，每个池池壁方量约 40m³。

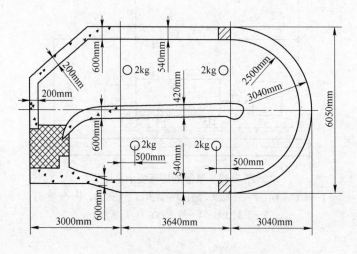

图 7-45　浆池平面及药包布置图

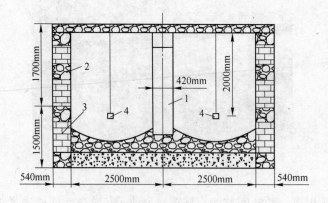

图 7-46　浆池结构及药包布置图
1—隔墙；2—圈梁；3—两池共墙砖；4—药包

### 7.6.5.2 药量计算

浆池是非圆形容器构筑物，池壁为砖混结构，不是单一材质构成的，而且墙体厚薄不均，钢筋混凝土、素混凝土和结构厚度相差很大。设计中药量计算以砖混结构为爆破对象，装药系数取大值。预想爆破效果以达到下述目的为原则：砖结构破碎且允许有短距离飞散，钢筋混凝土圈梁只要有裂纹，不求解体，北端钢筋混凝土墙裂而不飞。为达到这样的爆破效果，药量计算后，根据池壁结构和周围环境适当平衡分配药包质量，最后按北端20cm厚的钢筋混凝土池壁验算单个药包质量。

按非圆形容器构筑的药量计算公式为

$$Q = K(K_2\hat{\delta})^{1.59}\hat{R}^{1.41} \qquad (7-31)$$

式中　$\hat{\delta}$——非圆形容器的等效壁厚，m；

$\quad\quad\hat{R}$——非圆形容器的等效内半径，m。

$$S_R = \pi \times 2.5^2 + 3.64 \times (6.05 - 0.54 - 0.54) - 0.6 \times 1.5 - 2.8 \times 0.5 = 35.42\text{m}^2$$

$$S_\delta = 3.64 \times (0.42 + 0.54 + 0.54) + 0.5\pi(3.04^2 - 2.5^2) + 0.5\pi(3^2 - 2.8^2) +$$

$$0.5 \times 2.8 + 0.6 \times 1.5 = 14.28\text{m}^2$$

把 $S_R$ 和 $S_\delta$ 代入式(7-24)和式(7-25)中求得 $\hat{R} = 3.36\text{m}；\hat{\delta} = 0.62\text{m}；\dfrac{\hat{\delta}}{\hat{R}} = 0.18$。

取 $K_2 = 1.07$ 和装药系数 $K = 3$，则有

$$Q = K(K_2\hat{\delta})^{1.59}\hat{R}^{1.41} = 3 \times (1.07 \times 0.62)^{1.59} \times 3.36^{1.41} = 8.61\text{kg}$$

每个池子设计平均装药8kg，按池子结构分成4个药包，单个药包质量1.5~3kg不等。最后按2kg的药包质量验算北端20cm厚的钢筋混凝土池壁，结果药包质量合适。

### 7.6.5.3　药包布置

单个浆池药包布置如图7-45和图7-46所示。

三个池子共装药24.75kg。根据池壁结构4个药包分别放置在隔墙两侧。为了对池内隔墙加强破坏，两侧药包在平面上错开布置，药包布置在同一高度上，药包离池顶2m，即药包放在下数第二个圈梁的中间位置。

西边第一个池子考虑离松香房较近，第一排药包靠近隔墙放置，离隔墙0.8m，东边第三个池子的最后一排药包距第四个池子的共墙0.8m，意在破碎共墙。

把加工好的药包用塑料袋包扎，塑料袋底放一块砖，用绳子把药包悬挂于设计位置。

### 7.6.5.4　爆破网路与安全防护

采用并串联网路，电起爆系统，即两个电雷管并联放入药包中，药包与药包之间用塑胶线串联，接于起爆器上，12个药包同时起爆。

池子北端和两边离生产厂房较近，是重点防护部位，用铁板挡在池墙上阻挡飞石，其他部位未作防护。

### 7.6.5.5　爆破效果

水池灌满水后，按设计的药包间距和入水深度把药包置入水中。

起爆瞬间，水柱把池顶掀起，水柱腾空20多米。三个池子北端钢筋混凝土池壁环向钢筋拉断，墙体向外倾倒，混凝土裂成大块附在钢筋上，西边第一个池子的西墙全部炸碎，圈梁拉断抛出4m远，隔墙炸碎，南端池壁只剩下圈梁骨架相叠。第二、三个池子的隔墙炸成空洞，南端池壁砖结构破碎，圈梁悬空。池间共墙砖结构炸碎，只剩下圈梁相叠。隔墙的北端混凝土墙和共墙连接处60cm厚混凝土壁出现大裂纹并向外错动。图7-47

及图 7-48 为浆池形态和爆破瞬间照片。

受爆破影响第四个池子池壁整体向外错动 10cm。西边砖结构个别碎块抛出，散落最远距离 7m，北端混凝土碎块堆散范围不超过 2m。

图 7-47  四个待爆连体纸浆池          图 7-48  纸浆池爆破瞬间

纵观浆池解体情况，达到了预期目的，砖结构全部破碎，钢筋混凝土裂而不飞，共墙连接处厚混凝土墙出现裂纹并错动，池顶冲散。

爆破期间，生产正常进行，对周围环境没有造成任何影响，爆破取得圆满成功。

# 8　爆破安全技术和测试技术

## 8.1　爆破地震效应

当炸药在固体介质中爆炸时，爆炸冲击波和应力波将其附近的介质粉碎、破裂（分别形成粉碎圈和裂隙圈）。当应力波通过裂隙圈后，其强度迅速衰减，再也不能引起岩石破裂，而只能引起岩石质点产生弹性振动，这种弹性振动在介质中的传播形成爆破地震波。虽然爆破地震波在传播过程中，其强度随着与爆源距离的增加而减弱，但在一定范围内，仍可能使介质内的节理、裂隙发生变形位移，或对附近的建（构）筑物造成不同程度的破坏，这种现象称为爆破震动效应。当爆破震动达到一定强度时，可以造成爆区周围建筑物和构筑物的破坏、露天边坡的滑落以及井下巷道的片帮和冒顶。

爆破地震与天然地震有显著的差异。爆破地震有如下的特点：（1）幅值高，衰减快。目前世界上记录到的天然地震加速度最大值仅为数 $g$，而在大爆破的近区测得的加速度高达 $25.3g$。但是爆破震动衰减很快，破坏区范围很小。（2）震动频率高。天然地震震动的加速度的主频率大都在 $2 \sim 5Hz$，很少超过 $10Hz$，但爆破地震动的加速度主频率大都在 $10 \sim 30Hz$，有的高达 $50Hz$。与普通工程结构的自振（基振）频率相比，前者与它相接近，后者则比它高得多。（3）持续时间短。爆破地震的主震段持续时间一般不超过 $0.5s$，短者小于 $0.1s$，比天然地震要短得多。

天然地震加速度最大值平均为 $0.1g$ 时，一般会造成房屋一定程度的破坏，而爆破地震加速度值为 $1.0g$ 时，才会引起房屋的轻微破坏，这与爆破地震的频率高、持续时间短、幅值衰减快等特点有很大的关系。

爆破地震效应的研究重点是：（1）地震动随药量、爆心距、地震震动传播的介质和场地条件而变化的规律；（2）地震动的强度，即爆破地震破坏力的大小对建筑物的影响；（3）降低地震动强度的措施。

由于爆破地震波在地层中的传播及由其引起的地面运动是一个复杂的力学过程，它受到各种因素的影响，如炸药性能、药量大小、爆源位置、装药结构、堵塞条件、起爆方式以及爆破的地质地形条件等。因此，爆破地震效应是一个复杂的研究课题，它属于爆破地震工程学的研究范畴，并涉及地质学、爆炸动力学和结构动力学等多个学科的理论。

长期以来，国内外对爆破地震效应进行了大量的研究工作。研究的主要内容可概括为以下两个方面：一是爆破地震波的特征及其传播规律；二是爆破震动强度对建筑物的影响。其研究的主要目的在于选择适宜的爆破方式和炸药量，使爆破效果达到最佳，而由此引起的爆破震动强度将不危及周围建（构）筑物以及需要保护的工程设施的安全和稳定。即通过对上述内容的研究，能够对爆破震动效应做出较为准确的预测，并建立切合实际的爆破震动安全标准（或爆破震动安全判据），并为实际爆破工程中如何对爆破震动效应进行预测和控制提供较为可靠的理论指导。

### 8.1.1 爆破震动强度和安全参数的估算

表示爆破地震破坏强弱程度的指标叫做振动强度或振动烈度。地震烈度可以用地面运动的各种物理量来表示，如质点的振动速度、位移、加速度和振动频率等，但是，对爆破震动来说，用质点振动速度来表示振动强度比较合理。

根据大量实测资料，质点的振动速度与一次爆破的装药量大小、测点到爆源的距离、地形条件和爆破方法等因素有关，可用式（8-1）表示

$$v = K\left(\frac{Q^m}{R}\right)^{\alpha} \tag{8-1}$$

式中  $v$——保护对象所在地安全允许质点振动速度，cm/s；

$Q$——装药量，齐发爆破时为总装药量，延发爆破时为最大单段装药量，kg；

$R$——测点至爆破中心的距离，m；

$m$——装药量指数（国内多采用1/3，西方国家对深孔柱状药包采用1/2，对硐室集中药包采用1/3）；

$K$——与爆破场地条件有关的系数；

$\alpha$——与地质条件有关的系数。

$K$、$\alpha$ 值可以在现场通过爆破试验来确定，也可以参考表8-1数据选取。

表8-1  爆区不同岩性的 $K$、$\alpha$ 值

| 岩 性 | $K$ | $\alpha$ |
|---|---|---|
| 坚硬岩石 | 50 ~ 150 | 1.3 ~ 1.5 |
| 中硬岩石 | 150 ~ 250 | 1.5 ~ 1.8 |
| 软岩石 | 250 ~ 350 | 1.8 ~ 2.0 |

在爆破设计中，为了避免爆破震动对周围建筑物产生破坏，必须计算爆破震动的危险半径。如果建筑物位于危险半径以内，那么需要将建筑物拆迁，如果建筑物不允许拆迁，则需要减少一次爆破的装药量，控制一次爆破的规模。因此，在爆破设计时需要计算一次爆破允许的安全装药量。

爆破震动的安全距离可按式（8-2）计算

$$R = \left(\frac{K}{v}\right)^{\frac{1}{\alpha}} Q^m \tag{8-2}$$

一次爆破允许的安全装药量可按式（8-3）计算

$$Q = R^{\frac{1}{m}}\left(\frac{v}{K}\right)^{\frac{m}{\alpha}} \tag{8-3}$$

式中  $R$——爆破震动安全允许距离，m；

$Q$——一次爆破允许的安全装药量，kg；

$v$——保护对象所在地质点振动安全允许速度，cm/s；

$K$，$\alpha$——与爆破点至计算保护对象间的地形、地质条件有关的系数和衰减指数，可查表得到或者通过现场试验确定。

式中其他符号的意义同前。

### 8.1.2 爆破震动的破坏判据和降低爆破震动的措施

#### 8.1.2.1 爆破震动的破坏判据

爆破震动常常会引起爆区附近的建筑物和构筑物的破坏,特别是露天爆破,目前在判断爆破震动强度对建筑物和构筑物的影响时,都用上述质点的振动速度作为判据。在一些国家的公共法和爆破安全规程中都对各类建筑物和构筑物允许的质点振动速度作了明确的规定。

震害现象取决于工程结构物和构筑物对地面震动的反应(效应),它不仅取决于地面震动的特征,而且取决于千变万化的工程结构的特征。例如高大烟囱、高塔结构的破坏主要受低频部分震动强度的影响,而低矮房屋的破坏主要受较高频部分震动强度的影响,而重型设备的移动主要受震动脉冲总量的影响。地面震动的峰值、频率和持续时间三因素的影响大小也随工程结构特性而异,随工程结构的破坏程度而异。

由爆破震动引起建筑物或构筑物的破坏所牵涉的因素很多,诸如地基的性质、建筑物所采用的材料、建筑物的结构、建筑物的新旧程度和施工质量等。

根据大量爆破地震速度观测数据来看,爆破地震动的垂向速度往往不是最大,而径向速度往往比较大;在爆心距较小时,径向与垂向加速度同一量级,在远离爆心时,地震动以径向加速度为主。且由于建筑物在竖向远比水平向具有较强的抗震能力,所以把水平向最大速度值或最大加速度值作为震动烈度的物理标准比较适宜。

我国根据国内外近年来测震所积累的资料,在《爆破安全规程》中对各类建筑物和构筑物所允许的安全振动速度作了规定,见表8-2。

表8-2 **爆破震动安全允许标准** (《爆破安全规程》(GB 6722—2011))

| 序号 | 保护对象类型 | 安全允许质点振动速度 $v/\mathrm{cm \cdot s^{-1}}$ | | |
| --- | --- | --- | --- | --- |
| | | $f \leqslant 10\mathrm{Hz}$ | $10\mathrm{Hz} < f \leqslant 50\mathrm{Hz}$ | $f > 50\mathrm{Hz}$ |
| 1 | 土窑洞、土坯房、毛石房屋 | 0.15 ~ 0.45 | 0.45 ~ 0.9 | 0.9 ~ 1.5 |
| 2 | 一般民用建筑物 | 1.5 ~ 2.0 | 2.0 ~ 2.5 | 2.5 ~ 3.0 |
| 3 | 工业和商业建筑物 | 2.5 ~ 3.5 | 3.5 ~ 4.5 | 4.2 ~ 5.0 |
| 4 | 一般古建筑与古迹 | 0.1 ~ 0.2 | 0.2 ~ 0.3 | 0.3 ~ 0.5 |
| 5 | 运行中的水电站及发电厂中心控制室设备 | 0.5 ~ 0.6 | 0.6 ~ 0.7 | 0.7 ~ 0.9 |
| 6 | 水工隧洞 | 7 ~ 8 | 8 ~ 10 | 10 ~ 15 |
| 7 | 交通隧道 | 10 ~ 12 | 12 ~ 15 | 15 ~ 20 |
| 8 | 矿山巷道 | 15 ~ 18 | 18 ~ 25 | 20 ~ 30 |
| 9 | 永久性岩石高边坡 | 5 ~ 9 | 8 ~ 12 | 10 ~ 15 |
| 10 | 新浇大体积混凝土(C20):<br>龄期:初凝 ~ 3d<br>龄期:3d ~ 7d<br>龄期:7d ~ 28d | 1.5 ~ 2.0<br>3.0 ~ 4.0<br>7.0 ~ 8.0 | 2.0 ~ 2.5<br>4.0 ~ 5.0<br>8.0 ~ 10.0 | 2.5 ~ 3.0<br>5.0 ~ 7.0<br>10.0 ~ 12.0 |

注:1. 表中质点振动速度为三分量中的最大值;振动频率为主振频率。
    2. 频率范围根据现场实测波形确定或按如下数据选取:硐室爆破 $f < 20\mathrm{Hz}$;露天深孔爆破 $f = 10 ~ 60\mathrm{Hz}$;露天浅孔爆破 $f = 40 ~ 100\mathrm{Hz}$;地下深孔爆破 $f = 30 ~ 100\mathrm{Hz}$;地下浅孔爆破 $f = 60 ~ 300\mathrm{Hz}$。
    3. 爆破震动监测应同时测定质点振动相互垂直的三个分量。

在按表8-2选定安全允许质点振速时，应认真分析以下影响因素：

（1）选取建筑物安全允许质点振速时，应综合考虑建筑物的重要性、建筑质量、新旧程度、自振频率、地基条件等。

（2）省级以上（含省级）重点保护古建筑与古迹的安全允许质点振速，应经专家论证后选取，并报相应文物管理部门批准。

（3）选取隧道、巷道安全允许质点振速时，应综合考虑构筑物的重要性、围岩分类、支护状况、开挖跨度、埋深大小、爆源方向、周边环境等。

（4）对永久性岩石高边坡，应综合考虑边坡的重要性、边坡的初始稳定性、支护状况、开挖高度等。

（5）隧道和巷道的爆破震动控制点为距离爆源 10~15m 处；高边坡的爆破震动控制点为上一级马道的内侧坡脚。

（6）非挡水新浇大体积混凝土的安全允许质点振速按表8-2给出的上限值选取。

### 8.1.2.2 降低爆破震动效应的措施

为减小爆破震动的危害效应、控制爆破震动，对爆破震动进行准确的预报是关键的一步。爆破震动是与许多因素有关的一种随机参量，难以准确地预报。近年来，国内外学者对爆破震动的预报进行了大量的研究，一般认为，首先要进行爆破试验和地震波的测试，初步掌握各种爆破条件下爆破地震波的传播和衰减规律，结合理论分析探寻地震波的预报方法。目前单孔波形线形叠加法、神经网络模拟和计算机数值模拟等几种方法尚未普遍应用，广泛应用于工程实践的是经验公式法。经验公式虽不能反映爆破震动场的频谱构成及振动历程，但其形式简单，便于工程广泛应用。

大量实测表明，爆破震动强度与炸药量、爆心距、介质情况、地形条件和爆破方法等因素有关，用质点振动的峰值 $A$（速度、加速度）表示爆破震动强度，其经验公式为 $A = KQ^m R^n$。对此式按相似理论进行变形，对不同的爆破条件可得到相应的计算公式。在爆破工程设计中，可根据类似工程资料，用类比法定出其系数，但由于系数的离散度较大，其误差也较大。对于重大的爆破工程，力争在类似条件下进行爆破试验，并进行爆破地震波测试，对测试数据进行回归分析，计算回归系数，预报爆破地震效应，作为爆破设计、规划安全距离和采用防护措施的依据。预报的目的是为了控制和降低爆破地震的危害效应，在总结大量工程实践的基础上，分析爆破震动的破坏现象以及爆破震动三因素的危害作用，提出降低爆破地震效应的主要方法。

A 爆破地震对结构的危害效应

爆破地震对结构物的破坏程度如何，主要通过表面破坏现象，结合理论分析与实际监测数据来判断。而这也与建筑结构的类型、状况、材料的性质、抗震强度密切相关。

a 爆破震动引起工程结构的破坏现象

（1）承重结构强度不足造成的破坏。震动作用于结构物上，使其内力增加，而这往往改变其受力方式，导致强度不足而被破坏。如墙体出现裂缝，钢筋混凝土柱剪断，砖烟囱折断和错位，砖砌水塔筒身裂缝等。这一类破坏最为多见。

（2）由于节点强度不足、延性不够、锚固差、连接不好等使结构丧失整体性而造成的破坏。

（3）对于高大构筑物，由于地基承载能力的下降而使构筑物倾斜、倒塌而破坏。

b 爆破震动三因素的危害作用

地震波作用于结构物，其响应随振动强度增大而剧烈，易使结构破坏。爆破震动强度大小直接影响结构的响应情况，主导结构破坏程度。爆破震动频率也是一个不容忽视的重要因素，如果爆破产生的地震频率与附近构筑物自振频率接近或者一致，很可能引起构筑物剧烈振动甚至导致破坏。爆破震动持续时间的危害作用主要表现在结构反应进入非线性之后，强震时能量大，持续时间长，在强震初期结构反应超过弹性阶段后出现局部破坏，后续震动将使这些局部破坏进一步扩展，直至震动后期结构严重损伤甚至倒塌。如持续时间短，结构破坏过程尚未完成强震即终止，则结构产生轻度损伤。由于震动持续时间的增加，结构反应一旦超过弹性极限后还可能引起强度丧失，它主要表现在以下几点：

（1）对于线形体系，强震持续时间的增加将使震动与结构反应出现较大值的概率明显提高。

（2）对于无退化的非线形体系，震动持续时间使出现较大永久变形的概率提高。

（3）震动持续时间长的地震动破坏能力大，震动持续时间短的地震动破坏能力小。

c 爆破震动对结构物的累积损伤效应

单次爆破震动可能不会对结构造成明显损坏，但结构可能发生强度损失，在多次爆破后，震动对结构会有损伤叠加，导致结构在振动量允许范围内发生破坏。这主要与结构的性质及抗疲劳强度有关。单次震动中，对结构施加剪切应力，当应力较小为弹性变形，应力大则为塑性变形，水泥凝胶体以及混凝土中出现微裂缝，在以后的地震动作用下，微裂缝扩展并彼此贯通，产生剪摩滑移直至破坏。

B 降低爆破地震效应的主要方法

为了降低爆破地震效应，国内外进行了长期的探讨和研究。实践证明，采用以下技术措施可以降低爆破地震效应。

（1）限制一次起爆最大一段的用药量。爆破震动强度与一次起爆药量的关系就像天然地震的地震烈度与震级，药量减小，其他爆破条件相同，则在同一地点爆破震动强度可明显降低。

（2）采用微差爆破技术减震。在总药量相同的条件下，微差爆破比齐发爆破的振速可降低 30%~60%，降低程度视间隔时间、延发段数、爆破类型和爆破条件的不同而有差异。延期起爆间隔时间应满足各段爆破所形成的地震波主震相不会叠加的要求，最佳间隔时间在满足爆破效果的前提下，对于减震一般是越大越好。一般单孔单段爆破震动主震相持续时间约 100ms，对于多段微差爆破，随着距离的增大，不仅持续时间在变长，而且段间隔也在减小。在距离震源近时，两段的波峰相距较远，间隔明显，随着距离的增大，这种差距在减小，所以两段的间隔时间最好大于 100ms。

（3）减震沟、减震孔和预裂缝的减震。在爆源和被保护目标物之间开挖一定深度和宽度的堑沟，其深度应超过药包的高度，最好超过建（构）筑物基础的深度，这样的减震沟可明显地降低地震波强度。可在爆源和被保护目标物之间，采用预裂爆破，先炸出一条预裂缝，也会起到较好的减震作用；也可以钻一排或两排不装药的空孔——减震孔（其孔距要小），也可以有效地降低爆破地震波的强度。

减震沟或预裂带的减震作用主要通过爆源和被保护物体间的预裂孔隙面来实现。这一孔隙面垂直于地表，成为爆破地震波的一道屏障。爆破地震波的传播特征主要取决于介质

的波阻抗特性 $C_m$，当地震波到达不同介质分界面时，由于波阻抗特性 $C_m$ 的不同，地震波将发生反射和透射，所以在减震沟或预裂缝的后面震动强度得到降低。特别是由于地震波在自由面反射时，将不产生透射。但是减震沟或预裂缝总有一定的宽度、长度和深度的限制，地震波总能绕过它而继续传播，因此减震的范围是有限的。试验研究表明，震动强度降低的区域大小与减震沟或预裂带的深度和长度成正比，与爆源至减震沟或预裂缝的距离成反比；而裂隙的宽度影响不大。在减震沟或预裂缝相对爆源的另一侧，紧靠减震沟或预裂缝后面减震效果最为明显。实验研究表明，预裂缝的减震率约为 15%，减震沟的减震率可达 30% ~ 50%，但随着距离的增加，减震效果逐渐减弱。减震沟还可以改变地震波频率分布，分散主要频段的能量，有利于降低爆破地震效应。

（4）改变装药结构。在钻孔爆破中采用不耦合装药比耦合装药有明显的降低爆破地震效应的作用。在保证填塞长度和质量要求的前提下，采用分散装药比集中装药可降低爆破地震效应。随着不耦合系数的增大，药孔周壁上的切向最大应力急剧下降，作用时间延长，使得爆炸能以应力波形式传播能量的部分减少，而以准静态压力传播能量的部分增多。在岩石中有利于形成应力叠加、应力集中以及拉伸裂隙，而不易形成粉碎。由于药包产生的爆炸作用经过空气间隙的缓冲，在相同装药量下，不耦合装药爆炸产生的震动强度比耦合装药的要小。但这种减震方法的缺点是钻孔多、装药少，大大增加了工程的成本，因此该装药形式在预裂和光面爆破中较多采用，而在实际的开挖工程实践中采用不多。

（5）构造临空面减震。在被爆体周边开挖临空面可以有效地减震，如每增加一个临空面，其爆破地震危害可降低 10% ~ 15%。这是由于临空面（自由面）面积越大，岩石的夹制作用越小，越有利于爆破。也就是说，爆破同样体积的岩石，用药量将减少，即单位耗药量降低，因而起到减震作用。表 8-3 给出了炸药单位消耗量与自由面数目的关系。

表 8-3　炸药单位消耗量与自由面数目的关系

| 自由面数目 | 1 | 2 | 3 | 4 | 5 | 6 |
|---|---|---|---|---|---|---|
| 相对单位炸药消耗 | 1 | 0.8 | 0.6 | 0.5 | 0.4 | 0.25 |

在微差爆破中，采用适当的起爆顺序，先期起爆的装药为后继装药创造了一个新的自由面，同时在岩石中造成了一定的破坏，产生裂隙，这样减少了爆破时的夹制作用，降低炸药单耗、提高了爆破效果，也能起到减震作用。

（6）最小抵抗线方向的选择。由最小抵抗线原理可知，在最小抵抗线方向，由于临空面与装药中心之间的距离最短，介质质点受到的约束最小，不仅裂缝易于发展，而且压缩应力波首先到达并发生反射，使介质进一步破裂成碎块，爆炸气体也易于钻进裂缝推动碎块运动并分离，爆炸气体也从这个方向冲出。这样就使得爆炸能量中有更多的部分形成空气冲击波，而转化为地震波的能量相对减少，爆破地震强度随之减弱。在最小抵抗线方向上，爆破地震强度最小，反向最大，侧向居中，最小抵抗线方向又是抛掷的主导方向。从减震和控制飞石危害综合考虑，一般应使被保护目标物位于最小抵抗线的两侧位置上。

（7）控制传爆方向。控制传爆方向进行减震是指在爆破中将传爆的方向背向被保护的目标，以达到减震的目的。距被保护的目标近的装药先起爆，距被保护的目标远的装药后起爆，这样后爆装药产生的地震波将在已被破碎的岩石介质中传播。被破碎的岩石中有很多裂隙，整体性很差，一定程度上可阻碍应力波的传播，使目标所受的破坏得到减轻。反之，地震波不断得到叠加，将加重对被保护目标的破坏。

（8）控制单次爆破震动强度，减少炮次，减小累积效应。矿山开采、大型土石方爆破等工程，其特点是爆破量大、工期长、炮次多，在考虑爆破震动影响时，还应考虑震动的累积危害效应。根据被保护目标的抗震强度，首先应减小单次爆破震动的危害，控制震动量在安全范围之内，减小震动持续时间，使结构处于弹性响应阶段。在制定整个爆破方案时，根据实际情况尽可能减少炮次，避免结构重复加载卸载引起疲劳破坏。

（9）其他措施。根据工程具体情况，可选用低爆速炸药或静态破碎剂爆破减震；对于高大建筑物爆破拆除时的塌落冲击地面引起的地震效应，一般采用在倒塌范围内铺设缓冲材料（土、草袋等），或者合理安排爆破顺序，使先爆的部位落地后形成缓冲层，可起到缓冲作用，减小地震效应；结合爆破环境，在一定的场合下（如地下室、坑道内），可实施飞散爆破，利于减震；对于水下爆破可人工制造气泡帷幕减小水介质的冲击振动。在考虑采取降低爆破地震效应技术措施的同时，还必须注意被保护建（构）筑物位置对爆破地震强度的影响。一般情况下，低于爆源处建（构）筑物的抗震性能比高于爆源处的建（构）筑物要好得多。

合理利用自然地形地质条件（高程变化、堑沟、溶洞、断层和裂隙等），也能降低爆破地震效应。

## 8.2 瓦斯和煤尘工作面的爆破安全技术

### 8.2.1 炸药爆炸引起瓦斯和煤尘爆炸的原因

在煤矿和含瓦斯的隧道中，一般都有以瓦斯为主的可燃易爆气体和有爆炸危险的煤尘。进行爆破时的温度最低也接近 2000℃，是否可能引起瓦斯与煤尘爆炸，这是煤矿和含瓦斯隧道进行爆破时必须解决的重要问题。

炸药爆炸可能引起瓦斯与煤尘爆炸的因素主要有空气冲击波、炽热的固体颗粒和爆炸生成的高温气体。炸药爆炸引爆瓦斯的三种方式可各自单独或共同作用于瓦斯，但都可能引燃瓦斯。

（1）空气冲击波的点火作用。炸药爆炸后在隧道和井下空气中产生空气冲击波，空气冲击波的强度不同，对瓦斯的绝热压缩程度也不同。空气冲击波的强度越大，作用于瓦斯的温度越高，爆燃的可能性越大，若冲击波的作用时间大于瓦斯的诱导期，则瓦斯爆燃发生，反之则不会发生。

（2）炽热或燃烧着的固体颗粒的作用。混合炸药爆炸后或多或少会有产生或残留的固体颗粒，固体颗粒的多少与炸药的约束条件有关。在无约束条件下，粉状炸药平均有55%~60%的固体残渣，而胶质炸药约有 30%~40%的固体残渣，水胶等含水炸药的固体残渣较少，只有 15%~50%，这些固体残渣的大部分能通过 40 目筛（筛孔径0.425mm）。在炸药爆炸瞬间，固体颗粒可提供极大的热表面，某点的瓦斯与灼热颗粒的接触时间大于瓦斯的诱导期时，瓦斯爆燃就会发生。

此外，有一些炸药的爆炸产物对瓦斯有催化引燃作用，如粒状铵梯炸药中的硝酸铵，由于其分解温度低，分解产物中的氧化氮会急剧降低瓦斯的引燃温度和缩短诱导期。实验证明，在瓦斯试验容器中如有少量的硝酸铵晶粒存在，瓦斯引燃温度降低到 375～400℃，若使用的炸药爆炸不完全，而是发生一定程度的爆燃，那么就会有未分解的硝酸铵被喷射到瓦斯环境中，这就增加了瓦斯爆炸的可能性。

（3）气态爆炸产物的发火作用。气态爆炸产物在爆炸瞬间被加热到 1800～3000℃，超过瓦斯引燃温度的数倍，再加上气体间的均匀、充分接触，气体爆炸产物成为引燃瓦斯的主要方式之一。除爆炸产物的直接作用点火外，最有可能的是"二次火焰"点火。所谓"二次火焰"是爆炸产物中含有的可燃性气体 $CO$、$H_2$、$CH_4$、$NH_3$ 等与空气混合物在温度高于其爆燃温度时发生的自燃。如果是负氧平衡炸药，其爆炸后可生成可爆燃性气体；另外，如果炸药爆炸性能不良即炸药的使用感度较低，则会发生半爆或爆燃；再有，如果药卷的包装材料占有比例过高，也会使爆炸产物中的可燃性成分急剧增加。这些都将导致"二次火焰"发生率的大大增加。

爆破作业引起瓦斯发火的原因是十分复杂的，与空气成分、爆炸性气体的组成、冲击波的强度、固体颗粒的性质与数量、瓦斯诱导期等有关。一般认为，高温气态产物是引燃瓦斯的最危险因素。

爆破引起瓦斯爆炸是可以避免的。事实上，瓦斯爆炸需要同时具备三个条件：瓦斯浓度处于 5%～16% 爆炸的界限内；有足以能引爆瓦斯的火源；空气中氧含量大于 12%。当这三个条件有一个不能满足时，瓦斯爆炸就不会发生。

### 8.2.2　瓦斯工作面的爆破安全技术

瓦斯工作面的爆破安全技术包括：

（1）在瓦斯工作面放炮必须使用煤矿许用炸药。在煤矿许用炸药中，一定要含有消焰剂（食盐），用以降低爆温和阻断瓦斯爆炸反应。但消焰剂的掺量必须合适，掺量低了降温作用不明显，掺量高了又会恶化爆炸性能反而影响其安全性。煤矿许用炸药必须在试验巷道中进行引爆瓦斯的检验，按规定药量和装药方法放 5 炮，不能有一发引爆充入爆炸室（试验巷道的一部分）内含量为 9% 的瓦斯。如果有一炮引爆，就要加倍复试，复试应无一发引爆。煤矿许用雷管也必须在爆炸箱内对含量 9% 的瓦斯进行引爆试验。初试 25 发最多只能有一发引爆瓦斯。如果初试有 2 发引爆，复试的 25 发就不准再有一发引爆瓦斯，否则为不合格。

（2）炮孔必须进行良好的填塞，且填塞长度符合《爆破安全规程》的要求。

（3）放炮前应检查工作面附近 20m 的瓦斯浓度，超过 1% 不准放炮。

（4）必须使用煤矿许用瞬发电雷管或煤矿许用毫秒延期电雷管。

使用煤矿许用毫秒延期电雷管时，最后一段的延期时间不得超过 130ms。不同厂家生产的或不同品种的电雷管，不得掺混使用。不得使用导爆管或普通导爆索，严禁使用火雷管。

此外，严禁在 1 个工作面使用 2 台发爆器同时进行起爆。采用电爆网路时，必须采用串联方式，不得采用并联或串并联。

## 8.3 爆破测试技术

### 8.3.1 爆破测量内容与测试系统

#### 8.3.1.1 爆破测量内容和仪表

由于爆破过程的瞬态特性，爆破参数的测量有自身的特点。爆破测量的内容主要有：

（1）不同爆破方式及条件下爆炸荷载中的能量分布规律。

（2）土岩介质在爆炸荷载作用下的变形和物理力学特性的变化规律。

（3）爆破应力波在介质中的传播规律。

（4）结构物在爆炸荷载作用下的破坏形式及破坏规律。

爆破测试技术涉及诸多学科领域。测试技术的发展和诸多学科的发展水平有关，测量仪器生产技术的发展对测试技术的影响最大。目前常用的、比较成熟的爆破测试项目和采用的测量仪器有以下几类：

（1）爆破地震效应（质点振动速度、加速度、位移和振动频率），测量仪器为爆破震动参数测试仪。

（2）爆破空气冲击波（超压及速度），测量仪器为爆破空气冲击波参数测试仪。

（3）爆破作用下岩体应变测量（动态应变），测量仪器为动态应变测试仪。

（4）岩体爆破效应的声波测量，测量仪器为岩石声波参数测试仪。

（5）爆破噪声的测量，测量仪器为精密声级计。

（6）爆破块度分布规律观测，测量仪器为照相机等。

（7）爆破过程的高速摄影，测量仪器为高速摄影机。

#### 8.3.1.2 爆破测试系统

由于爆炸荷载在介质中的效应主要以力学量的方式反映出来（压力、应力、应变等），介质的各种反应也多以力学量的形式反映出来。由于爆破过程的瞬态变化特点，对其直接进行力学量的记录是很困难的，因而必须对测试量进行转换。一般均将其变为电学量，通过放大和远距离传输，而后进行记录和分析。测试的途径一是直接测出所需的各种量；二是测出介质对不同激励的反应，得出介质的"响应谱"，当已知爆炸荷载的作用特点时，就可得出测量结果。但是，当介质对荷载的反应不满足线性系统的要求或荷载的作用性质不清楚时，测试工作将变得相当困难。爆破过程大多面临着这一问题，目前多采用第一种测量途径。

常用的爆破测试系统可用图 8-1 表示。传感器是直接感受各种量测量的部分，它是将被测非电物理量按一定规律转换为电量的装置，是实现测量目的的首要环节和采集原始信息的关键器件。由于测试的具体内容及要求不同，采用的材料及转换方式不同，爆破测试中传感器种类很多。二次仪表的作用是对传感器输出的信号进行电学变换及放大，这个环节涉及的仪器种类也是很多的，常由传感器的类型而定。

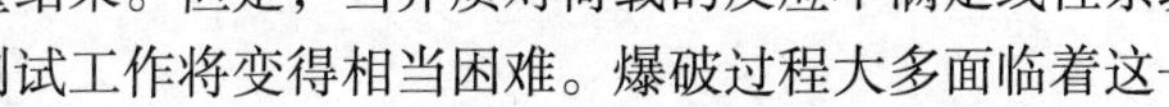

输入 ──→ 传感器 ──────→ 二次仪表 ──────→ 记录装置 ──数据处理──→

图 8-1 爆破测试系统框图

记录装置能将信号变为人们感官所能接受的形式，以便于观察分析和记录保存。有的记录装置本身就是数据处理中的一个环节，普遍应用计算机进行数据记录和处理。

### 8.3.1.3 测试系统的特性要求

**A 静态特性**

静态是指被测量不随时间变化，或随时间变化非常缓慢的状态。测试系统的静态特性是指被测量处于稳定状态时测量系统的输出与输入的关系，通常用非线性、回程误差和灵敏度等指标来表征。

（1）非线性。一个理想的测量系统（没有迟滞和蠕变效应的情况）其静态特性可用一个多项式表示。大多数情况下，实际的输出与输入关系都是非理想情况，实际输出与输入的关系曲线（由实验所得的标定曲线）与拟合直线（或称参考直线）之间存在一定的关系。非线性采用标定曲线与拟合直线之间的最大偏差 $B$ 与全量程输出范围 $A$ 之比的百分数表示，即

$$非线性 = \frac{B}{A} \times 100\% \tag{8-4}$$

（2）回程误差。回程误差也叫滞后，理想测量系统的输出与输入有完全单调的一一对应关系，而实际测试中有时会出现同一个输入量却对应有多个不同输出量的情况。在同样的测试条件下，定义全量程范围内当输入量由小增大或由大减小时，同一个输入量所得到的两个数值不同的输出量和理想值之间差值的最大者与满量程输出值之比为回程误差或滞后量。

（3）灵敏度。灵敏度是指测量系统在静态条件下输出量的变化量 $\Delta y$ 与输入量的变化量 $\Delta x$ 的比值，灵敏度 $k$ 表示为

$$k = \frac{\Delta y}{\Delta x} \tag{8-5}$$

线性系统，灵敏度为该直线的斜率，是一常数；非线性系统，灵敏度随输入量的变化而变化。实际测试中，在被测量不变的情况下，由于外界环境条件等因素的变化，也可能引起系统输出的变化，最后会使灵敏度变化。例如温度引起电测仪器中电子元件参数的变化或被测部件尺寸和材料特性的变化等，由此引起的系统灵敏度的变化称为"灵敏度漂移"，常以输入不变情况下每小时内输出的变化量来衡量。

**B 动态特性**

为了测量迅速变化的物理量，对测试系统的动态特性必须有严格的要求。如果忽视测试系统的动态特性，就可能对其测试结果造成严重误差，甚至使测试工作失败。例如，如果用反应迟缓的传感器、记录速度非常低的记录仪器测量和记录快速变化的物理量（如爆破冲击波、冲击加速度等），所得结果是没有任何意义的。因为这些装置的动态特性跟不上，不能适应被测物理量快速变化的要求，导致数据失真。

所谓动态特性，是指测试系统的响应与动态激励之间的函数关系。一般来说，大部分模拟式仪表的动态特性都可用微分方程或传递函数来描述，从具体测试装置的物理结构出发，根据相应的物理定律，建立包括输入量和输出量在内的运动微分方程，而后在给定初始条件下求解，便可得到输入 $x(t)$ 激励下，测试系统的响应 $y(t)$。

在实践中，大多采用试验方法来研究分析测试系统的动态特性。根据实际的测试装

置，选择一个合适的信号（最基本的正弦信号）作为其输入，然后测出它的响应，利用激励及其响应来对系统的动态特性作出分析和评价。

动态特性可以用单位阶跃信号（其初始条件为零）为输入信号时输出量 $y(t)$ 的变化曲线来表示。表征动态特性的主要指标为上升时间、响应时间和超调量。上升时间是响应曲线从它终值的 10% 上升到终值的 90% 所需要的时间。响应时间是响应曲线达到并保持在响应曲线终值允许的误差范围内所需的时间，该误差范围通常规定为终值的 ±5%。超调量是输出的最大值与响应曲线终值的差值对终值之比的百分数。

爆破是快速变化的过程，故要求测试系统的组成仪器响应要快且稳定性好。而每种仪器只能在一定的频率范围内工作，在这一范围内仪器对输入信号的响应是一致的。输出信号仅与输入信号的大小有关，与频率无关。

### 8.3.2 爆破应力波与地震波参数测量

#### 8.3.2.1 应力波参数测量

**A 动态应变测试系统**

图 8-2 为常用的动态应变测量及分析系统方框图。应变计作为传感元件把被测试件的应变变化转换成电阻变化，动态或超动态应变仪的电桥电路将电阻变化转变成电压信号，并经放大、检波、滤波后输入记录分析仪器中进行记录、显示或分析。

图 8-2 动态应变测量及分析系统方框图

a 应变计的选择

选择应变计应着重考虑应变计的频率响应特性。影响应变计频率响应的主要因素是应变计的栅长和应变波在被测物材料中的传播速度。

设应变计的栅长为 $L$，应变波波长为 $\lambda$，测量相对误差为 $\varepsilon$。当 $L/\lambda = 1/10$ 时，$\varepsilon = 1.62$；当 $L/A = 1/20$ 时，$\varepsilon = 0.52$。说明应变计栅长与应变波波长之比 $L/\lambda$ 越小，相对误差越小。当选用的应变计栅长为被测应变波波长的 $1/20 \sim 1/10$ 时，测量误差将小于 2%。一定栅长的应变计可以测量动态应变的最高频率 $f$ 与应变波在被测物材料中的传播速度 $v$ 有关，即 $\lambda = \dfrac{v}{f}$。若取 $\dfrac{L}{\lambda} = \dfrac{1}{20}$，则可测的动态应变的最高频率 $f$ 为

$$f = 0.05 \frac{v}{L} \tag{8-6}$$

在选择应变计时，还必须考虑应变梯度和应变范围。

b 应变仪的选择

动态应变仪是测量系统的核心部分。它将应变片的电阻变化信号转换成电压信号并进行放大，然后传递给记录显示仪器。它主要有三大部分，即同步触发部分、信号转换及放大部分和应变标定部分。

动态应变仪的工作频率和测量范围主要根据被测应变梯度和应变范围来选择。而仪器

的线数或通道数根据需测点数来确定，精度则按工程测量的要求来确定。

c 记录分析仪器的选择

目前动态应变测试中选用的记录仪器比以前先进得多，国内有许多厂家生产此类仪器。选用记录分析仪器，除考虑频率响应外，还须考虑测试环境。

d 滤波器的选择

滤波器主要根据测试的目的选定。当只需测定低于某一频率的谐波分量时，可配用相应截止频率的低通滤波器；当仅需测量动态应变中某一频带的谐波分量时，可配用相应的带通滤波器；当对记录应变波形的频率结构没有什么特定要求时，可以不用滤波器。

B 测试方法

进行岩石表面爆破动应变测量时，只需将应变计直接粘贴于所测物体的表面即可。煤岩内部的动应变测量的方法有两种：一是从钻孔中取回岩芯进行加工处理成岩块，在岩块上贴上应变计，然后再回填于岩体中；二是模拟岩石的物理力学性质，制作应变砖，然后回填到所测岩体中。后一种方法的优点是应变砖的材料可以进行人工调配，应变计的防潮性能比较好，绝缘电阻可以保证在 500MΩ 以上。

C 应注意问题

(1) 导线。现场测试时，应变砖往往要埋置在岩体很深的位置，爆破时冲击波有可能同时作用于应变砖及导线，导线受到应力波的作用将会引起虚假信号。为了防止这种现象，可在导线上加一橡胶管或小型钢管，使导线有一缓冲层。应变片中引线较多，必须合理布线，避免形成引线集中成束而出现空隙，破坏介质的连续性，影响应力波传递，造成应变砖受力不均。引线和导线接头必须采取防潮措施，简易又可靠的办法是用绝缘胶布包好后，涂上 502 胶或 914 胶。

(2) 补偿片的防护。有时工作片和补偿片不能同时安置在一起，因此要保护好补偿片。可用砂、海绵隔振，但这些材料只能隔离高频，对低频效果欠佳。另外还必须避免冲击波先作用到补偿片上。

(3) 仪器间的干扰。多台应变仪同时工作时，各台应变仪实际载波频率不完全相同也会产生仪器间干扰。例如，当两台标称载波频率同为 10kHz 的动态应变仪同时进行测量时，实际上总有一定的频差 $\Delta f$，这个频差值可达数赫兹至数百赫兹。由于测量导线间的耦合，$\Delta f$ 可以顺利地通过应变仪的低通滤波器，从而造成一个固定的频串干扰。

要抑制仪器间的干扰，必须使各应变仪载波频率同步，一般应变仪都存在这样的接线端子和连接器。但同步的应变仪台数不宜过多。如果同时使用的应变仪很多，可将应变仪分组，每组应变仪同步。同步线要尽量短，尽量避免与电源线平行布线，将各组测量导线隔离开。

不管哪一种干扰，如果确定了干扰源，最好的抑制办法是将干扰源屏蔽、接地等。

8.3.2.2 爆破地震波参数测量

炸药在岩土等固体介质中爆炸时，一部分能量转换为地震波，经过介质而达到地表引起地震动，产生爆破地震效应。爆破地震波参数测量就是针对爆破震动参数的测量。

A 爆破震动测试的主要内容

爆破震动测试主要包括两个方面的内容：一是研究爆破过程地震波的衰减规律，地质构造及地形条件对它的影响，地震波参数和爆破方式的关系；二是研究建（构）筑物对于爆破震动的响应特征，以及这一响应特性和爆破方式、建（构）筑物结构特点的关系。

在测量方法上两者有相同或相似之处，但对振动的分析和对数据处理的要求方面则不完全相同。爆破震动测试的内容包括质点振动位移测试、质点振动速度或者加速度的测试、建筑物的反应谱测试等。工程上应用最多的是振动速度测试。

B  爆破震动测试方法

目前，爆破震动测试多采用电测法，其原理是利用敏感元件在磁场中的相对运动，产生与振动成一定比例关系的电信号，经过二次仪表和记录装置得到振动信号。按所测物理量的不同，传感器有位移计、速度计、加速度计。按传感器量程大小可分为强震仪、中强震及弱震仪。在结构反应谱测试中，目前采用的位移反应谱振动测定仪，实质上是机械多摆仪的改进形式。整个测试系统包括三个环节，即感受振动并输出信号的传感器（拾振器）、信号放大（或微分、积分）的二次仪表和记录装置。

目前，爆破震动参数测量仪器的研制发展很快，测量精度和对环境的适应性越来越高。现在的振动记录仪可以对地震波信号进行记录存储，实现数据分析、结果输出、显示、打印数据，其结构轻巧、紧凑。它直接与压力、速度、加速度等各种传感器相连，并将模拟量转换为数字量进行存储，最后和计算机通信，由计算机显示波形，并对波形的各种特征参数及测试结果的表格进行显示、存盘和打印等。

现场测试时，采用爆破震动记录仪，只需将传感器和仪器共同放置于振动测试点，爆破后将仪器收回，用专用数据线与计算机相连便可读出整个爆破过程的振动信号，并对其进行分析处理，给出测试报告。

C  测点布置

在爆破震动测试中，测点布置工作非常重要，它直接影响爆破震动测试效果及观测数据的应用价值，不同的观测目的有不同的测试方案。测试方案确定后，便应在现场勘察，了解场地的地质、地形、地貌、附近建筑物的特征、围岩和边坡稳定条件，然后选定测点数目和测点位置，测点数目过少，观测数据没有说服力，或使描述的现象精度很低；测点数目过多，则所需仪器数量及测试工作量大。如果测点布置不当，即使测点数目很多，观测数据应用价值也不大。

确定测点数目及测点位置主要根据测试的目的和现场条件等因素进行。如研究爆破地震波的传播规律，通常是沿爆源中心的径向或环向布置一条或几条测线。在径向，地震波的强度随距离的增加按指数规律衰减，测点距离应按对数关系布置。测点应在同一地层或基岩上，每一测点最好能同时测三个互相垂直方向的量。而当监测振动对隧道等结构物的影响时，测点应围绕这些特殊的地质构造和地形来布置。

D  传感器的安装

（1）测点的坐标要准确，测量的矢量方向要可靠，特别是安放传感器的位置，要能真实地反映被测对象的振动特征。

（2）传感器与被测物间的连接要牢固，避免在振动过程中两者发生相对运动。振动强度中等时，当拾振器的质量大于 0.5g 时，通常利用其自重置于平整坚实的基础上。振动强度大，拾振器轻时，可采用黏结法、螺钉固定法和埋入法安放。采用埋入法时，要对传感器做密封防潮处理；采用螺钉固定时，螺钉要短而固定牢靠，避免其过长和松动带来的二次振动。测试基岩振动时，要清除表土和风化破碎层；测试土中振动时，要在土中浇筑一个深度不大且有一定支承面积的混凝土平台，将传感器安置其上。对于振动量级小的地点，这一措施会使土中振动波的传播条件变化，为此可用胶泥涂在传感器底部，在土坡表面移动几次后压牢，即可使用。

（3）加速度测试时，在高频大量程的测点处安装传感器，除用螺栓紧固外，在传感器与基础接触面处需涂上快干胶加固，同时安装方向要注意减少横向效应的影响。

E 抗干扰措施

利用压电加速度计进行测试时，消除噪声干扰是突出的问题，使用低噪声电缆是首先应该考虑的措施。使用这种电缆，必须注意电缆的安装，弯曲、缠绕及大幅度晃动会引起噪声电压加大，所以必须要固定牢固，可使用专用夹子或用胶布粘住，同时一定要注意电缆和传感器的连接处，接插件接触要良好，使其不做相对运动，而且一定要做好密封防潮处理。在环境复杂的情况下，有时在不改变振动状况的条件下，利用合适的绝缘材料使传感器与地绝缘，绝缘电阻要大于10MΩ。为避免气象条件及系统本身的变化，条件允许时，最好进行爆前现场标定。对于加速度计，可使用加速度校准仪，这种方法可减少环境变化所引入的干扰，减少测试误差。

### 8.3.3 爆破空气冲击波参数测量

冲击波的特征参数主要有：峰值超压 $\Delta p_m$ 或峰值压力 $p_m$，比冲量 $I_+$ 和正相作用时间 $t_+$。完整地测量并记录冲击波 $p(t)$ 曲线，对于研究冲击波的特征来说是很有必要的。但是，要直接、完整、精确地测量和记录 $p(t)$ 曲线是很难的，一般情况只需了解峰值压力。峰值压力可直接测量，也可以通过测量冲击波的速度 $D$，经式（8-7）换算获得

$$D = 340 \sqrt{1 + 0.83 \frac{\Delta p}{p_0}} \tag{8-7}$$

式中  $\Delta p$——爆破空气冲击波超压，Pa；

  $p_0$——空气的初始压力值，Pa。

#### 8.3.3.1 爆破空气冲击波压力测量系统

常用的爆破空气冲击波压力测量系统为多通道调制型应变仪组成的应变式压力测量系统，如图8-3所示。

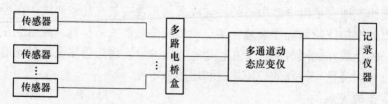

图8-3 多通道应变式压力测量系统

#### 8.3.3.2 测量中的技术问题

为了获得可靠的测量结果，除了正确地选择和使用测试仪器设备，设计合理的测量系统外，还应注重有关测量中的技术问题，以减少人为的测量误差。

（1）传感器的现场安装。在自由场冲击波压力测量中，传感器及其安装支架应设计加工成流线型，并使其轴线沿着冲击波的传播方向，且指向爆心。定位支架和安装件的几

何尺寸在满足一定刚度要求的情况下，应尽可能的小（远小于被测冲击波的波长），以使所测的流场在传感器及支架加入后发生的畸变最小。

无论是自由场压力测量还是反射压力测量，传感器安装时都要有减振措施，防止地震波或安装支架的振动传递到传感器上，产生一个虚假的振动信号。解决的方法是在压力传感器和安装夹具之间设置一个减振橡胶套或垫圈。

（2）传输电缆的选择。使用应变式压力传感器时，为了减少外界的干扰，避免因长距离的传输后，电缆参数不对称和应变电桥平衡很难调整的问题，传感器与应变仪之间的连接导线应采用对称性比较好的四芯电缆，最好采用带金属屏蔽的电缆，切忌使用型号不同的二芯电缆来代替四芯电缆。

由于在冲击波作用下，电缆内外芯的摩擦将出现静电电荷（即电缆效应）。使用压电式压力传感器时，传感器与放大器之间应采用低噪声电缆，以降低电缆效应带来的附加误差。

（3）传输电缆的防振与防护。现场测量中，在使用应变式压力传感器测量系统时，传输电缆在野外应挖沟铺设（沟内最好设有防振措施，以避免爆破地震效应引入的附加误差），然后覆盖，以避免爆破产生的碎片和飞石对电缆造成破坏。

在使用压电式压力传感器测量系统时，为了把电缆效应降低到最低值，并避免冲击波对电缆造成破坏，爆破测量时，应开挖临时电缆沟，电缆在沟内悬浮敷设，电缆沟上设置盖板，并在沟底铺设一层松土或砂，如有条件，沟内可铺设隔振材料。电缆敷设好之后再用松土覆盖（或加盖草袋等防护物），切忌在地面直接敷设电缆或将传输电缆架空安置。

### 8.3.4  高速摄影测量

应变电测法在动态应变测量上有很大的实用价值，但是它只能获得少数几个点的信息，在许多动态问题的研究中常常显得不足。随着科学技术的发展，人们一直在积极探索应用光测力学方法将瞬态多变的图像记录下来。高速摄影正是在不断改进中发展起来的。它的显著特点是能直观地再现运动物体的变化过程，属非接触性观察，不受电和磁场的影响。

在爆破工程中，对爆破过程进行高速摄像观测，可以为寻求爆破时岩体表面的运动规律、研究爆破破岩机理、研究爆轰气体外泄过程、确定爆破参数和提高爆破效果等提供有效的依据。

利用高速摄像机来观测整个爆破过程，再利用高速摄像机的回放功能，清晰地再现岩体爆破的全过程，可以得到丰富的爆破信息，例如，炮孔中炸药的起爆时间、岩石移动的开始时间、堵塞物喷出速度、岩层隆起和抛掷的方向和速度、抛掷体飞行的总时间、岩块的抛掷范围，等等。根据高速摄像采集到的这些资料，再结合实际的爆破设计和穿孔、装药、堵塞等相关资料，可以开展爆破过程分析和爆破效果评价等。

目前已有各种类型和各种拍摄幅率的高速摄影机可供选用。如按其工作原理来分，有胶片断续运动和连续运动的，有分幅摄影和不分幅（狭缝扫描）摄影的。如按拍摄幅率来分，有普通摄影（幅率小于 $10^2$ 幅/s）、快速摄影（幅率为 $10^2 \sim 10^3$ 幅/s）、次高速摄影（幅率为 $10^3 \sim 4 \times 10^4$ 幅/s）和高速摄影（幅率大于 $4 \times 10^4$ 幅/s）。

在岩石爆破测量中常用的高速摄影机有间歇式高速摄影机、光学补偿式高速摄影机和转镜式高速摄影机等几种主要类型，它们都具有连续高速摄影功能。高速摄影机的一般参数有焦距、相对孔径（光圈）、视场角和摄影分辨率等。爆破过程高速摄像技术主要包括拍摄范围、分辨率、拍摄时间和拍摄频率的确定、摄影机同步的方法，如果是室内模型实验则还有照明问题，高速摄像研究最后的步骤就是进行摄像结果的分析。

高速摄影在爆破测量中的应用主要有以下几方面：

（1）介质表面运动规律的高速摄影测量。爆破导致的介质表面的鼓包运动，其速度一般在每秒十几米到几十米的范围内，通常采用便携式的中高速摄影机，拍摄频率为1000～3000幅/s。在拍摄介质表面运动规律时，首先应选择摄影的位置，一般应布置在爆破飞石安全距离以外。拍摄台阶爆破台阶面抛体运动时，应使拍摄方向与抛掷方向相垂直。拍摄中通常要设静标志和动标志，静标志设在爆破区以外，拍摄正视场中，做上明显的距离标志，用比例尺来判读底片上目标体的运动；动标志设在爆破区中心，表面运动通过动标志的运动可较清楚地识别和判读。一般摄影机距爆源较远，通常应选用望远镜头。

在拍摄前，选择恰当的摄影参数是很重要的，光圈的选择应根据现场的自然光条件和经验，应考虑爆破运动体的空间深度和成像比例。为了保证一定空间深度内爆破运动体的清晰度，需要有较大的景深，应选用较大的光圈并相应增加被拍摄目标的照度，但光圈过大虽能增大成像的空间深度，而物镜的分辨率则会因此减少。

拍摄频率选择要以爆破表面运动的最大估计速度为主要依据，常用的光学补偿式高速摄影机在整个画幅上的分辨率为30～50线对/mm，在曝光时间内运动物体在焦平面上因成像移动导致的模糊量为0.02～0.03mm。另外，拍摄频率的确定还应考虑爆破表面的运动周期，根据表面运动的周期和需要拍摄的幅数可估计出应选择的拍摄频率。若预计表面运动周期是$100\mu s$，而设计有效幅数为100幅，则拍摄频率应选择1000幅/s以上的档次。

通过对台阶爆破进行高速摄像观测，可以为研究岩体表面运动规律、爆轰气体产物外泄过程、爆破破碎机理、改进爆破技术、提高爆破效果和确定爆破参数等提供有效依据。摄像技术用于观测台阶爆破的具体内容有：各炮孔的起爆时间、爆轰气体产物的泄漏时间、起爆网路的拒爆观测、岩石运动速度规律观测、爆破鼓包发展过程观测、岩体位移观测等。

（2）高速摄影法拍摄爆炸裂纹的扩展过程。高速摄影法还可用于拍摄爆破裂纹的扩展过程，但只能在实验室利用更高拍摄频率和精度的摄影机，多采用转镜分幅式高速摄影机，其拍摄频率可在5万～250万幅/s范围内连续调整。

拍摄频率应根据裂纹的扩展速度和允许现象在底片上产生的最大位移量来估选。对于转镜式高速摄影，应满足

$$f > \frac{v_c}{\beta\delta} \tag{8-8}$$

式中　$v_c$——预计裂纹的最大扩展速度；

$\beta$——物像比；

$\delta$——允许在底片上产生的最大位移量。

由于裂纹扩展过程中，裂纹尖端的实际宽度很小，因此，需要改变系统焦距，缩小物像比例和摄影视场，整体上提高裂纹在底片上的分辨能力。实际应用中常采用加接短焦距光圈的办法，使摄影系统焦距变短，通过调整物距，使摄影视场缩小到50mm×50mm，

物像比达到 5，这从整体上改进了对裂纹尖端的分辨能力，能基本满足拍摄裂纹扩展过程的需要。

拍摄裂纹扩展过程通常需要辅加光源。高速摄影中常用光源有连续光源、脉冲闪光光源、激光光源和爆炸光源四种，裂纹扩展是瞬态发展过程，选用脉冲闪光增强光源较为合适。

肖正学、张志呈、郭学彬等进行了断裂控制爆破裂纹扩展的高速摄影试验研究，通过对不同材质爆破模型的爆破高速摄影试验的观察和分析，揭示了在不同爆破方法下裂纹扩展的基本规律：1）耦合装药结构的裂纹发展快，裂纹起始和最终裂纹条数多，炮孔周边破坏严重；2）不同材质的模型，其起裂时间、扩展时间等均不一样，一般均质硬岩裂纹发展较快，石膏、水泥等模型裂纹发展较慢；3）从脆性的固体介质断裂破坏过程中可见，裂纹扩展大致可分为三个阶段，即初始断裂、稳定扩展阶段、非稳定扩展阶段。伴随着次生裂纹和枝裂纹的迅速出现，模型立即发生最终破坏。最终破坏的形式不尽相同，但多数模型特别是所有断裂控制爆破的方法均直接由主裂纹的扩展导致最终破裂。

（3）扫描高速摄影法测量炸药的爆轰速度。应用扫描摄影法测量爆轰速度对于了解炸药的爆轰性能及爆轰稳定过程有其他方法无法比拟的优点，但由于测试过程和使用设备的特殊要求，一般只能在实验室内进行。这种测试方法与电测法不同，扫描摄影拍摄到的是爆轰波阵面的运动轨迹，反映爆轰波阵面的连续位移过程，通过波迹线的斜率求出即时速度。当爆轰稳定时，爆速为常数；当爆轰不稳定时，波迹线为曲线，爆速连续变化。

### 8.3.5 测量数据处理与分析

数据处理过程，实质上是从测试波形中提取有用信息的过程。有效地表示被测变量之间的关系，揭示事物之间的内部联系，用数学公式表示是最理想的方法。而数学表达式的建立通常采用回归分析法。

爆破测试中各物理参量之间的相互依赖关系一般分为两类，其一是函数关系，即各参数通过确定的数学方程式相联系；其二是相关关系，即各参数之间既存在着密切联系，但又因各种随机因素干扰，而无法用数学方法表示。

#### 8.3.5.1 爆破测量中常采用的经验公式类型

常见的经验公式有直线、抛物线、双曲线、指数曲线和对数曲线等公式。具体如下：

直线方程：$y = kx + b$；$y = kx$。

抛物线方程：$y = kx^a$；$y = kx^a + b$；$y = mx^2 + kx + b$。

双曲线方程：$(x + a)(y + b) = c$；$y = \dfrac{b}{x + a}$。

指数曲线方程：$y = ac^x + b$；$y = ac^x + kx + b$。

对数曲线方程：$y = \lg_a x$。

上述经验公式中，最简单的是直线方程。在可能的情况下，应尽量将试验公式处理成直线方程式。建立经验公式的方法步骤有：

（1）根据测量情况，选择经验公式的类型，写出含有常数 $m$、$k$、$b$ 的函数。

（2）将试验数据代入，求出待定常数 $m$、$k$、$b$ 的值，再代回经验公式得到所求公式。

（3）检验所得的经验公式对于原始测量数值的合适程度。常用相关系数法、方差分析法进行线性回归的显著性检验。

### 8.3.5.2 最小二乘法

设有一组测量数据，包括许多对 $x_i$、$y_i$ 的值（$i=1$，$2$，$\cdots$，$n$），可以表示成 $\hat{y}=kx+b$ 的一元回归方程。可以用最小二乘法来确定其中的系数和常数 $k$、$b$。

选自变量为 $x_i$，与其相对应的因变量 $y_i=kx_i+b$ 时，由于测量的误差和公式的相似值，其回归值 $\hat{y}_i$ 与对应的测量值 $y_i$ 之间会存在一定的偏差，即 $y_i-\hat{y}_i=r_i$，称 $r_i$ 为剩余误差。$|r_i|$ 值越小，则测量值与回归值越接近，说明测量越精确，故

$$r_i = y_i - \hat{y}_i = y_i - kx_i - b \tag{8-9}$$

设

$$Q = \sum_{i=1}^{n} r_i^2 = \sum_{i=1}^{n} \left[ y_i - (kx_i + b) \right]^2 \tag{8-10}$$

若要剩余误差的平方和最小，则其必要条件是

$$\frac{\partial Q}{\partial k} = 0, \quad \frac{\partial Q}{\partial b} = 0 \tag{8-11}$$

解得

$$\sum y_i = k \sum x_i + nb$$
$$\sum x_i y_i = k \sum x_i^2 + b \sum x_i$$

则

$$b = \left( \sum x_i y_i \sum x_i - \sum y_i \sum x_i^2 \right) \Big/ \left[ \left( \sum x_i \right)^2 - n \sum x_i^2 \right]$$
$$k = \left( \sum x_i y_i - n \sum x_i y_i \right) \Big/ \left[ \left( \sum x_i \right)^2 - n \sum x_i^2 \right] \tag{8-12}$$

同理，用最小二乘法，也可求解 $m$、$k$、$b$ 三个常数。当然，此时需要解联立方程组。用同样的方法，可求多个常数。

### 8.3.5.3 回归分析

为了揭示和描述变量之间的相互关系，对大量爆破测试数据进行分析处理，最终找到一个比较符合事物内在规律的数学表达式。这一数学方法，就称为回归分析方法。

若研究两个变量之间的相互关系，称为一元回归分析；研究两个以上变量之间的相关关系，则称为多元回归分析。若两个变量之间的关系是线性的，就叫做一元线性回归；反之，若不是线性关系，则称之为一元非线性回归。用回归分析方法确定的各变量之间的关系式称为回归方程，回归方程中所得系数叫做回归系数。

对测试数据进行回归分析，有两个问题需要解决。一是确定回归方程式的类型；二是确定回归系数及常数项。回归分析是以最小二乘法为基础，所以确定回归方程，首先应考虑用最小二乘法。

确定回归方程类型一般来说是不容易的。应根据专业知识从理论上进行分析推导，并结合实践经验以及试验数据的统计分析予以选择。主要步骤如下：

（1）初步判断回归方程类型。常用作图法、绝对差法和分组法求其回归方程式。

（2）对线性回归进行检验。常用的方法有相关系数法和方差分析法。

（3）对回归方程的精度进行评定。通常用回归方程的剩余标准误差进行评定。当误

差越小时，表示回归方程对测试数据拟合得越好。该方法适用于一元非线性回归分析、多元线性回归分析以及多元非线性回归分析等。

对于非线性回归问题，还可以通过适当的变量转换化为线性回归问题。常用变量转换法和多项式拟合法将非线性曲线方程转化为线性方程，将多元回归问题转化为一元回归问题，使许多实际复杂问题容易得到圆满解决。所以在回归分析中，一元线性回归分析是最基本的，也是最常用的方法。回归方程一般只适用于原来测量数据所涉及的范围，如果没有可靠的依据，则不能任意扩大回归方程的应用范围。

# 参 考 文 献

[1] 于亚伦. 工程爆破理论与技术 [M]. 北京: 冶金工业出版社, 2004.

[2] 杨小林. 地下工程爆破 [M]. 武汉: 武汉理工大学出版社, 2009.

[3] 肖汉甫, 吴立, 陈刚, 等. 实用爆破技术 [M]. 武汉: 中国地质大学出版社, 2009.

[4] 高全臣, 张金泉. 煤矿爆破实用手册 [M]. 北京: 煤炭工业出版社, 2008.

[5] 张志毅, 王中黔. 交通土建工程爆破工程师手册 [M]. 北京: 人民交通出版社, 2002.

[6] 龙维祺. 特种爆破技术 [M]. 北京: 冶金工业出版社, 1993.

[7] 亨利奇 (HENRYCH J). 爆炸动力学及其应用 [M]. 熊建国, 译. 北京: 科学出版社, 1987.

[8] 赵福兴. 控制爆破工程学 [M]. 西安: 西安交通大学出版社, 1988.

[9] 《露天大爆破》编写组. 露天大爆破 [M]. 北京: 冶金工业出版社, 1979.

[10] 张志呈. 定向断裂控制爆破 [M]. 重庆: 重庆出版社, 2005.

[11] 戴俊. 岩石动力学特性与爆破理论 [M]. 北京: 冶金工业出版社, 2002.

[12] 李翼祺, 马素贞. 爆炸力学 [M]. 北京: 科学出版社, 1992.

[13] 张正宇, 张文煊, 吴新霞, 等. 现代水利水电工程爆破 [M]. 北京: 中国水利水电出版社, 2003.

[14] 汪旭光, 郑炳旭, 宋锦泉, 等. 中国爆破技术现状与发展 [C] //中国工程爆破新技术Ⅲ. 北京: 冶金工业出版社, 2012.

[15] 高荫桐, 刘殿中. 试论中国工程爆破行业的发展趋势 [J]. 工程爆破, 2010, 16 (4): 1~4.

[16] 汪旭光. 爆破器材与工程爆破新进展 [J]. 中国工程科学, 2002, 4 (4): 36~40.

[17] 中国爆破网. http: //124. 172. 232. 84: 7001.

[18] 任晓雪. 国外工业炸药的研究与发展 [J]. 火炸药学报, 2011, 34 (5): 50~53.

[19] 陆明, 吕春绪. 膨化硝铵炸药的性能及其在爆破工程中的应用 [J]. 爆破, 2004, 21 (3): 105~107.

[20] 肖辉, 杨旭升. 硝酸铵炸药的技术进展 [J]. 爆破, 2011, 28 (4): 93~96.

[21] 宋敬埔, 吴红梅. 我国乳化炸药的研究近况及发展建议 [J]. 爆破器材, 2003, 32 (4): 6~10.

[22] 陆明. 高性能粉状硝酸铵炸药研究 [J]. 爆破器材, 2007, 36 (6): 9~11.

[23] 姚桂勋. BCJ现场混装乳化炸药车的应用 [J]. 矿业快报, 2006 (12): 65~67.

[24] 熊代余, 李国仲, 史良文, 等. BCJ系列乳化炸药现场混装车的研制与应用 [J]. 爆破器材, 2000, 33 (6): 12~16.

[25] 龚兵, 熊代余, 李国仲, 等. BCJ多功能装药车的研究与应用 [J]. 爆破器材, 2010, 39 (3): 12~14.

[26] 臧怀壮, 李鑫, 李国仲, 等. 地下矿山炸药装药车现状与智能化发展 [J]. 矿冶, 2012, 21 (4): 4~16.

[27] 汪旭光, 沈立晋. 工业雷管技术的现状和发展 [J]. 工程爆破, 2003, 9 (3): 52~57.

[28] 高铭, 李勇, 滕威. 电子雷管及其起爆系统评述 [J]. 煤矿爆破, 2006 (3): 23~26.

[29] 吕春绪. 膨化硝铵炸药标准化研究 [J]. 国防技术基础, 2008 (9): 13~17.

[30] 邱位东. 工业炸药现场混装技术的发展现状与新进展 [J]. 科技创新导报, 2013 (10): 96~97.

[31] 丁伟兴, 姬月萍, 吴腾芳, 等. 液体炸药的发展及现状 [J]. 爆破器材, 2010, 39 (1): 32~36.

[32] 陈建平, 高文学, 陶连金. 爆破工程地质控制论 [J]. 工程地质学报, 2006, 14 (5): 616~619.

[33] 付天光, 张家权, 葛勇, 等. 逐孔起爆微差爆破技术的研究和实践 [J]. 工程爆破, 2006, 12 (2): 28~31.

[34] 张志呈, 熊文, 峇曼卿. 浅谈逐孔起爆技术时间间隔的选取 [J]. 爆破, 2011, 28 (2): 45~48.

[35] 施建俊, 汪旭光, 魏华, 等. 逐孔起爆技术及其应用 [J]. 黄金, 2006 (4): 25~28.

［36］谢先启．精细爆破发展现状及展望［J］．中国工程科学，2014，16（11）：14～19．

［37］高铭．DetNet电子雷管产品评介［J］．煤矿爆破，2007（3）：32～35．

［38］刘星，徐栋，颜景龙．I-Kon电子起爆系统［J］．火工品，2004（12）：45～48．

［39］宋日，郭占江，王丽杰．非洲AEL公司乳化炸药现场混制和装药技术分析［J］．爆破器材，2008，37（4）：11～12．

［40］Orica公司网站资料．http：//www.i-konsystem.com．

［41］AEL公司网站资料．http：//www.explosives.co.za．

［42］DetNet South Africa（Pty）Ltd.http：//www.detnet.com．

［43］刘谦．诺兰达公司利用电子雷管进行地下矿山的大型卸压爆破［J］．工程爆破，2002，8（1）：50～52．

［44］颜景龙．铱钵起爆系统的安全性分析与试验［J］．工程爆破，2008，14（2）：70～72．

［45］孙波勇，段卫东，郑峰，等．岩石爆破理论模型的研究现状及发展趋势［J］．矿业研究与开发，2007，27（2）：69～71．

［46］胡铭，董鑫业．阿特拉斯公司凿岩钻车与液压凿岩机介绍［J］．凿岩机械气动工具，2011（3）：46～60．

［47］高学径，杨万胜．国内外钻车性能参数介绍［J］．凿岩机械气动工具，2007（3）：22～33．

［48］卢文波，耿祥，陈明，等．深埋地下厂房开挖程序及轮廓爆破方式比选研究［J］．岩石力学与工程学报，2011，30（8）：1531～1539．

［49］周涛，孙西平，王孝海．溪洛渡水电站右岸地下厂房岩锚梁开挖［J］．云南水力发电，2008，24（6）：51～53．

［50］雷军．笈笈沟竖井掘进施工技术［J］．铁道标准设计，2005（9）：133～134．

［51］丁隆灼．水电站地下厂房岩锚梁施工综述［J］．工程爆破，1996，2（4）：81～84．

［52］严军，肖培伟，孙继林．瀑布沟水电站地下厂房开挖施工综述［J］．水力发电，2010，36（6）：56～59．

［53］胡金志，王文强，肖通达．瀑布沟水电站地下厂房三大洞室开挖分层及施工程序［J］．四川水力发电，2007，26（4）：26～30．

［54］樊启祥，王义锋．溪洛渡水电站地下厂房岩体工程实践［J］．岩石力学与工程学报，2011，30（增1）：2986～2993．

［55］徐建军．定向爆破拆除烟囱［J］．探矿工程，1994（6）：59．

［56］徐建军，赵全顺．定向爆破拆除框架厂房［J］．探矿工程（岩土钻掘工程），2008（11）：78～79．

［57］徐建军．水压爆破拆除纸浆池［J］．西部探矿工程，1995，7（3）：58～59．

［58］林大能，刘小春．水压爆破的发展与现状［J］．矿业研究与开发，1998，19（增刊）：7～9．

［59］祝方才，陈寿如．国内水压爆破机理研究综述［J］．四川有色金属，1997（1）：7～11．

［60］张伟，张世平．150m烟囱控制爆破拆除技术［J］．山西建筑，2013，39（33）：78～80．

［61］方向，高振儒，李的林，等．降低爆破地震效应的几种方法［J］．爆破器材，2003，32（3）：22～25．

［62］张国平．朝阳露天煤矿端帮预裂爆破的研究［J］．露天采矿技术，2014（1）：15～18．

［63］戚金．硐室爆破条形药包设计中的有关问题［J］．工程爆破，2000，6（3）：65～68．

［64］杨小林，刘红岩，王金星．露天边坡预裂爆破参数计算［J］．焦作工学院学报，2002，21（2）：118～122．

［65］王林．水中冲击波传播规律及在水压爆破中的应用［J］．爆破，1994（4）：45～47．

［66］沈立晋，刘颖，汪旭光，等．国内外露天矿山台阶爆破技术［J］．工程爆破，2004，10（2）：54～58．